王德中 / 主編

管理學 （第六版）

財經錢線

第六版前言

　　管理學是一門比較年輕的學科，是一門系統研究管理過程的客觀規律、基本原理和一般方法的科學。各類社會組織（如工商企業、學校、醫院、政府機關、群眾團體等）都需要進行管理活動，其管理活動都有一定的客觀規律性。人們從豐富的管理實踐活動中發現的普遍規律以及反應規律的基本原理和一般方法等，構成了管理學的內容。管理學所闡述的內容適用於各類社會組織，不過由於管理在工商企業中發展得更為充分、完備和系統，所以在學科內容上比較側重於工商企業。

　　管理學科門類很多，應當形成學科體系。管理學由於集中研究適用於各類社會組織的管理普遍規律、基本原理和一般方法，就成為這個學科體系的基礎。在它之上，才建立第二層次、第三層次等比較專門的管理學科，如企業管理學、學校管理學、醫院管理學、政府機關管理學等，更緊密地結合併滿足各類組織、各項業務活動的特殊需要。因此，學習管理一般可以從管理學這門基礎學科開始。

　　本書是在1995年編寫初版，經過2001年、2004年、2008年和2012年四次修訂的《管理學》的第六版。這次修訂對結構體系和寫作體例均無變動，只是遵從「吐故納新」的原則，增加了一些新的內容，刪除了比較陳舊的內容，少數章節修改較大。

　　參加本書編寫的有（以編寫章次為序）：王德中（第一、二、三、五、七、十二章及結束語），吳潮（第四、十一章），羅珉（第六、十章），李一鳴（第八、九章）。本書由王德中任主編，羅珉任副主編。

　　由於我們的水平限制，修訂的時間又較倉促，書中的缺點乃至錯誤在所難免，敬請讀者不吝賜教，我們將在日後再次修訂時作出必要的改正。

編者

目　錄

上篇　總論篇

第一章　概論 ……………………………………………………………（3）
　　第一節　管理的概念和作用 ………………………………………（3）
　　　一、管理的由來 …………………………………………………（3）
　　　二、管理的概念 …………………………………………………（4）
　　　三、管理的重要作用 ……………………………………………（6）
　　第二節　管理的職能和性質 ………………………………………（7）
　　　一、管理的職能 …………………………………………………（7）
　　　二、管理的性質 …………………………………………………（10）
　　第三節　管理學的研究對象和方法 ………………………………（13）
　　　一、管理學的研究對象 …………………………………………（13）
　　　二、管理既是科學，又是藝術 …………………………………（14）
　　　三、管理學的研究方法 …………………………………………（15）
　　　四、本書內容勾勒 ………………………………………………（17）
　　復習討論題 …………………………………………………………（17）
　　案例：實現規範管理，爭創百年老店 ……………………………（18）

第二章　管理理論的形成與發展 ………………………………………（19）
　　第一節　西方管理理論的形成 ……………………………………（19）
　　　一、西方早期的管理思想 ………………………………………（19）
　　　二、古典管理理論形成的歷史背景 ……………………………（21）
　　　三、科學管理理論 ………………………………………………（23）
　　　四、古典組織理論 ………………………………………………（25）

五、行政組織理論 …………………………………………………（27）
　　六、古典管理理論回顧 ………………………………………………（29）
　第二節　西方管理理論的發展 …………………………………………（30）
　　一、行為科學理論的產生和發展 ……………………………………（30）
　　二、現代管理理論產生的歷史背景 …………………………………（32）
　　三、系統學派的管理理論 ……………………………………………（33）
　　四、決策學派的管理理論 ……………………………………………（35）
　　五、經驗學派的管理理論 ……………………………………………（35）
　　六、權變學派的管理理論 ……………………………………………（36）
　　七、管理科學學派的管理理論 ………………………………………（37）
　　八、組織文化學派的管理理論 ………………………………………（38）
　　九、現代管理理論回顧 ………………………………………………（39）
　第三節　中國管理學的建設 ……………………………………………（41）
　　一、中國古代的管理思想 ……………………………………………（41）
　　二、新中國成立前後的管理實踐和管理思想 ………………………（43）
　　三、建設中國管理學的要求 …………………………………………（45）
　復習討論題 ………………………………………………………………（46）
　案例：失敗的管理者們共有的「錯覺」 ………………………………（47）
第三章　組織的環境 …………………………………………………………（48）
　第一節　組織的外部環境 ………………………………………………（48）
　　一、組織外部環境對管理的影響 ……………………………………（48）
　　二、組織的一般環境 …………………………………………………（50）
　　三、組織的特定環境 …………………………………………………（53）
　　四、組織外部環境的不確定性 ………………………………………（55）
　第二節　組織的內部環境 ………………………………………………（56）
　　一、組織內部環境因素 ………………………………………………（56）
　　二、組織的使命 ………………………………………………………（57）
　　三、組織的資源 ………………………………………………………（58）
　第三節　組織的社會責任和管理倫理 …………………………………（60）
　　一、組織的社會責任 …………………………………………………（60）
　　二、企業履行社會責任的做法 ………………………………………（62）
　　三、組織的管理倫理 …………………………………………………（63）
　復習討論題 ………………………………………………………………（65）
　案例：劉永好倡導的「光彩事業」 ……………………………………（66）

第四章 組織文化 (67)
第一節 組織文化的內容和特徵 (67)
一、組織文化的內容 (67)
二、組織文化的特徵 (68)
第二節 組織文化的作用 (69)
一、組織文化的正面作用 (69)
二、組織文化的負面影響 (71)
第三節 組織文化的形成和滲透 (71)
一、組織文化的形成 (71)
二、組織文化的滲透 (73)
三、國際化經營中的文化衝突及其解決方法 (75)
復習討論題 (77)
案例：同仁堂的奧秘 (77)

第五章 組織的決策 (79)
第一節 決策的概念與類型 (79)
一、決策的含義 (79)
二、決策的特徵 (80)
三、決策的類型 (81)
第二節 決策的程序和原則 (83)
一、決策程序 (83)
二、決策的原則 (87)
三、決策的要求 (88)
第三節 決策方法 (90)
一、定性決策法 (90)
二、定量決策法 (91)
復習討論題 (98)
案例：萬向集團長盛不衰之道 (98)

下篇　職能篇

第六章 計劃 (103)
第一節 計劃的任務和內容 (103)

一、計劃職能的重要性 …………………………………………………（103）
　二、計劃工作的任務 ……………………………………………………（105）
　三、計劃工作的內容 ……………………………………………………（105）
第二節　組織的目標與計劃 …………………………………………………（107）
　一、目標與計劃 …………………………………………………………（107）
　二、確定目標及其次序 …………………………………………………（108）
　三、組織目標的多元化 …………………………………………………（111）
　四、衡量目標的標準 ……………………………………………………（111）
第三節　目標管理 ……………………………………………………………（113）
第四節　戰略規劃 ……………………………………………………………（117）
　一、戰略規劃的重要性 …………………………………………………（117）
　二、戰略規劃的焦點 ……………………………………………………（117）
　三、戰略規劃的制定 ……………………………………………………（118）
　四、戰略規劃的執行 ……………………………………………………（120）
復習討論題 ……………………………………………………………………（121）
案例：眉山工程機械有限公司的目標管理 …………………………………（121）

第七章　組織 ……………………………………………………………………（124）
第一節　組織原則 ……………………………………………………………（124）
　一、組織的概念和內容 …………………………………………………（124）
　二、組織工作的原則 ……………………………………………………（125）
第二節　組織結構的設計 ……………………………………………………（129）
　一、組織結構設計概述 …………………………………………………（129）
　二、職務設計 ……………………………………………………………（131）
　三、組織結構形式 ………………………………………………………（133）
　四、管理層次和管理幅度 ………………………………………………（138）
　五、職能機構設置 ………………………………………………………（140）
　六、集權與分權 …………………………………………………………（141）
　七、組織設計的權變理論 ………………………………………………（143）
第三節　組織結構的運行 ……………………………………………………（146）
　一、直線與參謀 …………………………………………………………（146）
　二、委員會形式的運用 …………………………………………………（147）
　三、正式組織與非正式組織 ……………………………………………（149）
復習討論題 ……………………………………………………………………（151）
案例：A公司的組織結構 ……………………………………………………（152）

第八章　人事 ………………………………………………… (154)

第一節　人力資源開發與管理的意義 ……………………… (154)
一、人力資源開發與管理的含義 …………………………… (154)
二、人力資源開發與管理的重大意義 ……………………… (155)

第二節　人員的配備 ………………………………………… (157)
一、人員的識別與選拔 ……………………………………… (157)
二、人員的招聘 ……………………………………………… (159)
三、人員的使用 ……………………………………………… (160)
四、人員的考評 ……………………………………………… (162)

第三節　人員的報酬 ………………………………………… (164)
一、中國人員報酬（收入分配）理論與實踐的發展 ……… (165)
二、基本工資制度 …………………………………………… (167)
三、工資形式 ………………………………………………… (169)
四、社會保險與員工福利 …………………………………… (170)

第四節　人員的培養 ………………………………………… (171)
一、人員培養的重要意義 …………………………………… (171)
二、人員培養的目標 ………………………………………… (172)
三、人員培養的方式 ………………………………………… (173)

復習討論題 ……………………………………………………… (174)

案例：「工時池」中有乾坤 …………………………………… (174)

第九章　領導 ………………………………………………… (176)

第一節　領導的作用和領導者素質 ………………………… (176)
一、領導的含義和作用 ……………………………………… (176)
二、領導者的個人素質 ……………………………………… (177)
三、領導者的群體素質 ……………………………………… (179)

第二節　領導方法 …………………………………………… (181)
一、基本領導方法 …………………………………………… (181)
二、具體領導方法 …………………………………………… (182)
三、西方有關領導方法的理論 ……………………………… (184)

第三節　領導藝術 …………………………………………… (189)
一、領導藝術的特徵 ………………………………………… (189)
二、待人的藝術 ……………………………………………… (190)
三、辦事的藝術 ……………………………………………… (191)
四、管理時間的藝術 ………………………………………… (192)

第四節　對員工的激勵 …………………………………………（193）
　　　一、激勵的意義 …………………………………………………（193）
　　　二、人性理論 ……………………………………………………（194）
　　　三、西方的激勵理論 ……………………………………………（195）
　　　四、中國的激勵方式 ……………………………………………（198）
　　　五、中國的激勵原則 ……………………………………………（199）
　　復習討論題 …………………………………………………………（200）
　　案例：柳傳志的領導行為 …………………………………………（200）
第十章　控制 ……………………………………………………………（202）
　　第一節　控制的含義與程序 ………………………………………（202）
　　　一、控制的含義 …………………………………………………（202）
　　　二、控制的種類 …………………………………………………（203）
　　　三、控制的基本程序 ……………………………………………（205）
　　第二節　控制的方法 ………………………………………………（206）
　　　一、預算控制 ……………………………………………………（206）
　　　二、非預算的控制方法 …………………………………………（209）
　　　三、全面績效的控制方法 ………………………………………（210）
　　第三節　戰略控制 …………………………………………………（212）
　　　一、現代戰略控制方法 …………………………………………（212）
　　　二、戰略控制的實踐 ……………………………………………（214）
　　復習討論題 …………………………………………………………（216）
　　案例：某酒店的採購控制 …………………………………………（216）
第十一章　協調 …………………………………………………………（218）
　　第一節　協調的意義和原則 ………………………………………（218）
　　　一、協調的概念 …………………………………………………（218）
　　　二、協調的意義 …………………………………………………（219）
　　　三、協調的原則 …………………………………………………（219）
　　　四、協調的分類 …………………………………………………（220）
　　第二節　組織內部的協調 …………………………………………（221）
　　　一、對矛盾的認識 ………………………………………………（221）
　　　二、矛盾產生的原因 ……………………………………………（222）
　　　三、解決矛盾的方法 ……………………………………………（223）
　　第三節　組織外部的協調 …………………………………………（225）
　　　一、組織外部協調的對象 ………………………………………（225）

二、公用企業的外部協調 ………………………………………（225）
　第四節　信息溝通 …………………………………………………（228）
　　一、信息溝通的過程 ……………………………………………（228）
　　二、信息溝通的形式 ……………………………………………（229）
　　三、組織的溝通網絡 ……………………………………………（230）
　　四、信息溝通的障礙及其排除 …………………………………（231）
　復習討論題 …………………………………………………………（232）
　案例：A出租車公司與政府主管部門的關系………………………（232）
第十二章　創新 ……………………………………………………（234）
　第一節　創新的特徵和內容 ………………………………………（234）
　　一、創新的含義 …………………………………………………（234）
　　二、創新的必要性 ………………………………………………（234）
　　三、創新的特徵 …………………………………………………（235）
　　四、創新的內容 …………………………………………………（237）
　第二節　創新的要素和原則 ………………………………………（240）
　　一、創新的要素 …………………………………………………（240）
　　二、創新工作的原則 ……………………………………………（242）
　第三節　創新過程 …………………………………………………（245）
　　一、組織結構的創新過程 ………………………………………（245）
　　二、技術創新過程 ………………………………………………（247）
　　三、企業流程再造過程 …………………………………………（248）
　復習討論題 …………………………………………………………（250）
　案例：奇瑞汽車集團的自主創新 …………………………………（251）
結束語　未來管理的展望 …………………………………………（253）
　一、環境的變化 ……………………………………………………（253）
　二、新的管理理論 …………………………………………………（255）
　三、未來管理的發展 ………………………………………………（263）

上篇　總論篇

第一章　概論
第二章　管理理論的形成與發展
第三章　組織的環境
第四章　組織文化
第五章　組織的決策

第一章
概論

　　管理活動由來已久，有共同勞動，就有管理。但管理學卻是一門較年輕的學科，它是對在管理實踐活動的基礎上形成的一系列管理理論、原則、形式、方法、制度等的概括。我們學習管理學知識，是為了將其應用於管理工作，以加強和改善各類社會組織的管理，加快中國社會主義現代化建設的步伐。本章將扼要地說明管理的由來、含義、作用、職能和性質，管理學的研究對象、性質和研究方法等，這些都是開始學習管理學時首先需要明確的基本問題。

第一節　管理的概念和作用

一、管理的由來

　　管理活動自古以來就存在，可以追溯到史前的原始社會。在原始社會，人們使用石器，沒有能力單獨同自然作鬥爭，只有依靠群體的聯合力量和共同勞動，才能獲得生活資料，戰勝猛獸和自然災害，求得生存。因此，原始人就自然地在狹小的範圍內組織起來，以生產資料公有、集體勞動、產品平均分配和血緣關系為基礎，組成共同生產和生活的原始共同體。這種共同體開始是原始群，後來發展為氏族和部落。

　　在原始共同體內部，人們的勞動主要是簡單協作，但也實行按性別、年齡的自然分工。如青壯年男子主要從事狩獵、捕魚和抵禦猛獸等活動，婦女則主要從事採集和原始農業、製作食物、縫制衣服、養老撫幼等活動。既然有了分工，共同體就需要對各人的活動作出安排，目的是為了在實現組織的共同目標時使人們的行動能協調一致，取得盡可能好的效果。同時，共同體發現，如果有一個人來專門負責向別人分派工作、部署工作任務、解決意見分歧，以保證組織不斷實現共同目標，那就可能取得更好的效果。於是，共同體內最年長的或最聰明、最能幹的人便成為組織中最早的領袖，擔負起上述分派工作的任務。管理作為一種活動，就是這樣出現的，它在人們為實現共同目標而組織起來的過程中興起，又因有助於促進組織成員的努力以實現共同目標而成為組織中必不可少的活動。

　　在氏族制度下，每個氏族都有一定名稱以互相區別。同氏族的成員必須互相援助和保護。成員死後，其財產需留在本氏族。氏族有共同的墓地、共同的宗教節日和儀式。氏族

領袖即酋長負責處理氏族的公共事務。氏族的最高權力機關是氏族議事會，它是氏族一切成年男女享有民主表決權的民主集會，負責選舉或撤換酋長和軍事首領，討論生產活動的組織安排和產品分配，選舉主持祭祀、宗教儀式的信仰守護人，決定氏族其他重大問題。①

在人類進入奴隸社會（在中國大約從公元前21世紀的夏代開始）後，開始出現國家，奴隸主為了維護其統治，設立了軍隊、法庭、監獄等暴力機構。小國之間不斷進行掠奪戰爭，建立了更大的國家。到公元前17世紀中國的商代，國王已經統率和指揮幾十萬人的軍隊作戰，管理上百萬人的奴隸進行生產勞動；政府管理機構已相當複雜，設有百官輔佐國王統治。百官大體分為政務官、宗教官、事務官三類。以後的歷朝歷代，為了適應統治者政治、軍事活動的需要，無不加強對中央和地方各級政府的管理，制定了許多管理國家的規章制度。

世界上其他文明古國，如埃及、巴比倫、印度、希臘、羅馬等，都早在幾千年前就對自己的國家進行了有效的管理，頒布了一些維持政治、經濟和社會秩序的法律法規，還建成了許多至今看來仍十分巨大的建築工程。如埃及的金字塔和古巴比倫運河工程以及中國的萬里長城和都江堰水利工程，都可證明在兩三千年前人類已能組織和指揮數萬乃至數十萬人，歷時許多年去完成經過科學設計和周密籌劃的宏偉工程，其領導者的管理才能令人折服。

時至今日，人們為從事政治、軍事、經濟、文化、教育等社會活動興建了無數的組織，包括政府機關、軍隊、企業、學校、醫院、政黨和群眾團體等。這些組織設立的目的不同，情況千差萬別，但毫無例外地都需要管理，需要強化管理。管理是否恰當、是否得力，在很大程度上決定著社會組織的興衰成敗。事實上，無論人們從事何種職業，他們都在不同程度上參與管理，如管理國家、管理某個組織、管理某項工作、管理家庭子女等。學習管理，以便做好管理工作，提高管理水平，就成為人們的一種需要和願望。

二、管理的概念

儘管管理活動已有幾千年甚至更長的歷史，管理卻至今尚無統一的定義，各個學者根據自己的研究，從不同角度對管理作出解釋。我們可舉出一些有代表性的觀點。

馬克思曾經指出：一切規模較大的直接社會勞動或共同勞動，都或多或少地需要指揮，以協調個人的活動，並執行生產總體的運動——不同於這一總體的獨立器官的運動——所產生的各種一般職能。一個單獨的提琴手是自己指揮自己，一個樂隊就需要一個樂隊指揮。②馬克思這裡所說的「指揮」就是管理。因為他是從社會勞動或共同勞動的需要

---

① 許滌新. 政治經濟學辭典 [M]. 上冊. 北京：人民出版社，1980：160–161.
② 馬克思恩格斯全集：第23卷 [M]. 北京：人民出版社，1972.

進行論述的，所以他側重的是社會組織的管理。

西方古典組織理論的創始人、法國實業家法約爾（Henri Fayol）於 1916 年提出：「管理，就是實行計劃、組織、指揮、協調和控制。」① 在這裡，法約爾是用管理的職能（他稱為管理的要素）即管理的工作內容來解釋管理的。他所舉的職能經過近百年的研究和實踐證明，基本上仍是正確的。關於管理的職能，將在下節中討論。

美國著名管理學者孔茨（Harold Koontz）同其他學者共同推薦了一個管理的綜合定義：「管理是引導人力和物質資源進入動態的組織，以達到這些組織的目標，亦即使服務對象獲得滿意，並且使服務的提供者亦獲得一種高度的士氣和成就感。」② 這個定義的特點是把管理明確地同組織聯繫起來，說明管理的任務就是將人力、物力資源引入組織（而且是不斷發展變化的組織），以實現組織的目標，同時對組織目標作出瞭解釋。

美國管理史學家雷恩（Daniel A. Wren）曾指出：「給管理下一個廣義而又切實可行的定義，可把它看成是這樣的一種活動，即它發揮某些職能，以便有效地獲取、分配和利用人的努力和物質資源，來實現某個目標。」③ 這個定義沒有將管理同組織直接聯繫，這是其不足之處，但它說明管理除引入資源外，還要分配和利用這些資源以實現（組織）目標，則是其優點。

中國的一些管理學教材也給管理下了一些定義。如周三多教授等認為：「管理是社會組織為了實現預期的目標，以人為中心進行的協調活動。」④ 楊文士教授等則認為：「管理是指一定組織中的管理者，通過實施計劃、組織、人員配備、指導與領導、控制等職能來協調他人的活動，使別人同自己一起實現既定目標的活動過程。」⑤ 這兩個定義雖各有特點，但都把管理同社會組織及其目標的實現直接聯繫起來。

綜合上述諸定義，我們認為管理的概念可表述為：管理是在社會組織中，通過執行計劃、組織、領導、控制等職能，有效地獲取、分配和利用人力、物力資源，以實現組織預定目標的活動過程。

這一表述旨在說明以下觀點：

（1）管理是社會組織（即馬克思所說的共同勞動）的活動，其目的是為了實現組織預定目標，圍繞著如何實現組織目標來進行。

（2）管理的工作即其職能有計劃、組織、領導、控制等，這裡僅舉出主要的幾種。

（3）「有效地獲取、分配和利用人力、物力資源」，正是各社會組織所從事的業務活動，如企業的生產經營活動、學校的教學和研究活動、醫院的醫療衛生活動、政府機關的行政立法活動等。這些業務活動就是管理工作的對象。做好管理工作，才能有效地進行業

---

① 法約爾 H. 工業管理與一般管理［M］. 周安華，等，譯. 北京：中國社會科學出版社，1982.
② 普蒂 H，韋里奇 H，孔茨 H. 管理學精要［M］. 丁慧平，等，譯. 亞洲篇. 北京：機械工業出版社，1999.
③ 丹尼爾 A 雷恩. 管理思想的演變［M］. 孫耀君，李柱流，王永逵，譯. 北京：中國社會科學出版社，1986.
④ 周三多. 管理學——原理與方法．［M］. 2 版. 上海：復旦大學出版社，1997.
⑤ 楊文士，張雁. 管理學原理［M］. 北京：中國人民大學出版社，1994.

務活動，利用各種資源，以實現組織目標。

（4）管理活動是一個過程，其主要的幾項工作相互銜接，構成循環。一個循環結束，新的循環又開始。如此循環不息，把工作推向前進（參閱下節）。

三、管理的重要作用

從前述管理的由來中，已可以看出管理對人類社會發展進步的巨大作用，而時至今日，社會生產力水平空前提高，科學技術日新月異，經濟一體化的浪潮席捲全球，市場競爭日趨激烈。在此形勢下，管理較之過去就更加重要了。下面擬主要就中國企業管理的實際來強調管理的重要作用。

中國建立了中國特色社會主義的市場經濟體制。作為經濟組織，追求經濟效益的工商企業無一例外地都要進入市場，參與競爭，這就必須加強管理。管理是一切企業生存和發展的永恆主題，就像居家過日子一樣，柴、米、油、鹽一天也少不得。有不少人認為，先進的管理和現代技術是推動現代社會發展的「兩個車輪」，缺一不可。還有人認為，管理、科學和技術是現代社會文明發展的「三根支柱」。這些說法完全適用於企業，應當引起所有企業的高度重視。

在中國，凡是重視和強化管理的企業一般都能取得較好的效益；反之，管理工作受到忽視或削弱的企業就難於扭轉效益低下的局面。一些企業原來的景況還不錯，後來其產品質量下降，市場萎縮，效益滑坡，甚至走向破產，深入調查分析，都可以從它的管理方面找到一些原因。還有些企業原來處境艱難，但通過切實加強管理，依靠職工群眾厲行增產節約，增收節支，就實現了扭虧增盈，走出了困境，甚至發展壯大。這些生動事例說明，管理也是生產力，它能夠直接出效益、增效益。[①]

為了適應社會主義市場經濟體制的要求，中國國有企業不斷完善現代企業制度，這個制度的基本特徵是「產權清晰，權責明確，政企分開，管理科學」。前三個特徵主要是理順國家與企業之間的關係，確立國有企業的獨立法人地位，而最後一個特徵則是指企業內部也要深化改革，建立科學的領導體制和組織管理制度，形成良好的經營機制，實現管理的科學化。前三個特徵是為國有企業創造良好的外部條件，而企業的振興和活力的增強，關鍵仍在企業自身，仍在於其管理是否科學。管理不科學，就建立不起現代企業制度，就不能在激烈的國內外市場競爭中求生存謀發展，企業最終必將被無情的市場所淘汰。

進入21世紀，中國先後提出了堅持科學發展、建設和諧社會的宏偉目標，建設資源節約型、環境友好型社會以及提高自主創新能力、增強企業核心競爭力等要求。為達到這些目標和要求，企業必須更加重視科技進步和科學管理，充分發揮管理在統籌兼顧、促進

[①] 他山之石，可以攻玉。美國柯達公司申請破產的教訓，可供中國企業借鑒。參閱2012年1月7日《環球時報》載《「柯達之死」令世界唏噓》一文。

和諧、節約資源能源、保護生態環境、推動自主創新等方面的積極作用。

同企業一樣，其他的社會組織如政府機關、學校、醫院等，每時每刻都不能沒有管理，每時每刻必須加強管理、嚴格管理。管理是一切組織生存和發展的永恆主題。如果沒有管理或放松管理，就無法協調和規範組織成員的活動，無法建立起正常的工作秩序，無法發揮人力、物力資源的積極作用，自然無法實現組織的目標。而組織如經常或長期地實現不了其目標，該組織就失去了存在的價值，理應被淘汰，更無望有所發展。因此，我們應當大力宣傳管理對一切組織的重要性，大力加強一切組織的管理，迅速提高各類組織的管理水平，以加快中國現代化建設的進程。

第二節　管理的職能和性質

一、管理的職能

上節已提到，管理的職能是指管理應包括的工作內容。最早研究此問題的西方管理學者是法國的法約爾，他根據自己經營管理大型企業的實踐經驗，認為管理有五個職能，即計劃、組織、指揮、協調和控制，並逐個地對這些職能進行了比較詳細的分析。[1]

由於管理職能問題涉及管理人員的工作任務和工作安排，具有重要意義，所以在法約爾之後，許多管理學者都對它進行了探討，提出了自認為合理的職能。其中最著名的有兩種說法：①美國管理學者古利克（Luther Gulick）提出的七職能論，即計劃、組織、人事、指揮、協調、報告、預算，基本上包括了到20世紀30年代為止管理理論研究的成果。[2]　②美國管理學者孔茨與奧唐奈共同提出的五職能論，即計劃、組織、人事、領導、控制。他們在20世紀50年代中期出版的《管理學原理》一書，即以管理五職能為框架。此後數十年中，此書多次再版，影響很大[3]，至今許多的管理學教材仍然按照管理職能來組織內容。

表1-1列舉了許多管理學者對管理職能的劃分法。從表中可看出，這些劃分只是繁簡和側重點的不同，並無實質上的差異。其中，計劃、組織、控制三者是普遍承認的職能，激勵、人事等職能是從組織職能中分化出來的；有的學者將指揮和協調兩職能分別納入組織和控制職能之內，有的學者認為協調乃是管理的本質而不是單獨的職能，有的學者又突出了決策和創新兩職能。

---

[1]　法約爾 H. 工業管理與一般管理 [M]. 周安華，等，譯. 北京：中國社會科學出版社，1982.
[2]　參閱1937年出版的古利克與厄威克（L. F. Urwick）合編的《管理科學論文集》。
[3]　孔茨 H，奧唐奈 C. 管理學 [M]. 中國人民大學外國工業管理教研室，譯. 貴陽；貴州人民出版社，1982. 這是根據兩位作者原著的第6版（1976年出版）譯出的，《管理學原理》從這一版起改稱《管理學》。此書目前已出第10版。

表 1-1　　　　　　　　　部分管理學者對管理職能的劃分方法

年份	人　名	計劃	組織	指揮（領導）	協調	控制	激勵	人事	調集資源	溝通	決策	創新
1916	法約爾	△	△	△	△	△						
1934	戴維斯	△	△	△		△						
1937	古利克	△	△	△				△	△			
1947	布　朗	△	△	△					△			
1947	布雷克	△			△	△						
1949	厄威克	△	△									
1951	紐　曼	△	△	△					△			
1955	孔茨和奧唐奈	△	△	△		△		△				
1964	艾　倫	△	△	△		△						
1964	梅　西	△	△			△		△				
1964	米	△				△	△				△	△
1966	希克斯	△	△		△	△				△		△
1970	海曼和斯科特	△	△			△						
1972	特　里	△	△			△						
1991	巴托爾和馬丁	△	△	△		△						
1993	周三多		△	△	△	△					△	△
1994	楊文士	△	△			△		△				
1997	羅賓斯	△	△	△		△						
1997	達夫特	△	△	△		△						

註：①△表示各學者主張的職能劃分；②計劃包括預測；③指揮包括命令、指導；④控制包括預算；⑤激勵包括鼓勵、促進；⑥溝通包括報告。

資料來源：中國企業管理百科全書編輯委員會，《中國企業管理百科全書》編輯部．中國企業管理百科全書［M］．上冊．北京：企業管理出版社，1984．引用時做了一些補充。

　　我們參考了上述學者的意見，結合中國的管理實際，認為管理的職能可劃分為七種，即計劃、組織、人事、領導、控制、協調和創新。基本的觀點是：①讚同法約爾的五職能論，只是將其指揮職能按照孔茨、唐奧奈及其他許多學者的意見改稱為領導職能。鑒於在中國各類組織中協調人際關系的工作很繁重，管理者花費的時間和精力不少，所以仍單獨列出協調職能，以示重視。②讚同一些學者的意見，將人事職能從組織職能中抽出來單列，強調人力資源的開發與管理。③鑒於創新對中國經濟發展和社會進步的巨大作用，同意一些學者的主張，將創新列為一種單獨的職能。

　　下面我們對列舉的七種職能略加解釋：

　　（1）計劃。這是指對組織未來的活動確定目標，並規定實現目標的途徑與方法，即主要解決兩個問題：一是幹什麼，二是怎麼幹。組織的一切活動包括其管理活動，都是圍繞著如何實現其目標而展開的，因此，計劃成為管理的首要職能。計劃職能的內容非常豐富，包括調查研究，預測未來，制定方針、目標、計劃、戰略等，並組織它們的執行，檢查它們的

執行情況，保證目標的實現。

（2）組織。這是指根據組織既定的目標、計劃或戰略，對必須進行的業務活動分類歸組，設計職務（崗位），建立組織機構，明確機構和職務之間的分工協作關系及各自的職責和權限，再利用規章制度加以規定並組織實施。這樣設計出來的框架結構稱為組織結構。組織結構的設計及其運行情況是否良好，對組織活動的效率及其目標能否實現有很大的影響。

（3）人事。這是指在組織結構設計的基礎上為各機構、職務（崗位）配備適當的人員，採取多種措施使他們能夠發揮特長，承擔起所肩負的職責，行使好所掌握的職權，實現所在機構和職務（崗位）的目標。同時，要對各級各類人員開展培訓，提高他們的思想素質和技術業務素質，使他們能擔負更重要的或更新的工作，以適應組織發展的需要。一個組織能否發現人才，善用人才，充分發揮人才的作用，是其事業成敗的關鍵。

（4）領導。領導是一個多義詞，可以等同於管理。這裡是把它理解為管理的一種職能，即指導、引導、指揮之意。在組織好機構、安排好人員之後，管理者就需要運用指導、指揮、命令、教育、激勵等多種手段，統一各級組織和全體員工的意志，調動各個方面的積極性，以推動組織的業務活動按照目標、計劃的要求來進行。在領導工作中，要注意選用恰當的領導方式，講究領導方法和領導藝術。

（5）控制。這是指根據原定目標、計劃和考核標準，嚴格監控業務活動的實際進行情況或預測將要出現的情況，並同目標、計劃和標準相比較，發現兩者之間的差異，然後分析原因，採取有針對性的措施，以糾正差異，保證原定目標、計劃和標準的實現，必要時也可以修訂原定目標、計劃和標準。組織開展業務活動，要受到內外多種因素的影響，實際執行情況與原定目標、計劃等完全一致的情況是極為罕見的，因此，控制工作成了必不可少的一項職能。

（6）協調。這是指組織在行使上述各項職能的過程中，要注意組織內部和外部各單位、崗位、人員之間的信息溝通，及時發現和化解各種矛盾，消除破壞性的衝突，加強團結協作，共同努力實現組織的目標。協調的實質是正確處理人際關系，使組織內外的關系融洽，各項工作和諧配合。矛盾和衝突是難免的，不能掩蓋或迴避，關鍵是及時發現和正確處理它們。

（7）創新。創新一般是指人們在改造自然和改造社會中進行的創造和重大的變革。作為管理職能的創新，則是指在管理工作中反對因循守舊、故步自封，創造良好環境，採取多種措施，鼓勵和支持創造發明和革新變革，同時大力增強組織的創新能力，組織好創新活動，發揮創新的效果。當今世界，科學技術迅猛發展，經濟競爭日趨激烈，市場需求瞬息萬變，社會關系更加複雜，新情況新問題層出不窮，已經到了任何組織不創新、不變革就無法維持下去的地步。因此，創新應列為管理的職能之一。

上述管理諸職能的相互關系示意如圖1-1所示。此圖說明：計劃、組織、人事、領

導、控制五職能構成管理活動的過程。一項管理活動往往從計劃開始，經過組織、人事和領導，到控制結束，各職能之間又常有交叉重複。控制的結果又開始新的計劃，開始新的管理過程。協調和創新二職能不構成管理過程的某個環節，而是同那五個職能相結合，成為管理過程的潤滑劑和推動力，這同樣是管理過程所不可缺少的。

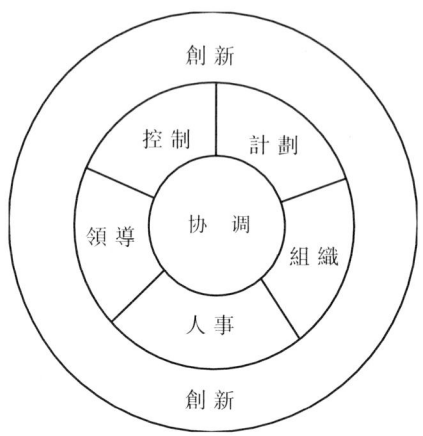

圖 1－1　管理諸職能的相互關系示意

二、管理的性質

管理的性質是二重的。馬克思在《資本論》中提出的資本主義企業管理二重性的著名原理，至今仍有重大的指導意義。他說：凡是直接生產過程具有社會結合過程的形態，而不是表現為獨立生產者的孤立勞動的地方，都必然會產生監督勞動和指揮勞動。不過它具有二重性。一方面，凡是有許多個人進行協作的勞動，過程的聯繫和統一都必然要表現在一個指揮的意志上，表現在各種與局部勞動無關而與工場全部活動有關的職能上，就像一個樂隊要有一個指揮一樣。這是一種生產勞動，是每一種結合的生產方式中必須進行的勞動。另一方面，——完全撇開商業部門不說，——凡是建立在作為直接生產者的勞動者和生產資料所有者之間的對立上的生產方式中，都必然會產生這種監督勞動。這種對立越嚴重，這種監督勞動所起的作用也就越大。①

企業管理之所以具有二重性，從根本上說，是由於生產過程是生產力和生產關系的統一體。為保證生產過程正常進行、生產目的得以實現，企業管理必須執行兩個方面的基本職能：一是合理組織生產力，二是維護和發展生產關系。從生產力方面看，企業管理作為指揮生產的一般要求，執行合理組織生產力的職能，表現為協作勞動的普遍形態，從而形成它的自然屬性。這一屬性主要決定於生產力發展水平，而不取決於生產關系的性質。再

---

① 馬克思恩格斯全集：第 25 卷 [M]. 北京：人民出版社，1974.

從生產關系方面看，企業管理作為實現生產目的的手段，執行維護生產關系的職能，則表現出勞動過程所採取的特殊歷史形態，從而形成它的社會屬性。這一屬性主要決定於生產關系的性質，並隨著生產關系性質的變化而變化。二重性的原理示意如圖1-2所示。

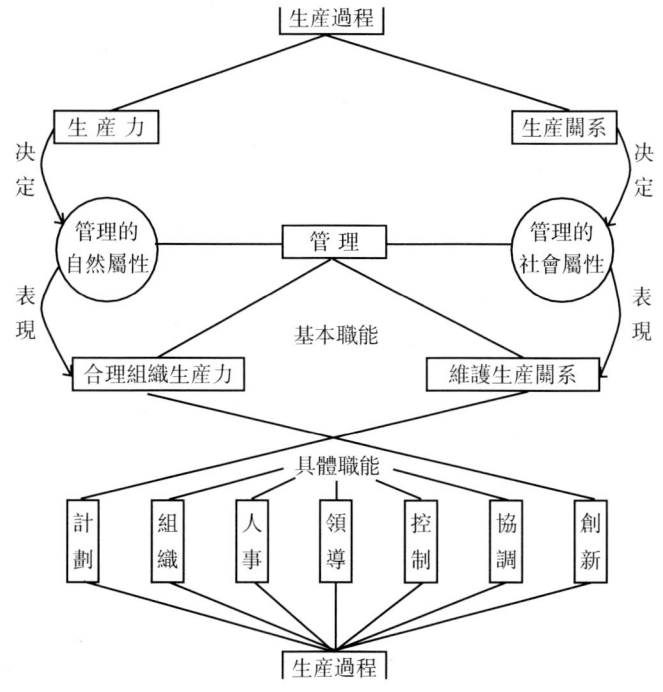

圖1-2　企業管理的二重性示意

資料來源：中國企業管理研究會《企業管理》編寫組.企業管理導論［M］.4版.北京：經濟科學出版社，1998.引用時有微小改動。

資本主義企業管理的二重性反應了資本主義生產過程的二重性：作為生產使用價值的社會勞動過程的指揮活動，反應了社會化大生產的一般要求；作為對資本增值過程的監督活動，則體現了資本主義生產關系的剝削實質。所以資本主義企業管理既有自然屬性，又有社會屬性，而其社會屬性集中表現為剝削性。

《資本論》發表以來的一百多年間，資本主義國家及其企業確實已經發生了許多變化，同企業管理的社會屬性有關的變化主要有以下幾點：

（1）隨著科技進步和經濟發展，管理的複雜性大大提高，一批受過良好訓練的職業化經理應運而生，企業的終極所有權與經營權往往分離，許多資本家不再直接管理企業，而只關心企業的利潤和分紅。

（2）隨著股份有限公司和股票市場的發展，許多中產階級的人士持有股票，作為發財致富或資產保值的一種手段，這就使表面上擁有企業所有權的人數急遽增加。據有關資

料，英國成年人中的3/4是直接或間接投資者，其中直接投資者約在500萬人以上。

（3）第二次世界大戰後，從美國開始，資本主義企業大力推行「職工持股計劃」（employees stock ownership，縮寫為ESOP），雇員中的持股者數量增加很快。據瞭解，在20世紀90年代初，美國已有11,000多家公司實行此計劃，大約1,100萬雇員成為資本工人，他們的持股額占到這些公司資本總額的20%～30%。

（4）資本主義國家的政府對經濟的干預在逐漸增強，法律限制在增多，有些國家的政府甚至制定了經濟發展計劃，採用多種手段促使企業去執行，完全自由的市場經濟已不復存在。

（5）社會公眾和廣大消費者對企業提供的商品和服務、對企業行為對生態環境的影響更加關切，並已組成消費者協會、環境保護協會之類的組織，迫使企業認真考慮消費者的合法權益和生態環境的保護。

以上的變化使得資本主義企業管理的目標走向多元化：既要追求最大限度的利潤，又要考慮社會公眾、廣大消費者和本企業職工的利益，還要遵守國家法律法規，處理好同政府的關係。因此，企業管理的社會屬性也隨著發生了一些變化，不再像馬克思所分析的那樣單純了。不過，從本質上看，資本主義企業管理的剝削性並沒有消失，在勞資對立的情況下，資本對勞動的剝削是必然的。所謂「職工持股計劃」將雇員變成股東，只是為了收買職工的忠心。持有股票的職工人數雖多，但每人持股極為有限，並無多大的發言權。股權的分散恰好為大資本家利用他人的財富來奪取更多的財富創造了條件。現在大資本家只需掌握百分之幾的股權就可以控制企業，讓企業為他的利益服務。由此可見，資本主義社會已經發生的變化並沒有改變資本主義企業管理的社會屬性的本質，只是從形式上看更加隱蔽而已。

社會主義公有制企業的管理仍然具有二重性。其自然屬性還是表現為合理組織生產力、組織社會化大生產的基本職能，同資本主義企業管理沒有根本區別。但由於生產資料所有制的改變，其社會屬性則與資本主義企業管理完全不同，剝削社會勞動的職能消滅了，取而代之的是維護和加強集體勞動條件、正確處理人們在生產過程中的相互關係的職能。公有制企業管理的社會屬性體現了社會主義制度的優越性。

企業管理二重性的原理可以推廣應用於一切社會組織的管理。自然屬性產生於協作（集體）勞動過程本身，「就像一個樂隊要有一個指揮一樣」，在企業表現為合理組織生產力，在學校表現為合理組織教學、科研活動，在醫院表現為積極救死扶傷，在政府機關表現為有效行使政權職能。這種屬性是不同社會制度下管理的「共性」。而社會屬性則由社會生產關係決定，社會主義的企業、學校、醫院、政府機關等的管理顯然有別於資本主義各類組織的管理。這種屬性是不同社會制度下管理的「個性」。各類社會主義組織在執行管理活動時，都要從全社會、全體人民的利益出發，自覺地讓局部利益服從全局利益、個人利益服從集體利益，放手發動群眾，實行民主管理；領導者與被領導者只是分工不同，

他們之間是平等協作的關系。這些都與資本主義組織的等級森嚴、種族和性別歧視、老板個人說了算、雇員同工不同酬等根本不相同。

掌握馬克思主義的管理二重性理論，對於指導管理實踐和發展管理科學，具有重要意義。它可以使我們分清不同社會制度下管理的「共性」和「個性」，從而正確地對待資本主義的管理理論、經驗、技術和方法；既不全盤予以否定，又不全盤照抄照搬，而是有分析地學習其中反應社會化大生產要求且適合中國情況的部分，拒絕那些反應資本主義管理剝削本質的部分。它還可以同總結中國自己的管理經驗相結合，提高中國管理工作水平，建立具有中國特色的管理科學體系。

第三節　管理學的研究對象和方法

一、管理學的研究對象

管理學是系統地研究管理知識、指導人們如何做好管理工作的一門科學。根據馬克思主義認識論原理，管理學是管理實踐活動在理論上的概括和反應，是管理工作經驗的科學總結。它來自豐富的管理實踐，接受管理實踐的檢驗，反過來又可以指導管理的實踐。

如前所述，人類的管理實踐活動由來已久。通過對實踐活動的經驗累積，逐漸產生了管理思想。如中國早在春秋戰國時期諸子百家的著述中，就記載了許多治國、治軍、興教等方面卓越的管理思想。但直到18世紀英國產業革命以後，隨著現代工業技術的應用和工商企業的發展，管理才開始得到重視和系統研究。直到20世紀初，管理理論才在歐美國家先後出現，管理學科才得以形成。由於管理在工廠企業比在其他領域中發展得更充分、完備和系統，所以最先出現的管理學科為企業管理學。當然，企業管理學的基本原理和一般方法也適用於其他類型的組織，為其他類型的組織所需要，這就導致了一般管理學的出現。

管理學的研究對象是適用於各類社會組織的共同管理原理和一般方法，是存在於共同管理工作中的客觀規律性，即如何按照客觀規律的要求來建立一定的理論、原則、組織形式、方法和制度，指導人們從事管理的實踐，實現組織的預期目標。就其內容而言，可概括為生產力、生產關系和上層建築三個方面，同時這三方面又是密切結合、不可割裂或偏廢的。

在生產力方面，管理學主要研究生產力諸要素相互間的關系即合理組織生產力的問題，研究如何根據組織目標的要求和社會的需要，合理地獲取、配置和使用人力、物力、財力資源，使之充分發揮作用，產生最佳效益。在生產關系方面，管理學主要研究如何正確處理人際關系，如何建立和完善組織機構和分工協作關系，如何領導和激勵組織的成員，調動一切積極因素，為實現組織的目標服務。在上層建築方面，管理學主要研究組織

的管理體制、規章制度的建立和完善問題、組織文化的塑造和落實問題、組織的社會責任和倫理道德問題，以維持正常的生產關係，適應和促進生產力的發展。

由於管理學研究的內容包括生產力、生產關係和上層建築三方面，它必然同許多學科，如經濟科學、技術科學、數學、心理學、計算機科學等，發生緊密的聯繫，要吸收和運用與它有聯繫的許多學科的研究成果，所以它的性質是介於自然科學和社會科學之間的邊緣科學。此外還應看到，管理學的實踐性很強，屬於應用科學而非理論科學。

現在管理學科的門類已很多，例如按組織類型劃分，有企業管理學、學校管理學、醫院管理學、行政管理學等；在企業管理方面，還可按部門、行業劃分，有工業企業管理學、商業企業管理學、交通運輸企業管理學、旅遊企業管理學等，還可繼續劃分下去。我們認為，這許多管理學科應該構成一個學科體系，可將它們納入體系內的不同層次中，集中研究適用於各類組織的共同管理原理和一般方法的管理學，也就是這個管理學科體系的基礎。管理學科體系如圖 1-3 所示。此圖清楚地說明了各門管理學科的內在聯繫，可為這些學科的建設提供幫助。

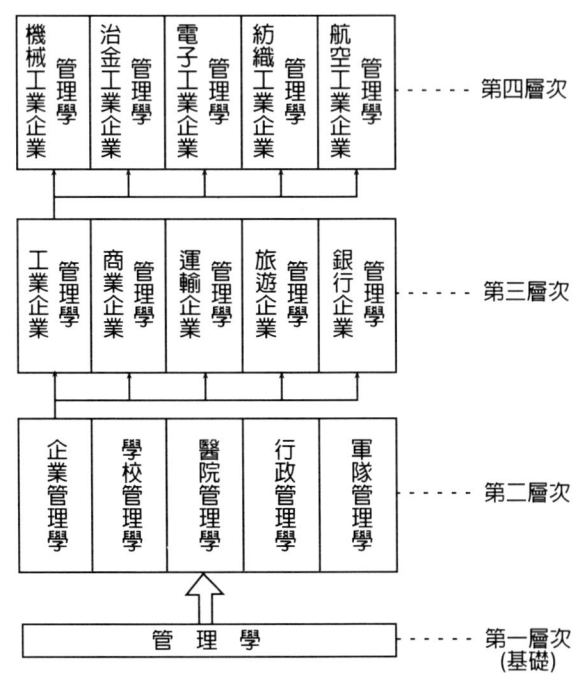

圖 1-3　管理學科體系示意

二、管理既是科學，又是藝術

人們在建立管理學的過程中經常遇到一個問題：管理是一門科學，還是一種藝術？前

已提及，管理工作有其客觀規律性，人們通過長期實踐，累積經驗，探索到這些規律性，按照其要求建立一定的理論、原則、形式、方法和制度，形成了管理學這門科學。就管理工作有客觀規律性、必須按照客觀規律的要求辦事而言，管理是一門科學，而且已形成科學。但是，人們又從實踐中發現，管理工作很複雜，影響它的因素很多，管理學並不能為管理者提供解決一切管理問題的標準答案。管理學只是探索管理的一般規律，提出一般性的理論、原則、方法等，而這些理論、原則、方法等的運用，則要求管理者必須從實際出發，具體情況具體分析，充分發揮各自的創造性。從這個意義上說，管理又是一種藝術。把書本當作教條、靠背誦原理來管理的人，沒有不失敗的。

科學和藝術的矛盾如何解決？孔茨曾經正確地指出：「最富有成效的藝術總是以對它所依借的科學的理解為基礎的。因此，科學與藝術不是相互排斥的，而是相互補充的。」「沒有一種任何事情都是已知的、所有的關係都已證明了的科學，所以科學不可能是行家們解決各種問題的萬能工具，不論是診斷病症、設計橋樑，還是管理公司，都是這樣的。」[①] 人們常常見到，管理者如沒有管理學的知識，就只能靠運氣、靠過去的經驗來管理，其成功率肯定不高；一旦掌握了科學的管理理論，又深入實際調查研究，具體情況具體分析，靈活地運用理論，就能對管理問題設想出切實可行的解決辦法，收到較好的效果。所以學習管理理論仍然必要，管理既是一門科學，又是一種藝術。

不過，管理學同數學、物理學等「精確」的自然科學相比，只是一門「不精確」的科學。管理的對象如企業、學校、醫院、政府機關等，都是社會組織，而社會現象複雜多變，許多因素難於定量化，因此對未來的預測、決策和計劃更難做到精確。第二次世界大戰後，由於數學和計算機科學的發展，以及它們在管理學中得到廣泛應用，管理問題的定量分析已取得巨大的進步，但無論如何，也不會使管理學成為「精確」的科學。

三、管理學的研究方法

管理學的研究方法應當以馬克思主義的辯證唯物論和歷史唯物論為指導。管理的理論來源於管理的實踐，並接受管理實踐的檢驗，因此，研究管理學必須按照實事求是的原則，深入實際，調查研究，總結實踐經驗，並使之逐步上升為理論，或用以檢驗現有的理論。在研究過程中，還要看到管理同其他一切事物一樣，是相互聯繫、相互制約的，是不斷發展變化的。所以，必須運用全面的歷史的觀點去觀察和分析問題，對待一個社會組織及其管理，需要考察它的過去，瞭解其現狀並預測其未來發展趨向，才能作出一定的判斷。

根據辯證唯物論，在校學生學習管理學，最主要的方法就是理論聯繫實際。管理學是一門實踐性很強的應用科學，學習的目的在於將其應用於管理實踐，而且管理既是科學，

---

① 孔茨 H，奧唐奈 C. 管理學［M］. 中國人民大學外國工業管理教研室，譯. 貴陽：貴州人民出版社，1982.

又是藝術，切不可把管理理論和原則當作教條，因此，在學習管理學的過程中，必須緊密聯繫實際去理解、去應用。

聯繫實際理解管理學的內容，是最低要求。管理學各章都提出了概念、作用（意義）、性質（特徵）、原理原則、程序（步驟）、方法等問題，舉出從管理實踐中概括出來的許多觀點，這就需要學生能聯繫自己直接、間接瞭解的實際情況去思考，看看管理學所講述的內容是否真有道理，在實踐中有何意義或經驗教訓，能否用自己的語言加以闡述，這樣才能領會深刻、融會貫通。

聯繫實際應用管理學的內容是較高的要求，可以採用案例教學法、調查研究、診斷實習、邊學習邊實踐等多種形式。採用這些形式，旨在提高學生運用所學理論發現問題、分析問題和解決問題的能力，幫助學生真正把管理理論學到手，同時還能對已有的理論進行檢驗，或豐富和發展管理理論。

案例教學法是美國哈佛大學首創、特別適用於管理學科的教學方法，現已被世界各國的大學普遍採用。所謂案例（case），是某個人、某個組織或某件事的真實情況和問題的書面描述，通常包含有關的多方面的信息。其特點是：①信息必須是真實的，不是編造的；②必須內含有待發現、分析或解決的問題，這使得案例不同於實例（examples）；③一般都沒有唯一正確的答案。案例教學法的程序是，由教師選擇案例，啟發學生去發現、分析和解決案例內含的實際問題，然後要求學生寫出案例分析報告，並組織案例討論，教師可做也可不做總結。採用這種教學法，在學校就可以鍛煉學生應用所學理論分析和解決實際問題的能力，還可訓練學生的思維能力和表達能力，因而受到學生尤其是有實踐經驗的學生的歡迎。

調查研究採用參觀訪問或實習的形式，利用節假日等課餘時間進行。採用這種方法，既可以驗證和豐富所學理論，又可以為參觀訪問對象分析管理問題，提出解決問題的建議。為了使調研取得較好的效果，首先要選好對象，這往往需要教師先去瞭解；其次要得到調研對象的信任和支持，使他們願意提供充分的真實的信息；最後，要求學生認真思考，寫好調研報告。

診斷實習與上述調查研究近似，其特點是應實習單位的邀請來進行，所需時間可能較長。採用這種形式，對培養學生實際能力的作用很大。

邊學習邊實踐是指一些組織的管理者參加不脫產的學習，並在學習管理學時將學得的理論知識應用於所在組織的實踐。這樣可以檢驗和豐富所學理論，而且在應用得當時還能改善組織的效益。

上述多種理論聯繫實際的學習方法，可根據具體情況選擇採用或結合應用。此外，西方管理學者提出的系統分析法、權變分析法是符合辯證唯物論原理的，應當引入管理學的

研究工作中。①

四、本書內容勾勒

本書內容分為三部分，即上下兩篇和結束語。

上篇為總論篇，介紹有關組織和管理的總體的基礎知識，下設五章。第一章為概論，闡明管理和管理學的一些基本問題，它們是開始學習管理學時首先需要明確的問題，因而對全書起統率作用。第二章為管理理論的形成與發展，首先介紹西方管理理論形成和發展的過程以及主要的管理理論的內容，其次介紹中國的管理思想和管理學的建設。第三章為組織的環境，著重說明組織的外部環境和內部條件及其對管理的影響，管理者必須學會在複雜多變的環境中謀求生存和發展，然後說明組織的社會責任和管理倫理。第四章為組織文化，突出組織文化在組織發展中的重要地位及其對管理的指導和規範作用，闡述組織文化的塑造和落實過程。第五章為組織的決策。本書讚同西方決策學派的觀點，認為決策滲透於管理的各項職能之中，是管理的核心（或實質）問題而非管理的一個職能，所以將它列入總論部分。本章將討論決策的含義、分類、原則、程序、方法等問題。

下篇為職能篇，是根據我們對管理職能的理解來設計的。由於我們認為管理有七種職能，所以安排七章，一種職能一章，其順序就按本章第二節中對職能作簡要解釋的順序。

結束語部分是對管理未來發展趨勢的展望，用以作為全書的總結。作預測是困難的，對管理作預測更難。這裡只是根據20世紀50年代以後社會經濟環境的發展變化及最新的管理理論，對21世紀初期管理可能發生的變化作一些粗略估計，僅供討論和參考。

復習討論題

1. 有人說：「管理是人們從事社會活動的必然產物，又是這些社會活動賴以進行的必要條件。」你讚同這一說法嗎？為什麼？
2. 試聯繫你所瞭解的實際，說明管理的重要作用。
3. 如何理解管理的性質？掌握管理二重性理論有什麼重要意義？
4. 試述管理學的研究對象和性質。
5. 為什麼說管理既是一門科學，又是一種藝術？理解這一點有什麼實際意義？

---

① 系統分析法和權變分析法將在第二章第二節中介紹。

案例

實現規範管理，爭創百年老店[①]

聞名全國的民營企業新希望集團經歷了艱苦創業、逐步發展壯大的漫長過程。集團董事長劉永好於 1982 年同三個哥哥一道辭去公職，開始創業，從養鵪鶉到生產飼料、從當個體戶到成立希望飼料公司，十年的慘淡經營贏得了新華社、中央電視臺等新聞媒體的讚譽。在希望飼料公司經過 1992 年和 1995 年的兩次改組後，劉永好於 1996 年在此基礎上創建了新希望集團。

此後，集團迅速發展壯大。它仍以飼料為基礎產業，涉足乳業及肉食品加工、房地產、金融投資、基礎化工、商貿物流、國際貿易等領域，總部設在四川省成都市，在國內和東南亞共擁有獨資和控股企業 170 家、員工 3.5 萬餘名。新希望已成為中國最大的飼料企業之一，以及西部最大的乳製品、肉食品企業。

1998 年春節前，劉永好召集集團的 100 多位經理開了一次為期 5 天的工作會議。當時，他對大家說：美國 2 億多人口，年產 1 億噸飼料，僅有 300 家飼料廠；中國 13 億人，年產 5,800 萬噸飼料，卻有 13,000 家飼料廠。這個情況說明什麼問題呢？經過討論，經理們得出的第一個結論是：10～20 年內，中國的飼料企業將會減少到 1,000 家（即淘汰 90% 以上）。第二個結論是：中國的飼料工業還會發展，年產量將超過 1 億噸。

劉永好引導大家討論：怎樣才能不被淘汰呢？他認為，這就要「實現規範管理，爭做百年老店」。現在不少民營企業是「各領風騷三五年」，這是一種悲哀。劉永好清醒地看到了自己企業的長處和不足：外延式擴展好，內涵式增長差，在科學決策、人才層次、科技創新能力、精細管理、規範管理等方面，都同先進企業相距甚遠。這就像一個人一條腿長，一條腿短，走路會不平穩。若要具有持續的競爭能力，做百年老店，就必須向先進企業學習，做到企業管理精細化、規範化、科學化。於是，他提出了「爭創百年老店、百年名店」的長遠目標，並使之成為全體員工的自覺行動。

討論題：

1. 你是否贊同劉永好所說「要做百年老店，必須加強管理」的觀點？
2. 你是否瞭解「只領風騷三五年」的企業？它們的失誤主要是什麼？

[①] 吳小波. 大贏家 [M]. 北京：中國企業家出版社，2001：154–174.

第二章
管理理論的形成與發展

　　管理的理論來源於管理的實踐。人類的管理實踐源遠流長，然而管理理論卻是在20世紀初才在西方國家出現。不過，此後西方管理理論的發展相當迅速，為此做出貢獻的有管理學家、經濟學家、社會學家和心理學家，以及從事實際管理工作的企業領導人、政府官員和顧問等。這些理論對我們具有較大的參考價值。中國古代和現代的管理實踐，也產生了豐富的管理思想，但具有中國特色的管理理論則尚處於建設的過程中。本章將首先介紹西方管理理論的形成及其發展過程，並扼要說明各種管理理論的主要內容或觀點，給予適當的評價；然後介紹中國古代和現代的管理思想，並提出建設中國管理理論的基本要求。

第一節　西方管理理論的形成

一、西方早期的管理思想

　　西方國家很早就有管理活動，並由此產生了管理思想，可惜歷史記載有限，且因長期不重視工商業，管理思想的累積較緩慢。[①] 西方學者較為系統地研究管理問題，還是在18世紀60年代英國開始產業革命、出現資本主義工廠制度以後的事。這方面的代表人物主要有下列幾位：

（一）亞當・斯密（Adam Smith，1723—1790）

　　亞當・斯密是英國資產階級古典政治經濟學的奠基人，是自由競爭的資本主義的鼓吹者，其代表作是發表於1776年的《國民財富的性質和原因的研究》（簡稱《國富論》）。斯密認為，勞動是國民財富的源泉，財富的多少取決於從事勞動的人數和勞動者生產力的高低，而要提高勞動生產率，就需要實行勞動分工。他特別強調分工的效益，指出這些效益來自：「第一，勞動者的技巧因專業而日進；第二，由一種工作轉到另一種工作，通常需損失不少時間，有了分工，就可以免除這種損失；第三，許多簡化勞動和縮減勞動的機

[①] 英國產業革命以前的西方管理思想，可參閱：丹尼爾 A 雷恩. 管理思想的演變［M］. 孫耀君，等，譯. 北京：中國社會科學出版社，1986.

械的發明，使一個人能夠做許多人的工作。」① 他認為，管理人員為了提高生產率，也必須依靠勞動分工。分工能使社會普遍富裕，並使工廠制度具有經濟合理性。

斯密的另一管理思想認為，人們在經濟行為中追求的完全是私人的利益。但是每個人的利益又為其他人的利益所制約，這就迫使每個人必須顧及其他人的利益。由此產生了相互的共同利益，進而產生和發展了社會利益，社會利益以個人利益為基礎。斯密提出了「人都是追求個人經濟利益的『經濟人』」的觀點，這是對資本主義生產關係的反應。

（二）查爾斯·巴貝奇（Charles Babbage，1792—1871）

巴貝奇是英國劍橋大學數學教授，曾在英、法等國工廠調研。他在1832年出版的《論機器和製造業的節約》一書，成了企業管理學的重要文獻。巴貝奇發展了亞當·斯密關於勞動分工效益的思想，提出此效益還來自因工作專業化而節省了學習技術所需的時間、節省了學習期間所耗原材料、節省了變換工具所耗的時間；還特別指出斯密忽略了分工可減少工資支付的好處，因為按勞動複雜程度和勞動強度實行分工後，其中要求較低的工作即可支付較低的工資。

巴貝奇還主張勞資合作，強調工廠主的成功對工人的福利是十分重要的。他建議實行一種工人分享利潤的計劃，認為此計劃能使雇員同雇主的利益一致，消除矛盾，共享繁榮。他還主張對工人為提高勞動效率而提出的建議給予獎勵。

（三）丹尼爾·麥卡勒姆（Daniel Craig McCallum，1815—1878）

美國的工廠制度形成於19世紀中葉，但其鐵路發展卻比英國更加迅速，成了美國管理實踐的先驅。主要的代表人物就是麥卡勒姆，他從1854年起擔任伊利鐵路公司的總監。麥卡勒姆集中研究鐵路公司內部的管理，提出了下列管理原則：

（1）恰當地劃分職責；

（2）為了使職工履行其職責，授予他充分的權力；

（3）採取措施瞭解個人是否切實承擔起職責；

（4）對一切玩忽職守者要迅速報告，以便及時糾正錯誤；

（5）建立起按日報告和檢查的制度來反應這些情況；

（6）採用一種制度，使總負責人不僅能及時發現錯誤，而且能找出失職者。

為了貫徹上述原則，麥卡勒姆制定了一套組織措施，如劃分職工級別、規定職工穿上表明其級別的制服、用正式的組織圖標明組織機構之間的職責分工和報告控制系統等。他還強調下級只應對他的直接上司負責，並接受他的指令，其他人的命令可以不執行，這就是後人所說的「統一指揮原則」。

麥卡勒姆的這些管理思想和組織措施被許多鐵路公司採用，但受到鐵路員工的激烈反

---

① 亞當·斯密. 國民財富的性質和原因的研究［M］. 郭大力, 王亞南, 譯. 上冊. 北京：商務印書館，1972：8.

對。美國一些大企業也仿效他的做法，實現了管理制度化。

（四） 亨利・普爾（Henry V. Poor，1812—1905）

普爾長期擔任《美國鐵路雜誌》的主編，此雜誌是當時鐵路投資者和經理人員必讀的主要商業刊物。他廣泛探討鐵路經營上的問題，如資金籌措、規章制度、鐵路在美國生活中的作用等。他根據麥卡勒姆整頓伊利鐵路公司的事例指出，企業管理不能靠創辦人和投資者，而應依靠專職管理人員。他探索管理的科學，發現了三條「基本原則」：

（1） 組織原則。組織是一切管理的基礎。從董事長到工人都必須有細緻的勞動分工，有具體的職責，並對其直接上司負責。

（2） 溝通原則。在組織中要設計一種報告和聯繫的辦法，使最高領導層能不斷地準確瞭解下屬的工作情況。

（3） 信息原則。必須編製和保存一套有關收入、支出、定額測定、運價等方面的系統資料，用心分析現有經營管理情況並為日後的改進提供依據。

普爾發現，要使鐵路公司等大型組織成功運轉，必須建立管理秩序、制度和紀律，但由於工人們的抵觸情緒等因素，因此，需要建立一種能通過向組織灌輸團結精神而克服單調乏味、僵化刻板的制度。最高管理層應成為企業的神經中樞，把知識和服從的精神輸送到每個部門。

二、古典管理理論形成的歷史背景

西方公認的古典管理理論包括三部分：由美國泰羅等人創立的科學管理理論、由法國人法約爾創立的古典組織理論、由德國人韋伯創立的行政組織理論。這三種理論雖由不同的人在不同的國家單獨提出，但提出的時間都在 20 世紀之初，且在基本內容上有相似之處。這是因為它們反應了同樣的歷史背景，適應了當時資本主義社會發展的需要。

古典管理理論形成的歷史背景有下述幾個方面：

（一） 資本主義生產的迅速發展

19 世紀 70 年代以後，經濟危機頻繁，競爭日趨激烈，推動了技術進步，使原有的重工業部門（如冶金、採煤、機器製造等）迅速發展起來，並使新興重工業部門（如電力、電器、化學、石油等）先後建立和發展。這樣就使資本主義生產得到空前迅猛的增長。據統計，世界工業生產量在 1850—1870 年的 20 年中增長了 1 倍，而在 1870—1900 年的 30 年中增長了 2.2 倍，到 20 世紀初的 13 年中又增長了 66%。[1] 工業的發展和資本主義經濟體系向全世界的擴張，促進了交通運輸和國際貿易的發展。

資本主義生產發展和科學技術進步，對企業管理提出了更高的要求。長期以來憑經驗進行管理的傳統方式已成為進一步增強競爭能力、提高生產率的主要障礙。勞動高度專業

---

[1] 樊亢，宋則行. 外國經濟史 [M]. 2 冊. 2 版. 北京：人民出版社，1981.

化了，而標準化的生產程序和方法卻沒有制定，組織結構等問題也亟待研究解決。

（二）資本主義生產集中和壟斷組織的形成

自由競爭引起生產集中，而資本主義經濟危機、技術進步、重工業和鐵路等的建設也起著重要的促進作用。19世紀末20世紀初，各資本主義國家的生產集中已達到了相當的高度，以美國為例，見表2-1。

表2-1　　　　　　　美國的產值在100萬美元以上的大企業的情況[1]

年份 \ 項目	大企業數占企業總數的百分比	大企業雇工人數占工人總數的百分比	大企業產值占工業產值的百分比
1904	0.9	25.6	38.0
1909	1.1	30.5	43.8

生產集中引起壟斷組織的形成。壟斷組織早在19世紀60年代即已出現，但直到該世紀末的經濟高速發展時期和經濟危機期間，才在發達的資本主義國家中普遍發展起來，成為經濟生活的統治者。壟斷的統治並不消除競爭，不僅自由競爭在一定範圍和程度上依然存在，而且出現了壟斷組織之間、壟斷組織和非壟斷組織之間以及壟斷組織內部的競爭。由於壟斷組織的實力強大，新的競爭更加激烈和尖銳。

生產集中、壟斷組織形成和競爭的加劇，對企業管理又提出了更高的要求，管理業務越來越複雜，傳統的經驗管理已根本無法適應，必須對它進行徹底改革。過去的企業規模小，如因管理不善而破產，影響還有限；如今的壟斷組織如管理失誤，則不但關系企業的存亡，還會影響國家經濟實力和社會財富，產生嚴重後果。

（三）階級鬥爭的尖銳化

資本主義由自由競爭階段向壟斷階段過渡，工人階級的勞動條件和生活狀況日益惡化，所受剝削日益加重，激起了他們反對壟斷資本的鬥爭，罷工事件頻繁發生，各種各樣的怠工形式更為普遍。資產階級面對勞資矛盾的激化，把它說成是一個「勞動力問題」，想方設法去解決。他們除鼓吹勞資合作以外，或主張使用優良機器以節省勞動力，或主張實行分享利潤計劃，或主張改進生產的程序和方法。因此，階級鬥爭尖銳化也是促進古典管理理論形成的重要因素之一。

（四）資本主義企業管理經驗的累積

從18世紀英國產業革命、工廠制度誕生算起，到20世紀初為止，可以看作資本主義企業的傳統管理階段。此階段的突出特點是管理者依靠個人的經驗來管理，工人憑自己的經驗來操作，工人和管理人員的培養也只是靠師傅傳授經驗。經驗固然可貴，但是有必要將它上升為理論，而這就需要經驗累積到相當豐富的程度才能進行科學總結和概括。

---

[1] 樊亢，宋則行. 外國經濟史 [M]. 2冊. 2版. 北京：人民出版社，1981.

如前所述，在這個階段，有些先驅如斯密、巴貝奇、麥卡勒姆、普爾以及其他許多人已經在對管理經驗加以概括，先後提出了值得重視的管理思想。儘管他們受到歷史條件局限而不可能形成管理理論，但已為這一理論作了必要的準備。到 20 世紀初，泰羅、法約爾、韋伯等人正是利用了資本主義企業管理累積的豐富經驗，適應資本主義生產進一步發展的需要，加上自己的認真研究，從不同角度提出企業管理的理論，這就是古典管理理論。

因此，古典管理理論是時代的產物，它的形成是由 19 世紀末 20 世紀初資本主義社會經濟和歷史條件所決定的。泰羅等人的科學管理理論的提出，標誌著資本主義企業管理由傳統管理階段過渡到了人們通常所說的科學管理階段。

三、科學管理理論

科學管理理論的創立者主要是美國人泰羅（Frederick Winslow Taylor，1856—1915），他在工廠當過工人、工長、總工程師和管理顧問。他在 1911 年出版了《科學管理原理》一書，標誌著這一理論的最終形成。[1] 在資本主義企業管理史上，泰羅被尊稱為「科學管理之父」。

對科學管理理論做出貢獻的，還有與泰羅同時代（甚至是同事）的其他人，其中主要是：巴思（Carl George Lange Barth，1860—1939）、甘特（Henry Laurence Gantt，1861—1919）、吉爾布雷斯夫婦（Frank Bunker Gilbreth，1868—1924；Lillian Moller Gilbreth，1878—1972）、埃默森（Harrington Emerson，1853—1931）。他們的著作很多[2]，分別從不同方面做出了貢獻。

科學管理理論主要研究企業最基層的工作（或藍領工作），探討大幅度提高工人生產率的原則和方法，尋求管理工作的「一種最好的方式」（one best way）。它並未研究整個企業的管理職能、原則和組織問題，這些問題正是另兩種古典管理理論著重研究的。

泰羅及其同事們從 19 世紀 80 年代起先後在幾個工廠進行了多次試驗，試行了一系列改進工作方法和報酬制度的措施，在一定範圍內獲得了顯著提高生產率的成效。於是有人稱他為「效率專家」，他的追隨者也以傳播「效率主義」為己任。可是泰羅認為這是對科學管理的實質及其原理的誤解。他指出：「科學管理是過去曾存在的諸種要素的結合，即把老的知識收集起來，加以分析、組合併歸類成規律和條例，於是構成一種科學。」[3]

泰羅創立的科學管理理論的指導思想是勞資合作，鼓吹雇員同雇主利益的一致性。怎

---

[1] 《科學管理原理》一書已由中國社會科學出版社於 1984 年出版了中譯本，書中還收入了泰羅的其他兩本主要著作《計件工資制》和《工廠管理》，以及他的《在美國國會的證詞》。這些著作和證詞集中反應了泰羅的理論的形成和發展過程。

[2] 如 H. L. 甘特的《工業的領導》、F. B. 吉爾布雷斯的《動作研究》、L. M. 吉爾布雷斯的《管理心理學》、H. 埃默森的《效率的十二原則》等。這些書都在 1911—1916 年間先後出版。

[3] F W 泰羅. 科學管理原理 [M]. 胡隆昶，等，譯. 北京：中國社會科學出版社，1984.（著重號是該書原有的）。

樣做到一致呢？這就需要來一場完全的「思想革命」（mental revolution），而這正是泰羅所說的科學管理的實質。①

泰羅提出：這場思想革命有兩方面的內容。第一，勞資雙方不再把注意力放在盈餘的分配上（即資方總想多得利潤，勞方總想多得工資），而轉向增加盈餘的數量上。盈餘增加了，則如何分配盈餘的爭論也就不必要了。第二，勞資雙方都必須承認，對廠內一切事情，要用準確的科學研究和知識來代替舊式的個人判斷或經驗，這包括完成每項工作的方法和完成每項工作所需的時間。②他還提出「將科學與工人相結合」，即要求管理者與工人合作，保證一切工作都按已發展起來的科學原則去辦。③

科學管理的工作內容（人們習慣稱為「泰羅制」）主要有：

（1）工作方法和工作條件的標準化。要科學地研究各項工作，分析工人的操作，總結工作經驗，制定出能顯著提高效率的標準工作法，相應地使所使用設備、工具、材料及工作環境標準化。

（2）工作時間的標準化。要科學地研究工人的工時消耗，規定出按標準工作法完成單位工作量所需的時間及一個工人「合理的日工作量」，作為安排工人任務、考核勞動效率的依據。

（3）挑選和培訓工人。要讓他們掌握標準工作法，盡力達到「合理的日工作量」。

（4）實行「差別計件工資制」。即按照工人是否達到「合理的日工作量」而採用不同的工資率，以刺激工人拼命幹活。

（5）明確劃分計劃工作與執行工作。科學研究、制定標準、計劃調度等「一切可能用腦的工作都應該從車間裡轉移出來，集中到計劃或設計部門，留給工段長和班組長的只能是純屬執行性質的工作。」④

（6）實行「計劃室和職能工長制」即「職能制管理」。首先在執行工作方面，改變過去每個班組的工人只由一名工長或班組長領導的辦法，而分設四個「職能工長」，他們是班組長、速度管理員、檢驗員和修配管理員，都有權直接指揮工人。其次在計劃工作方面，計劃室也設四個崗位，他們是工序和路線調度員、指示卡辦事員、工時和成本管理員、車間紀律檢查員，都有權代表計劃部門指揮工人。泰羅認為，經過分工和專業化，可大大提高管理工作效率，對生產發展有利。但是照他這樣做的結果是，工人同時接受八個人的領導，往往無所適從，這違背了統一指揮原則，而且工段長或班組長因感到自己的權限被縮小也表示反對。所以「職能制管理」從未得到普遍推廣，不過泰羅的這一思想為

---

① FW 泰羅．科學管理原理 [M]．胡隆昶，等，譯．北京：中國社會科學出版社，1984.
② FW 泰羅．科學管理原理 [M]．胡隆昶，等，譯．北京：中國社會科學出版社，1984.
③ FW 泰羅．科學管理原理 [M]．胡隆昶，等，譯．北京：中國社會科學出版社，1984.
④ FW 泰羅．科學管理原理 [M]．胡隆昶，等，譯．北京：中國社會科學出版社，1984.

以後職能部門的建立和管理專業化提供了啟示。①

（7）實行「例外原則」的管理。在規模較大的企業，高層管理者要將日常工作授權給下級管理人員去處理，自己僅保留對例外事項的決策權和監督權，如企業的大政方針、重要人事任免、新出現的重要事項等。這一思想後來發展為管理上的分權化原則和事業部制管理等。

泰羅等人所倡導的科學管理理論主要就是上述幾方面的內容。他們以勞資合作為指導思想，說什麼「盈餘增加了，就不必去爭論盈餘的分配」，而這些都是錯誤的；但他們主張企業管理的一切問題都應當而且可能用科學的方法去研究和解決，實行各方面的標準化，使個人經驗上升為理論，而不能僅憑經驗辦事，這卻是他們的歷史性貢獻，開創了資本主義企業管理的科學管理階段。對「泰羅制」的評價應一分為二：一方面，它是資產階級殘酷剝削工人的最巧妙的手段；另一方面，它又是一系列的科學成就，即按科學方法來分析工人的操作，總結經驗，制定出高效率的標準工作法。事實上，由「泰羅制」發展起來的動作研究和時間研究，已成為現代工業工程學的重要內容。

四、古典組織理論

古典組織理論的創立者是法國人亨利·法約爾（Henri Fayol，1841—1925），其代表作是《工業管理與一般管理》②，發表於 1916 年。與泰羅主要研究企業最基層的工作不同，法約爾作為大型企業的管理者，以整個企業為研究對象，提出了企業管理的職能和原則，並認為這些理論也適用於軍政機關、宗教組織等。

法約爾首先為管理下定義。他認為，企業的全部活動可分為 6 組：
（1）技術活動（生產、製造）；
（2）商業活動（購買、銷售）；
（3）財務活動（籌集和最適當地利用資本）；
（4）安全活動（保護財產和人員）；
（5）會計活動（財產清點、成本、統計等）；
（6）管理活動（計劃、組織、指揮、協調和控制）。

企業各級人員都要參加這些活動，但各有側重，如工人和工長主要從事技術活動，廠長、經理則主要從事管理活動。「管理就是實行計劃、組織、指揮、協調和控制。」③ 由此定義可見，法約爾是用管理的職能來解釋管理。

古典組織理論的一個重要內容是詳細論述了管理的五個職能（法約爾稱為管理的要

---

① 泰羅的合作者埃默森就不讚成「職能制管理」。他主張為領導人配備參謀人員以充當助手，但無權指揮下級管理者和工人。這就是後人們常用的直線——參謀制組織形式（見第七章）。
② 《工業管理與一般管理》一書已由中國社會科學出版社於 1982 年出版了中譯本。
③ 法約爾 H. 工業管理與一般管理 [M]. 周安華，等，譯. 北京：中國社會科學出版社，1982.

素），分別說明它們的含義、工作內容、工作要求等。該理論對組織職能的論述尤為詳盡，提出了「管理幅度」原理、組織結構設計、職能機構和參謀人員的設置，並且批判了泰羅鼓吹的「職能制管理」。法約爾對管理職能的分析至今仍具有巨大的指導意義。

古典組織理論的另一重要內容是法約爾提出的 14 條「管理的一般原則」。這是他從實踐經驗中總結出來、又在實踐中經常應用的（其中有些是繼承了前人的管理思想）。

（1）勞動分工。這不僅適用於生產，還可應用於各種管理工作中，發展為管理專業化和權力的分散。

（2）權力與責任。權責必須對等，行使權力首先應規定責任範圍，然後制定獎懲標準。

（3）紀律。要使企業順利發展，紀律絕對必要。領導人制定紀律，必須同其下屬人員一樣接受紀律的約束。

（4）統一指揮。一個下屬人員只應接受一個領導人的命令，反對多頭指揮。

（5）統一領導。這是指對於力求達到同一目的的全部活動，只能有一個領導人和一項計劃。這是統一行動、協調力量和一致努力的條件。

（6）個人利益服從整體利益。在企業中，個人利益不能置於企業利益之上，國家利益應高於公民個人的利益。

（7）報酬。人員的報酬是他們服務的價格，應該合理，並盡量使雇主和雇員都滿意。

（8）集中。這是指權力集中和分散的問題，是一個程度問題，要找到企業的最適宜度，即能提供最高效率的度。

（9）等級制度。從最高領導人到最基層，應劃分等級，形成執行權力和傳遞信息的路線。各級、同級之間也應建立直接聯繫，保持行動迅速。如圖 2-1 所示。

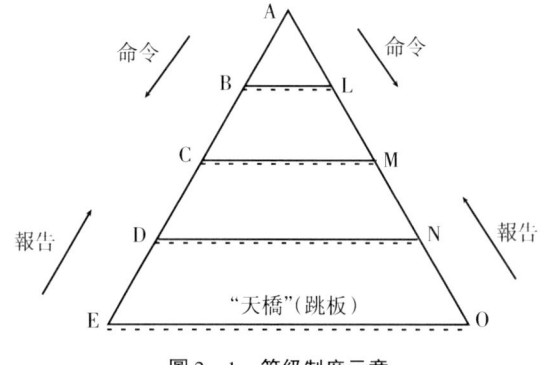

圖 2-1 等級制度示意

（10）秩序。就社會組織而言，這是指將合適的人安排在合適的崗位上，做到「各有其位，各就其位」。就物品而言，是指將物品放在預先規定的位置，保持整齊清潔。

（11）公平。領導人對其下屬要仁慈和公正，才能贏得下屬的忠誠和擁護。它不排斥

嚴格管理，但要求有理智、有經驗、有善良的性格。

（12）人員穩定。要保持人員在職位上的相對穩定，反對不必要的流動。

（13）首創精神。應盡量鼓勵和發展全體人員的首創精神，這是一股巨大的力量。

（14）團結精神。團結就是力量，應盡力保持全體人員的和諧與團結，反對分裂。

古典組織理論還包括管理教育問題。法約爾詳細研究了企業各級人員必須具備的素質，特別強調管理教育的必要性。他指出，每個人都或多或少地需要管理知識，大企業的高級人員最需要的能力是管理能力，單憑技術教育或業務實踐是不夠的，所以管理教育應當普及。他又說，缺乏管理教育的真正原因是缺乏管理理論，而他的研究正是建立管理理論的嘗試。

以上就是古典組織理論的主要內容。在傳播這一理論的初始階段，有人試圖將此理論與泰羅的科學管理理論相對比。但在 1925 年，法約爾親自聲明有人把他推到與泰羅相對立的地位，這是荒謬的。實際上，這兩種理論可互相補充，他們都意識到管理對企業取得成功的重要性，都把科學方法應用於研究這一問題。至於兩種理論研究的角度和重點不同，則是他們的創立者經歷不同事業生涯的一種反應。

對古典組織理論的發展做出重要貢獻的有英國人林德爾·厄威克（Lyndall F. Urwick）和美國人盧瑟·古利克（Luther Gulick）。他們進一步研究管理的職能和原則，並將古典組織理論與科學管理理論系統地加以整理和闡述。他們合編的《管理科學論文集》（1937 年出版），在管理學史上頗有地位。

五、行政組織理論

行政組織理論的創立者是德國人馬克斯·韋伯（Max Weber, 1864—1920）。他與同時代的泰羅、法約爾不同，畢生從事學術研究。他涉獵的學科領域包括社會學、宗教、經濟學、政治學等，對經濟組織和社會之間的關係也很有興趣，提出了理想的行政組織理論，這個理論在其專著《社會和經濟組織的理論》①中有系統的闡述。

韋伯的行政組織理論實際上反應了當時德國從封建社會向資本主義社會過渡的要求。19 世紀後期，德國的工業化過程相當迅速，但生產力的發展仍然受到封建制度的束縛，舊式的家族式企業正逐漸轉變為資本主義企業。行政組織理論力圖為新興的資本主義企業提供一種高效率的、符合理性的組織結構，所以韋伯成了新興資產階級的代言人。這一理論開始並未引起人們很大的注意，直到 20 世紀 40 年代末，因企業規模日益擴大，人們積極探索組織結構的問題，才受到普遍重視，韋伯因而被稱為「組織理論之父」②。

行政組織理論的核心是理想的行政組織形式。行政組織形式的英譯詞是「Bureaucra-

---

① 此書用德文寫成，由 A. M. 亨德森和 T. 帕森斯合譯成英文，英文版於 1947 年由紐約自由出版公司（Free Press）出版。

② 雷恩 D A. 管理思想的演變 [M]. 孫耀君，等，譯. 北京：中國社會科學出版社，1986.

cy」，原意是政治學的概念，指政府由官僚控制而不讓被統治者參加，所以可譯為「官僚政治」「官僚制度」，不過這些詞在中文中都帶有貶義。韋伯使用這個詞並無貶義，而是作為社會學的概念，用以表明集體活動的理性化，指一種能預見組織成員活動、保證實現組織目標的組織形式，所以可轉譯為行政組織形式。所謂「理想的」，也非一般含義，而是指「純粹形態」。因為在實際生活中，必然出現多種組織形式的結合，為了便於研究，需要按純粹的、典型的形式來分析。

韋伯對組織形式的研究，從人們所服從的權力或權威開始。他認為有三種合法的權力，由此引出三種不同的組織形式：

（1）神祕的權力（charismatic authority）。人們服從擁有神授品質的領袖，由於對他的個人崇拜，產生了神祕的組織。這種組織的基礎不穩，領袖死後就會產生權力繼承問題。

（2）傳統的權力（traditional authority）。人們服從由傳統（如世襲方式）確定、享有傳統權力的領袖，出於對他的忠誠而服從他的命令。產生了傳統的組織。

（3）理性的、法律化的權力（rational, legal authority）。這種權力以理性為依據，以規章制度的合法性為依據，人們只服從那些依法制定的、與個人無關的命令。這就出現了理性的、法律化的組織。

韋伯認為，在以上三種權力中，只有理性化、法律化的權力才能成為管理的行政組織形式的基礎，因為它以理性和法律為依據，不帶神祕色彩，不受傳統約束。他所說的行政組織形式正是理性化、法律化的組織，它像現代的機器，能帶來最高的效率。

韋伯設計的行政組織形式可以用圖2-2來表示，他特別強調以下幾點：

（1）每個組織都要有一個明確規定的職位等級制結構，每個職位都要有明確規定的權力和職責範圍。

（2）每個組織中，只有最高領導人因專有（生產資料）、選舉或繼承而獲得其掌權的地位，其他管理者都應實行委任制和自由合同制。一切管理者（包括最高領導人）都必須在規定的權責範圍內行使其權力。

（3）被委任的管理者是根據預先制定的技術規範來挑選的，要經過考試或驗證文憑，或二者兼用。

（4）被委任的管理者要把職位作為他們唯一的（至少是主要的）職業，職業就是他們的前程。有一個按年資和業績提升的制度，提升與否取決於上司的判斷。

（5）管理者應當同生產資料的所有權相分離，即把屬於組織而由他管理的財產同他個人的私有財產徹底分開，把管理者執行職務的地點同他的生活場所分開。

韋伯指出，這樣的行政組織形式原則上適用於各類組織，如政府、軍隊、教會、醫院、大型資本主義企業等。理想的形式從純技術觀點看，最合乎理性原則，能獲得最高效率。它在準確性、穩定性、紀律性和可靠性等方面，都優於其他組織形式，並使組織的領導人和有關人員能夠高度精確地計算組織的成果。

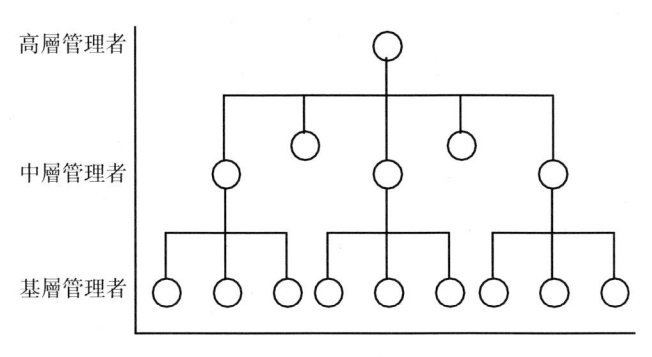

圖 2－2　行政組織形式的簡化結構示意圖

韋伯還指出，資本主義制度在行政組織形式的發展中起著重大作用。一方面，資本主義在當時的發展階段強烈要求推動這一組織形式的普及；另一方面，資本主義又是這一組織形式的最合乎理性的經濟基礎，為它提供了必要的財力資源，以及運輸和通信方面的極端重要的條件。

六、古典管理理論回顧

上述三種管理理論在創立之初並無聯繫，各自的著重點也有不同，但它們有著相同的社會經濟和歷史背景，都適應了資本主義社會發展的需要；它們的創立人又都程度不同地繼承了早期的管理思想，經過親身實踐或學術研究或多或少地摸索到管理工作的規律性，而且在對待工人（雇員）和對待組織的根本看法上大體一致。人們把這些共同的看法視為古典管理理論的特徵。

三種理論對待工人（雇員）的看法是：

（1）它們都認為財產最重要，私有財產神聖不可侵犯。雇主擁有生產資料，就可以佔有雇員的勞動並按照自己認為適當的方式去利用。

（2）它們都繼承了亞當·斯密以來資產階級經濟學家的觀點，認為人都是「經濟人」。雇主經營是為了多得利潤，雇員勞動是為了多掙工資。

（3）它們都鼓吹勞資雙方的利益在根本上是一致的。在提高勞動生產率的基礎上，工人可多拿工資，雇主也可多得利潤，所以工人的目標可以同雇主的目標相一致。

（4）它們都認為人的天性是好逸惡勞、逃避工作、怕負責任，因此，管理者必須對雇員施加強迫、威脅，嚴加監督，輔以金錢刺激。這就是後來 D. 麥格里戈提出的「X 理論」的觀點。

三種理論對待組織的看法是：

（1）它們都只研究了組織內部的管理問題，未曾考慮組織的外部環境及其對管理的影響，實際上是將社會組織看成一個封閉式系統。

（2）它們都鼓吹科學，崇尚理性，認為在管理中存在著適用於一切情況的「最好方式」，管理理論的任務就是探索和揭示這一「最好方式」。

（3）它們都把組織看成一部機器，組織的各類人員則是它的零部件，因而非常強調勞動分工、管理專業化、建立等級制度、明確權責、嚴格紀律和規章制度等，以保證「機器」準確、有效地運轉。

（4）它們都強調穩定，不重視變革。按照它們的說法，只要按照它們揭示的「最好方式」、科學（或理性）原則行事，就能無往而不勝。

古典管理理論的上述特徵，既決定於它的創立者們的資產階級立場觀點，又反應了管理理論形成初期的歷史局限性。後來的管理學者對它提出了許多批評，並根據社會經濟條件的變化創立新的理論，對它作出修正。儘管如此，古典管理理論的歷史功績不容抹殺，它確實促進了資本主義社會的發展，對以後的管理理論產生了深遠的影響，其中一些原理和方法至今仍為西方各國所應用，對中國社會主義的管理也有參考和借鑑的價值。

第二節　西方管理理論的發展

一、行為科學理論的產生和發展

早期的行為科學（behavioral science）理論被稱為人際關系理論（human relations theory），形成於20世紀30年代，其代表人物為梅奧（George Elton Mayo，1880—1949）和羅特利斯伯格（Fritz J. Roethlisberger，1898—1974）。

人際關系理論是隨著資本主義社會矛盾的加深而產生的。泰羅的科學管理理論儘管鼓吹勞資合作，卻加重了對工人的剝削，激起了工人和工會的強烈反對。資本家認為用科學化的管理辦法取代傳統的經驗管理，會影響他們的權威，同時因害怕工人的反抗也表示反對採用科學管理。鑒於一家兵工廠推行經濟刺激制而釀成工人罷工，美國國會還通過法律，禁止在軍工企業和政府企業採用「泰羅制」[①]。而且，第一次世界大戰結束後，西方國家經濟發展的週期性危機日益加劇。這些就使得資產階級感到有必要尋找新的管理理論和方法去提高生產率，於是一些企業就同管理學者、心理學者相結合，著重從改善工作環境、工作條件等方面進行試驗，人際關系理論就應運而生。

1924—1932年，美國國家研究委員會與西方電器公司（Western Electric）合作，在公司設在芝加哥附近的霍桑（Hawthorne）工廠進行試驗，並邀請梅奧和羅特利斯伯格等人參加。這就是著名的霍桑試驗（Hawthorne Experiment），它分四個階段：

第一階段為照明試驗（1924—1927）。即改變「試驗組」工人工作場地的照明度，考

---

① 這項法律一直延續到1949年才正式撤銷。

察它對生產率的影響。試驗以失敗告終，因為照明度的變化對生產率幾乎沒有什麼影響。

第二階段為繼電器裝配室試驗（1927 年 8 月—1928 年 4 月）。即改變各種工作條件（如工作時間、勞動條件、工資待遇、管理作風與方式等），考察其對生產率的影響。結果發現各種條件無論如何變化，產量都在增加，無法解釋。

第三階段為大規模訪問和調查（1928—1931）。在全公司範圍調查了 2 萬多人次，得出的結論是：任何一位員工的工作績效都受到其他人的影響。

第四階段為電話線圈裝配工試驗（1931—1932）。將三個工種的工人組成一個「試驗組」，實行集體計件工資制，企圖形成「快手」對「慢手」的壓力以提高生產率。結果發現：①工人們有自定的「合理的日工作量」，它低於廠方所訂的產量標準。工人們不會工作得太快或太慢，而是遵守自定的標準，並有一套措施使不遵守此標準者就範。②在三個「試驗組」中存在兩個跨組的小集團，同一小集團的人在一起玩，交換工作並互相幫助，而對小集團外的人則不這樣做。小集團有幾條不成文的紀律，如工作不能太快或太慢，不應向監工打同伴的「小報告」，不應跟同伴疏遠或好管閒事等。

梅奧根據霍桑試驗的材料加以研究，於 1933 年出版了《工業文明中人的問題》一書，提出了與古典管理理論不同的新觀點，這些新觀點就是人際關係理論的基本點：

（1）人是「社會人」，而非單純的「經濟人」。任何人總是處在一定的社會、組織和群體中，既有經濟方面的需求，又有社會、心理方面的需求，如感情、友誼、安全感、歸屬感、受到他人尊重等。因此，對人的激勵也應是多方位的，金錢絕非唯一的激勵因素，從社會、心理方面去滿足人的需求，才能激勵士氣。

（2）企業中存在正式組織，即行政劃分的部門、單位，又存在「非正式組織」，即由共同興趣、感情等因素自然形成的無形群體。「非正式組織」的出現並非壞事，它同正式組織互相依存，對生產率的提高有很大影響。關鍵是管理當局要給予充分重視，注意將它引向正式組織的目標。

（3）新型的領導能力在於管理要以人為中心，全面提高職工需求的滿足程度，以提高士氣和生產效率。這需要技術、經濟技能，還需要人際關係的技能，所以要對管理者進行培訓，使之掌握瞭解工人感情的技巧，並提高在正式組織的經濟需求和「非正式組織」的社會需求之間保持平衡的能力。

在人際關係理論之後，西方從事這方面研究的學者大量湧現。1949 年在美國芝加哥的一次討論會上第一次提出「行為科學」一詞，1953 年美國福特基金會召開有各大學科學家參加的大會，並對此名稱正式予以肯定，因而人們把人際關係理論視為早期的行為科學理論。行為科學理論在後期的發展主要集中在下列四個領域：

（1）有關人的需求、動機和激勵問題。代表理論有馬斯洛的「需求層次論」等。

（2）同管理有關的「人性」問題。代表理論有 D. 麥格里戈的「X 理論—Y 理論」等。

（3）企業的領導方式問題。代表理論有 R. R. 布萊克和 J. S. 穆頓的「管理方格」等。

（4）企業中的「非正式組織」及人際關係問題。代表理論有 K. 盧因的「團體力學理論」等。

這些理論將在以後的有關章節擇要介紹。

行為科學理論在其產生和發展的過程中，對古典管理理論提出了不少激烈的批評，但後來出現二者調和起來的傾向。這說明行為科學理論可以彌補古典管理理論之不足，但不能對其加以全盤否定，而且它本身並不能解決一切管理問題。不過，行為科學理論已經融合在現代管理理論中，為西方各國廣泛運用。

二、現代管理理論產生的歷史背景

在第二次世界大戰以後，西方的管理理論有了很大的發展，出現了許多學派。美國管理學者孔茨把這一現象形象地描述為「管理理論的叢林」。這些學派各有特點，但在歷史淵源和論述內容上互相交叉滲透，可總稱為現代管理學派，其理論可總稱為現代管理理論。這一理論的出現，使資本主義企業管理從科學管理階段過渡到現代管理階段。

現代管理理論的產生，反應了第二次世界大戰前後資本主義經濟發展中出現的新變化，適應了資本主義進一步發展的新要求。其歷史背景如下：

（1）資本主義工業生產和科技迅速發展。在兩次世界大戰之間，資本主義各國的工業生產雖有波動起伏，但仍在緩慢向前發展。第二次世界大戰給參戰各國工業生產以強大刺激，使之迅速發展。戰後，德、日、意三國的經濟受到嚴重破壞，英、法兩國的經濟也大大削弱，美國的經濟實力卻極大加強，它在資本主義世界工業生產中的比重於 1948 年達到 53.4%。20 世紀 50 年代以後，情況又有變化，美國的這一比重於 1959 年下降到 46%，日本和聯邦德國的經濟則恢復到接近戰前水平。[①]

兩次世界大戰之間，科學技術有巨大的進步。不僅原有的學科如數學、物理學、化學等有了新的發展，而且產生了一些新學科，如核物理學、控制論、聚合化學等，在此基礎上產生了許多新興的工業部門，如原子能工業、電子計算機工業、高分子合成工業等。科技的巨大進步，要求企業規模再擴大、專業化協作再發展，要求有新的管理理論與之相適應。

（2）生產集中和壟斷統治加強。與生產進一步社會化的要求相適應，資本主義生產集中的程度更高了。在競爭中，壟斷組織兼併局外企業，較強的壟斷組織兼併較弱的壟斷組織，壟斷統治更加強了。為了利用廉價的原料和勞動力，擴展國際市場，實力強大的壟斷組織紛紛將其生產和銷售環節分散到國外，有些跨國公司的分支機構遍布世界各地。第二次世界大戰還加速了國家和壟斷資本的結合，產生了資本主義國有經濟、國家資本與私

---

① 於光遠，等. 政治經濟學：資本主義部分 [M]. 北京：人民出版社，1985.

人壟斷資本聯合經營等。

（3）工人運動高漲。隨著生產集中和壟斷統治的加強，生產的機械化、自動化程度的提高，再加上企業經常性的開工不足，資本主義各國工人的失業率居高不下，罷工浪潮此起彼伏。1946 年是美國勞工史上風暴最大的一年，約有 5,000 次停工，有 460 萬工人參加。1949 年又出現新的罷工，以後一直連綿不斷。其他資本主義國家的情況大體類似。工人運動導致資本主義社會的不穩定，對壟斷組織構成威脅。

（4）市場問題日益尖銳，企業環境極不穩定。市場問題即商品的實現問題。隨著生產集中和壟斷統治的加強，資本累積的規模空前擴大，國內市場相對縮小，經濟危機頻繁出現。從國際上看，社會主義國家出現，許多原來的殖民地附屬國取得獨立並積極發展民族經濟，逐步限制外國壟斷資本的活動，國際市場的競爭更加尖銳了。市場問題尖銳化，導致資本主義競爭更加激烈，商品銷售成了難題，而競爭又加劇了市場的變化，使企業所處的外部環境極不穩定。

資本主義國家的財政赤字、通貨膨脹、證券市場波動、外匯行情起伏等，都是困擾企業的因素，給企業經營帶來了困難。在政治方面，資本主義各國政府更直接地干預經濟，制定方針、法令甚至計劃來指導經濟的發展，這些都是企業的不可控因素。在科技方面，新產品、新技術、新材料、新設備不斷出現，產品更新週期大大縮短，電子計算機的廣泛應用更是科技革命的重要成果。企業環境變化很快。

（5）相關科學快速發展。上述四個在資本主義經濟發展中出現的新變化，對企業管理提出了新要求，需要有新的管理理論來指導。20 世紀三四十年代先後創立的系統論、控制論和信息論，是適用於各門科學的方法論，利用這些理論來研究企業管理，就為形成新的管理理論創造了條件。自然科學特別是數學的發展、電子計算機的應用，擴展了企業管理中的定量分析，使管理理論的內容增強了科學性。環境多變帶來了許多「不確定性」，而數學和計算機的運用，為研究這些「不確定性」提供了可能，從而豐富和發展了管理理論。並且，行為科學理論後期的發展是同新的管理理論的形成密切結合的。

正是在這樣的歷史背景下，現代管理理論應運而生。對現代管理學派的劃分，各說不一。我們從各學派的歷史淵源、理論內容及相互聯繫考慮，並參考現有的劃分法，將現代管理學派分為六個學派，即系統學派、決策學派、經驗學派、權變學派、管理科學學派和組織文化學派。以下將分別介紹這些學派的管理理論的要點。

三、系統學派的管理理論

現代系統論的創始人，一般認為是德國人路德維希・伯塔朗菲（Ludwig von Bertallanffy）。他是一位生物學家和哲學家，1937 年在美國芝加哥大學的一次討論會上首次提出「一般系統理論」的概念，但直到 1947 年才公開發表其著作。他的後繼者根據他的思想為「系統」下了定義：系統是由相互聯繫、相互作用的若干要素結合而成的、具有特定

功能的有機整體，它通過不斷地同外界環境進行物質和能量的交換而維持一種穩定狀態。

系統學派由應用系統論觀點來研究組織和管理的學者所組成，它又可分為社會系統學派和系統管理學派。以下分別介紹。

（一）社會系統學派的管理理論

這個學派的代表人物是切斯特·巴納德（Chester I. Barnard，1886—1961），其代表著作是 1938 年出版的《經理人員的職能》一書。

巴納德是最先應用系統論來研究組織的管理學者，他將組織定義為：「將兩個或兩個以上的人的力量和活動加以有意識的協調的系統。」[1] 他指的是正式組織，他認為正式組織可以實現三個目標：①在經常變動的環境中，通過對組織內部各種因素的平衡，來保證組織的生存；②檢查必須適應的各種外部力量；③對管理和控制正式組織的各級經理人員的職能加以分析。他獨創性地提出組織系統包括內部平衡和外部適應的思想。

巴納德將組織看作協作系統，並由此出發舉出經理人員的職能有三：①維持組織的信息聯繫。任何協作系統都是信息聯繫的系統，經理人員應是該系統的中心，其主要任務就是通過設置崗位和配備人員來建立和維持該系統。巴納德在此還特別談到非正式組織的積極作用。②從組織成員處獲得必要的服務。這裡所說的組織成員是廣義的，包括投資者、供貨者、顧客和其他未加入組織但對組織做出貢獻的各種人。經理人員要吸收他們並同組織建立協作關係，為他們服務。③建立組織的目標。組織目標必須為協作系統的一切成員所接受，而且要及時地按層次、按單位分解落實。巴納德在此特別強調分派責任和授權，這又同信息聯繫系統和崗位設計有關。

（二）系統管理學派的管理理論

這個學派盛行於 20 世紀 60 年代，其代表人物有卡斯特（Fremont E. Kast）、羅森茨韋格（James E. Rosenzweig）、米勒（J. G. Miller）等人，其代表著作有卡斯特和羅森茨韋格合著的《組織與管理：系統與權變的方法》[2] 等。

這個學派較巴納德更進一步的是將系統論原理應用於工商企業，認為工商企業是一個由相互聯繫、共同工作的各要素（如勞動力、物資、設備、資金、任務、信息等）所組成的系統，旨在實現一定的目標。其內部各要素即它的子系統，可按不同標準來分類。企業是開放系統，同外界環境（政府、顧客、供貨者、競爭者等）有著動態的相互作用，並能不斷地自行調節，以適應環境和自身的需要。

這個學派認為，企業的系統管理就是把各項資源結合成為達到一定目標的整體系統。它並不取消管理的各項職能，而是讓它們圍繞企業目標發揮作用。它使管理人員經常重視企業的整體目標，不局限於特定領域的專門職能，又不忽視自己在企業系統中的地位和作

---

[1] 皮尤 D S，等．組織管理學名家思想薈萃［M］．唐亮，等，譯．北京：中國社會科學出版社，1986．

[2] 此書已由中國社會科學出版社於 1985 年出版了中譯本。

用，從而有助於提高企業的效率。這個學派還運用系統論原理為企業設計了通用的組織結構。①

四、決策學派的管理理論

這一學派的代表人物是赫伯特‧西蒙（Herbert A. Simon）和詹姆士‧馬奇（James G. March）。他們原屬於社會系統學派，對該學派的發展做出了卓越貢獻，後又致力於決策理論、運籌學、電子計算機在企業管理中的應用等的研究，獲得豐碩成果，所以可獨立出來，自成一派。其代表著作有兩人合作的《組織》（1958）和西蒙的《管理決策新科學》（1960）② 等。

西蒙等人非常強調決策在組織中的重要地位，認為決策貫穿於管理的各個方面和全過程，「它和管理一詞幾近同義」③。他概括了決策過程的三階段：①收集信息；②擬訂計劃方案；③選定計劃方案。他提出了決策的原則，認為組織的主要職能之一就是「彌補個人的有限制的理性」，作出「足夠好的」決策，因為所謂「絕對的理性」和「最優化決策」是做不到的。他將決策分為「程序化決策」和「非程序化決策」兩類，它們應用的決策技術不同；而他研究的重點是在「非程序化決策」方面，提倡用電子計算機模擬人類思考和解決問題。

西蒙等人也研究了企業的組織結構問題，並且同他的決策理論密切結合。他認為一般的組織都存在等級分層現象：最下層是基本工作過程，中間層是程序化決策制定過程，最上層則是非程序化決策制定過程。電子計算機的應用，數據處理和決策制定的自動化，將不會改變這一等級分層結構。他不同意「分權」比「集權」更好的絕對化觀點，也不贊同中層管理人員將隨著計算機的應用而減少的看法。

西蒙對未來的新型組織作了描述，他認為他所預測的決策過程的變化（指信息技術發展所引起的變化）不會使組織完全變樣，相反，新型組織在很多方面將與現在的組織極為相似。它們將仍然是等級分層形式，仍可分為三層，還可分設幾個部門，各部門又分成幾個更小的單位，只不過劃分部門界限的基礎可能有些變化。他說：「人類必須把自己放在應有的地位上。即使電子系統能仿效人類某些機能，或者人類思維過程中的某些奧秘被解除，以上的事實也無法改變。」④

五、經驗學派的管理理論

這個學派的代表人物有彼得‧德魯克（Peter F. Drucker）、歐內斯特‧戴爾（Ernest

---

① 孫耀君. 西方企業管理理論的發展 [M]. 北京：中國財政經濟出版社，1981.
② 西蒙的《管理決策新科學》已譯成中文，由中國社會科學出版社於 1982 年出版。
③ 西蒙 H A. 管理決策新科學 [M]. 李柱流，等，譯. 北京：中國社會科學出版社，1982. 鑒於決策在組織管理中的重要地位，本書把它視為管理的核心問題，在第五章內詳細討論。
④ 西蒙 H A. 管理決策新科學 [M]. 李柱流，等，譯. 北京：中國社會科學出版社，1982.

Dale)、小艾爾弗雷德·斯隆（Alfred P. Sloan, Jr.）等。德魯克的著作很多，主要有《管理的實踐》（1954）,《管理：任務，責任，實踐》（1973）和《有效的管理者》（1966）等。戴爾的著作主要有《偉大的組織者》（1960）等。斯隆的著作有《我在通用汽車公司的年代》（1964）。

經驗學派的基本主張是：企業管理科學應當從實際出發，以企業特別是成功的大型企業的管理經驗為主要研究對象，以便在一定的情況下將這些經驗昇華為理論。但在更多的情況下，企業管理科學只是為了將這些經驗直接傳授給實際工作者，向他們提出有益的建議。由於他們突出強調研究和傳授實際經驗，所以被稱為經驗學派。

經驗學派很重視研究企業的組織結構問題，有許多精闢的獨到見解。如德魯克在1975年發表的《今日管理組織的新樣板》一文中，將西方企業的組織結構概括為五種類型：集權的職能型結構、分權的「聯邦式」結構、規劃—目標結構（矩陣結構）、模擬性分散管理結構、系統結構。① 這一分類基本上包括了已有的主要類型，為許多管理學者所採用。德魯克提出，組織結構的設計應從企業實際出發，根據自身的生產性質、特殊條件及管理人員的特性等來確定，沒有能適用於一切情況的唯一的最好模式；能夠完成工作任務的最簡單的組織結構，就是最好的結構；當外界環境和自身條件發生變化時，組織結構應及時改革。斯隆在20世紀20年代擔任通用汽車公司總裁期間，對公司管理體制和組織機構大膽進行了改革，實行「分散經營、協調控制」，這些實踐使他成為「分權制」和後來的「事業部制」的創始人。

經驗學派強調從企業管理的實際經驗出發，而不從一般原則出發來進行研究。如戴爾的《偉大的組織者》一書主要就是用比較的方法研究了美國杜邦公司、通用汽車公司、國民鋼鐵公司和西屋電氣公司等四大公司的領導者杜邦、斯隆等人成功的管理經驗。德魯克的《有效的管理者》一書向管理者學習「有效性」提出建議時，也引用了包括美國總統林肯、羅斯福，高級官員馬歇爾、麥克拉馬拉，企業家費爾、斯隆等人大量的管理經驗。這種研究方法對人們理解管理是一門藝術頗有啓迪作用。

六、權變學派的管理理論

權變學派的理論涉及幾個方面，各有其代表人物和代表著作。

在研究組織結構方面，有湯姆·伯恩斯（Tom Burns）、瓊·伍德沃德（Joan Woodward）、保羅·勞倫斯（Paul R. Lawrence）和杰伊·洛希（Jay W. Lorsch）等。②

在人性論方面，有約翰·莫爾斯（John J. Morse）和杰伊·洛希。③

---

① 孫耀君. 西方企業管理理論的發展 [M]. 北京：中國財政經濟出版社，1981.
② T. 伯恩斯的主要著作為《新時代的工業》（1963年）, J. 伍德沃德的主要著作為《工業組織：理論與實踐》（1965年），勞倫斯和洛希合作的著作有《複雜組織的差別化和一體化》（1967年）、《組織設計研究》（1970年）等。
③ J. J. 莫爾斯和 J. W. 洛希的代表作是《超Y理論》一文，載於《哈佛工商評論》1970年5—6月號。此文已譯為中文，載於中國社會科學出版社1985年出版的《哈佛管理論文集》中。

在領導方式方面，有弗雷德·菲德勒（Fred E. Fiedler）、羅伯特·豪斯（Robert J. House）等。①

他們的這些理論將在以後的有關章節中介紹。儘管研究的領域不同，但他們都共同強調權變的觀點和方法（contingency approach）。所謂權變，即隨機應變之意。他們認為，同古典管理理論的看法相反，世界上根本不存在適用於一切情況的管理的「最好方式」。管理的形式和方法必須根據組織的外部環境和內部條件的具體情況而靈活選用，並隨著環境和條件的發展變化而隨機應變，這樣才能取得較好的效果。他們特別重視對組織外部環境和內部條件的研究，要求從實際出發，具體情況具體分析，在此基礎上選用適當的管理形式和方法。

權變學派同經驗學派的關係密切，觀點相近，但又有所不同。經驗學派以實際管理經驗作為研究重點，以傳播管理經驗為己任；而權變學派則企圖通過大量的調查研究，將複雜多變的客觀情況歸納為幾個基本類型，並為每一類型的情況找出一種在該情況下比較合理的管理模式。權變管理的思想就是強調管理同組織外部環境和內部條件之間存在著一種函數關係，環境和條件是自變數，管理形式和方法則是因變數，即管理形式和方法要隨著環境和條件的變化而變化，目的是為了更有效地實現組織目標。

七、管理科學學派的管理理論

所謂管理科學，就是大量應用數學、統計學等定量化工具於企業管理，通過建立模型、求出最優解，去解決管理問題。其代表人物有韋斯特·丘奇曼（C. West Churchman）、埃爾伍德·伯法（Elwood S. Buffa）、塞繆爾·里奇蒙（Samuel B. Richmond）等。這一學派的代表著作主要有伯法的《現代生產管理》（1973年第4版）和《生產管理基礎》（1975）②，這兩本書也被西方許多管理院系選作基本教材。

管理科學開始於第二次世界大戰期間為軍事目的而進行的運籌學研究，戰後研究繼續進行，並應用於民用企業。管理科學學派形成於20世紀50年代，當時出現了一批管理科學（主要是運籌學）的著作。這個學派認為，人是「經濟人」，組織既是由「經濟人」組成的追求經濟利益的系統，又是由物質技術和決策網絡組成的系統。有許多管理決策特別是計劃和控制職能的決策，可以應用定量模型盡可能減少不確定性，制定出最優決策。其步驟一般是：①提出問題；②建立一個代表所研究對象的數學模型；③解模型得到解決方案；④對模型和解決方案進行驗證；⑤建立對解決方案的控制手段；⑥實現解決方案。

管理科學應用大量的科學方法，如線性規劃、非線性規劃、概率論、對策論（博弈論）、排隊論（隨機服務系統理論）、模擬法、決策樹法、計劃評審法（PERT）和關鍵線

---

① F. E. 菲德勒的主要著作為《領導效率的個體因素和環境因素》（1972年）；R. J. 豪斯的主要著作為《有關領導者效率的一種目標——途徑理論》，載於《經營科學季刊》1971年9月號。
② 《生產管理基礎》一書已由中國社會科學出版社於1981年出版了中譯本。

路法（CPM）等，還把電子計算機應用於管理信息系統（MIS）和管理決策。這不僅顯著提高了管理效率，而且改變了管理的面貌。

這個學派的理論同泰羅的科學管理理論一脈相承，二者有許多共同點。如他們都把組織的成員視為「經濟人」，組織的目標局限於追求經濟利益；科學管理要求找出一種管理的「最好方式」，管理科學則要求「最優化」；科學管理用「甘特圖」來安排工程進度，管理科學則由「甘特圖」發展到 PERT 和 CPM 的「網絡圖」，安排工程進度更加有效。兩種理論在創建時都包括了各方面的專家，有助於開拓思路，研究新問題。不過，管理科學學派應用了系統論觀點，充分吸收了數學、計算機科學的新成就，這是其獨特之處。

八、組織文化學派的管理理論

在 20 世紀 70 年代後期，美國企業受到日本的嚴峻挑戰，許多美國管理學者開始從事美日兩國企業管理的比較研究以及美國成功企業的管理經驗的研究，組織文化（企業文化）理論於 80 年代初逐步形成。其代表人物和著作有帕斯卡爾（R. T. Pascale）和阿索斯（A. G. Athos）合著的《日本的管理藝術》(1981)、威廉・大內（William Ouchi）的《Z 理論》(1981)、迪爾（T. E. Deal）和肯尼迪（A. A. Kennedy）合著的《公司文化》(1982)與托馬斯・彼得斯（Thomas J. Peters）和小羅伯特・沃特曼（Rolert H. Waterman, Jr.）合著的《成功之路》(1982) 等。

這個學派的突出特點是十分強調組織文化在管理中的重要地位。他們提出了「7S」管理模式，見圖 2-3。[①] 此模式說明，企業成敗的關鍵因素有七個：戰略、結構（以上為硬件）、制度、人員、管理作風、技能、共同的價值觀（以上為軟件）。它們相互關聯，而共同的價值觀（即組織文化）是核心。過去的管理學者都重視硬件的研究，而較為忽視軟件，所以現在需要強調軟件特別是組織文化的重要性。所謂組織文化，一般是指組織內部全體人員共同持有的價值觀、信念、態度和行為準則。它是組織特有的傳統和風尚，制約著一切的管理政策和措施。管理者的首要職責就是要去塑造和落實有利於組織發展的文化，並處理好日常工作中出現的文化衝突。

《公司文化》一書將企業文化作為系統理論進行了全面闡述。作者對近 80 家企業作了調查，認為傑出而成功的公司大都有強有力的企業文化。他們認為企業文化的構成要素有五個：①企業環境，塑造企業文化的最重要因素；②價值觀，企業文化的核心；③英雄人物，組織價值觀的「人格化」，職工效法的榜樣；④典禮及儀式，由日常例行事務構成的動態文化；⑤文化網，企業中基本的溝通方式。組織文化發揮作用的關鍵是要把五要素

---

① 「7S」模式是因涉及的 7 個因素的英文的首字母都是「S」而得名。此模式在《日本的管理藝術》和《成功之路》兩本著作上都曾介紹，這裡是根據中國對外翻譯出版公司 1985 年出版的《成功之路》第 25 頁繪出，並在個別因素的翻譯上做了改動。

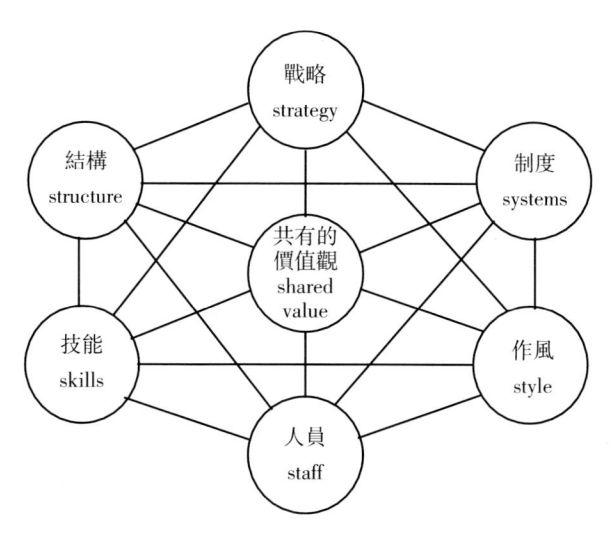

圖 2-3 「7S」管理模式示意

組合起來。①

這個理論貫穿著一種「非理性傾向」，對過去一切管理理論中的「理性主義」提出了批評。它指出，從泰羅算起，許多管理學者都過分依賴解析的、定量的方法，認為唯有數據才可信，只相信複雜的結構、周密的計劃、嚴格的規章制度、明確的分工、自上而下的控制、大規模生產的經濟性等「理性的」手段，這把人們引向了歧途。管理不僅涉及物，也涉及人；而人按其本性來看，絕非純理性的，感情因素不容忽視。理性主義者把管理看作純粹的科學，但其實它還是一門藝術。它不但要靠邏輯與推理，也要靠直覺與感情。當然，不能完全否定理性主義，只是反對過分的純理性觀點，即對「理性化」的迷信和濫用。

九、現代管理理論回顧

如前所述，西方的現代管理理論有著極為豐富的內容，各學派的理論都有其所長，正好相互補充。有些學者力求將各派所長兼收並蓄，建立起統一的現代管理理論，以便走出「叢林」。無論他們的努力是否能很快見效，現代管理理論的一些觀點都已經得到公認，值得我們參考和借鑑。

（一）系統觀點

這是系統學派的貢獻。他們要求將一切社會組織及其管理都看成系統，其內部劃分為若干子系統，而這個系統又是組織所處環境大系統中的一個子系統。系統觀點又可細分為三個觀點：

---

① 關於組織文化，將於第四章詳細討論。

第二章 管理理論的形成與發展 39

（1）全局（整體）觀點。根據系統整體性的要求，在處理子系統與系統之間的關係時，必須堅持全局即整體，局部利益應服從全局利益，局部優化應服從全局優化。

（2）協作觀點。根據系統相關性的要求，在處理各子系統相互間的關係時，必須堅持協作的觀點，互相支援，分工合作，把方便讓給別人，把困難留給自己。

（3）動態適應觀點。根據系統開放性的要求，在處理系統與外界環境之間的關係時，必須堅持動態適應的觀點，即組織應更多地瞭解所處的環境，選擇採用與之相適應的管理模式和方法，並隨著環境的變化而變化。同時，組織也可以對所處環境產生影響。

（二） 權變觀點

這是權變學派的貢獻。他們不承認管理工作中存在適用於一切情況的「最好方式」，要求從實際出發，具體情況具體分析，選用適合於特定情況的管理模式和方法，且隨著情況的變化而變化。絕不能將管理原理當作教條，也不能照搬照抄別國的、別人的做法。

堅持權變觀點，首先要加強調查研究，掌握充分、準確的實際信息，然後認真分析，並運用管理理論，作出比較合理的決策。這也是理論聯繫實際、實事求是的要求。其次，實際情況是不斷發展變化的，調查研究也應經常化、制度化，在決策執行過程中還要善於按照新情況作出新決策。過去的成功經驗也不一定適合現在的實際，還需具體分析。

（三） 人本觀點

這是行為科學理論、組織文化理論的貢獻。早期的行為科學理論即人際關係論最先提出管理要以人為中心，全面提高職工需求的滿足程度；後期的行為科學理論包括對人性、激勵、領導方式和非正式組織的研究，都是圍繞著人來進行的，都是為了滿足職工需求、充分調動職工積極性。組織文化理論也特別強調「真正重視人」，認為「出色企業都有一條根深蒂固的基本宗旨，那就是：『尊重個人』『使職工成為勝利者』『讓他們出人頭地』『把他們當成人來對待』」。[1] 認為「使工人關心企業是提高生產率的關鍵。」[2] 他們突出組織文化的重要性，也是為了引導、激勵和規範人的行為，以更好地實現組織的目標。

按照人本觀點，資本主義企業普遍推行職工參與管理、重視塑造和落實組織文化、重視「非正式組織」的作用。在中國的社會主義企業中，則應貫徹「全心全意依靠工人階級」的方針，保證職工的主人翁地位，加強企業的民主管理，充分聽取職工群眾的意見，提高職工隊伍整體素質，保護職工的合法權益。

（四） 創新觀點

創新是社會政治、經濟、科學和文化發展的強大動力。組織作為現代社會的構成單元，需要不斷地更新自己的觀念、結構、制度、產品、技術等，才能謀求生存和發展，並

---

[1] 彼得斯 T J，小沃特曼 R H. 成功之路［M］. 餘凱成，等，譯. 北京：中國對外翻譯出版公司，1985. 這本書概括了出色企業的 8 個品質，其中之一就是「以人促產」，在介紹這個品質的一章裡介紹了許多有名企業真正重視人的經驗。

[2] 大內 W G. Z 理論［M］. 孫耀君，等，譯. 北京：中國社會科學出版社，1984.

推動社會的進步。古典管理理論強調穩定，不重視變革，現代管理理論則普遍強調創新，組織文化理論在這方面尤為突出。

以《成功之路》一書為例，這本書是對43家美國出色企業成功經驗的總結。作者用於挑選出色企業的標準除長期優異的經營績效即良好的財務狀況外，還有高度創新的精神。這裡的創新不局限於產品和技術的創新，而應理解為「能對變化迅速的外部環境靈活敏捷地作出有效的反應」[1]。在該書所總結的出色企業的品質中，有一個品質「行自主、倡創業」就是介紹創新精神和鼓勵支持創新經驗的。該書還詳細敘述了明尼蘇達採礦製造公司（3M公司）的經驗。人們形容這家公司是：「如此熱衷於革新，以致那兒的基本氣氛，與其說像一家大公司，倒不如說像一串松散的實驗室；裡面聚集著狂熱的發明家和無所畏懼的想開創一番事業的實業家。」[2]

上述四個觀點是西方現代管理理論中最為突出的觀點，其他還有許多內容也都值得我們認真研究，吸取對我有用的部分，為我所用。

第三節　中國管理學的建設

建設中國特色社會主義的現代管理學是一項系統工程。目前已有許多學者為此潛心探索，取得了比較豐碩的成果。[3] 只要理論工作者和實際工作者繼續密切合作，齊心協力，就能將這門學科建設起來。

一、中國古代的管理思想

中國是世界文明古國之一，早在五千年前，已有部落和國家，奴隸制國家和封建制國家分別延續了兩千年左右，經歷無數次改朝換代和戰爭。中國國土廣袤，人口眾多，資源豐富，工農商業等經濟活動起源很早，還興建了許多宏偉的建築工程（如長城、大運河、都江堰水利工程等）；文化教育活動也可以追溯到兩千多年前的春秋戰國時代，當時諸子百家著書立說並設帳授徒。這些政治的、軍事的、經濟的、文化的活動都離不開管理，從而給我們留下了有關治國治軍、治理經濟和文化活動的豐富的管理思想。

中國古代的管理思想不僅產生早、涉及面廣，而且層次多（從對單一組織或事務的微觀管理到「治國、平天下」的宏觀管理），流傳廣（早已越出國界，世界上許多國家如日本、韓國、東南亞各國乃至歐美國家都在研究和應用）。許多重要的管理思想都以精煉的語言表達出來，有的滲透著濃厚的中國社會文化觀念，有的凝聚著具有高度智慧的方法論，往往被

---

[1]　彼得斯 T J，小沃特曼 R H. 成功之路［M］. 餘凱成，等，譯. 北京：中國對外翻譯出版公司，1985.
[2]　彼得斯 T J，小沃特曼 R H. 成功之路［M］. 餘凱成，等，譯. 北京：中國對外翻譯出版公司，1985.
[3]　蘇東水，等. 中國管理學術思想史［M］. 北京：經濟管理出版社，2014.
　　胡海波，等. 中國管理學原理［M］. 北京：經濟管理出版社，2013.
　　王圓圓. 近代以來中國管理學發展史［M］. 北京：清華大學出版社，2014.

中外管理者當作行為的格言。

中國古代的管理思想首先集中在如何治國方面，強調愛民、富民、富國之道。戰國末年，荀子專門著有《富國篇》，歷代人士對富國強兵之道的論述也充滿史冊。「民為邦本，本固邦寧」，（《尚書》）治國必須愛民、富民。如春秋初管子說：「政之所興，在順民心；政之所廢，在逆民心。」（《管子·牧民》）後來孟子說：「得天下有道，得其民斯得天下矣。」「民之所好好之，民之所惡惡之。」（《孟子·盡心下》）西漢賈誼說：「聞之於政也，民無不為本也，國以為本，君以為本，吏以為本。」（賈誼：《新書·大政上》）唐代名相魏徵說：「民存則社稷存，人亡則社稷亡。」（魏徵：《群眾治安·申鑒》）

在中國古代管理思想中，有關選人、用人、激勵人的論述極為豐富，尊重人才、知人善任是中國歷代推崇的優良傳統。如春秋末年墨子說：「尚賢者，政之本也。」（《墨子·尚賢上》）荀子說：「欲立功名，則莫若尚賢使能矣。」（《荀子·正制》）諸葛亮在總結漢朝的歷史經驗時說：「親賢臣，遠小人，此先漢之所以興隆也；親小人，遠賢臣，此後漢之所以傾頹也。」（《前出師表》）在用人方面，對堅持「德才兼備、以德帥才」的用人標準，用人之所長而避其所短，正確挑選，全面考核，既用人又育人，不拘一格用人才等等，都有詳盡的論述。《晏子春秋》則把對人才「賢而不知」「知而不用」「用而不任」視為國家的「三不祥」，認為其害無窮。在激勵人方面，強調團結（「人和」「和為貴」），做好思想工作，賞罰公正，講究藝術等，許多論述都給人以啟迪。

在生產經營管理方面，因長期輕視工商業，古人的論述相對較少，但歷史上也出現過傑出的工商業家，如子貢、範蠡、白圭等。他們不僅獲得了巨大的財富，而且創造出了卓越的經營管理思想和方法。司馬遷《史記》中的《貨殖列傳》，既從宏觀上闡述了富國之策，又從微觀上總結了「治生」之道。他在總結白圭經營成功的範例時引用白圭語：「吾治生產，猶伊尹、呂尚之謀，孫吳用兵，商鞅行法是也。」（《史記·貨殖列傳》）此外，他提倡「能巧致富」和「節儉致富」，認為「巧者有餘，拙者不足」，「能者輻輳，不肖者瓦解」，「薄飲食，忍嗜欲，節衣服」，「纖嗇筋力，治生之正道也」。（《史記·貨殖列傳》）在強化預測、正確決策、誠實經營、講求信譽、競爭有術等方面，古人的精闢論述和範例也不少。

在管理的方法論方面，中國古代管理思想也有卓越的貢獻。如系統思想的起源就可追溯到春秋戰國時期，它重視事物的整體性，重視事物之間的區別和內在聯繫，重視人對客觀事物的適應和促進，這種思想是源遠流長的。[①] 在系統思想指導下，中國古代很早就產生了運籌思想、決策和對策思想、信息管理思想等，並有不少運用這些思想而獲得成功的範例。如為世人稱道的《孫子兵法》就在軍事方面為我們提供了極其豐富的決策和對策思想。

---

① 高宏德．中國管理之根［M］．成都：成都科技大學出版社，1991．

以上僅僅是從幾個方面舉出的例證，遠不足以概括中國古代的管理思想。但這些例證已可說明，中國古代管理思想是人類管理思想的一個寶庫。系統地研究這些管理思想，並使之同當代的管理實踐相結合，做到「古為今用」，這是建設中國管理學的重要任務之一。近年來，中國學術界和企業界已對此作了許多探索，取得了一些成果，這是可喜的現象。

二、新中國成立前後的管理實踐和管理思想

舊中國是一個半殖民地半封建國家，當時的管理基本上是沿襲封建的、資本主義的那一套。就企業管理來說，主要有官僚資本主義企業管理和民族資本主義企業管理。官僚資本主義企業有官辦、官督商辦和官商合辦三種形式，以官辦為主。它產生於晚清政府時期的「洋務運動」，在軍火、機器製造等領域建廠，經費由政府供給，產品大部分歸軍用，管理是封建衙門式，生產技術管理絕大部分交給外國人掌握。辛亥革命以後，一些由官僚、軍閥控制的「國營」企業實際上為帝國主義者和它雇傭的買辦所控制，推行資本主義企業管理方式。國民黨統治時期，以「四大家族」為代表的官僚資本集團迅速發展起來，集中了約200億美元的巨額財富，掌握了國家經濟命脈。它們的企業管理仍然採用資本主義方式，但已有國家培養的知識分子參加，建立了一些管理制度，也累積了一些管理經驗，對民族資本主義企業有借鑑作用。

民族資本主義企業出現於19世紀70年代，一部分商人、地主和官僚開始投資於新式工業，逐漸形成民族資本。它在第一次世界大戰期間有較快的發展，主要分佈在紡織、麵粉、卷菸等輕工業部門，也涉足金融、航運部門。戰後民族資本主義企業又陷入蕭條，在帝國主義和官僚資本的壓迫下，加上連年內戰，發展非常困難。抗日戰爭期間，沿海的民族工業損失嚴重，內遷的民族工業也因官僚資本的壓制和通貨膨脹的影響而陷於困境。民族資本主義企業在管理上也採用資本主義方式，在第一次世界大戰後主要採用科學管理方式，但結合了一些中國古代管理思想，建立了一些有中國特色的管理制度和方法，累積了較多的管理經驗。

如創辦申新紗廠的企業家榮德生治廠以「《大學》之『明德』、《中庸》之『明誠』」來對待下屬，「管人不嚴，以德服人」。他說用人「必先正心誠意，實事求是，庶幾有成。若一味唯利是圖，小人在位⋯⋯不勤儉，奢侈無度，用人不當，則有業等於無業也」。[①]創辦四川民生輪船公司的企業家盧作孚以「服務社會，便利人群，開發產業，富強國家」為公司宗旨，著重從窮人家子弟中招聘員工，自己培養，管理者均從內部提拔，且訂有嚴格的規章制度，創造了不凡的業績。

構成舊中國管理歷史的另一篇章是民主革命時期我黨在革命根據地實行的管理。我黨

---

① 周三多. 管理學——原理與方法［M］. 2版. 上海：復旦大學出版社，1997.

以馬克思主義的管理思想為指導，堅持黨的領導，加強思想政治工作，實行民主管理，發揚艱苦奮鬥精神，精兵簡政，不斷改進領導方法和工作方法，形成了優良的革命傳統。但是，囿於當時的戰爭和農村環境，在公營企業中實行供給制管理（即不實行獨立核算）和小生產經營方式（自給自足，「小而全」）。這些都對新中國成立後中國的管理尤其是企業管理產生了巨大影響。

新中國成立後，我們沒收了官僚資本主義企業，對民族資本主義企業實行社會主義改造，並通過大規模經濟建設新建了一批現代企業，從而產生了社會主義公有制企業。在第一個五年計劃期間，由於全面引進蘇聯的管理制度和方法，實行計劃經濟體制，企業管理開始走上科學管理軌道，培養了一批管理人員，累積了一些管理經驗，在管理思想上除了繼承優良革命傳統外，還提出要勤儉辦企業、建立經濟核算制、貫徹按勞分配、反對平均主義、思想政治工作是經濟工作和其他一切工作的生命線等觀點。

但是蘇聯的管理辦法也存在缺點，如單純用行政方法管理經濟、單純強調行政命令管理而忽視民主管理、片面強調物質鼓勵而放鬆思想政治工作等，這些都給企業管理帶來了不良影響。因此，1956年起，中國就針對這些缺點進行改革，開始探索中國的管理模式。1958年的「大躍進」群眾運動在極「左」思想的指導下，出現了片面強調主觀能動性而不尊重客觀規律的錯誤，造成了巨大損失，但同期也出現了「工人參加管理、幹部參加勞動、改革不合理的規章制度，領導幹部、工程技術人員（或管理人員）同工人三結合」的新經驗。後來，我黨糾正了「左」的錯誤，於1961年開始執行對國民經濟進行調整、鞏固、充實、提高的「八字方針」，不久又頒發了《國營工業企業工作條例（草案）》（簡稱「工業七十條」），總結了過去正反兩方面的經驗，對企業管理工作作了具體規定，較之第一個五年計劃期間實行的管理制度和方法已大有進步了。

從1966年開始的文化大革命時期，是中國政治動亂、經濟倒退、管理遭到嚴重破壞的十年。在此期間，以「階級鬥爭」代替生產鬥爭，全盤否定企業管理和新中國成立十幾年來通過實踐總結出的行之有效的管理辦法，拆散企業管理機構，下放管理人員，燒毀管理資料，造成了生產萎縮的嚴重後果，使國民經濟瀕於崩潰。

1976年10月，十年動亂結束，工農業生產逐步恢復。1978年年末黨的十一屆三中全會召開以後，中國進入了一個新的歷史時期。我們黨堅持把馬克思主義基本原理同中國具體實際相結合，逐步形成了建設中國特色社會主義的鄧小平理論和黨在社會主義初級階段的基本路線，在全國興起了改革開放和社會主義現代化建設的高潮。隨著經濟體制、政治體制、科技體制、教育體制的改革，各個方面的管理工作都在深化改革和不斷創新，而對外開放也為參考和借鑑外國的先進管理經驗提供了良好的條件。在1992年黨的十四大提出建立和完善社會主義市場經濟體制的宏偉目標以後，宏觀經濟管理、企業管理和其他方面的管理又繼續深入地進行改革和創新，許多新的管理思想和管理經驗正在不斷湧現。

就企業管理而言，隨著傳統的計劃經濟體制向社會主義市場經濟體制轉變，它由被動

執行型轉變為自主決策型，由封閉型轉變為開放型，由單純追求速度而忽視綜合經濟效益轉變為重視綜合經濟效益並講求合理的速度，由穩定怕亂的「剛性」管理轉變為適應市場變化的「柔性」管理，其領導者由行政官員轉變為職業化的企業家，其職工由只進不出的固定職工變為能進能出的勞動合同制職工，如此等等。在建立和完善現代企業制度的過程中，企業管理進一步科學化並逐漸實現現代化。

其他社會組織的管理也在進行改革和創新，新的管理思想和經驗的累積必將推動中國管理學的建設。

三、建設中國管理學的要求

建設中國特色社會主義的現代管理學，有以下幾點基本要求：

（一）堅持以馬克思主義、毛澤東思想、鄧小平理論為指導

研究或建設一門學科，必須首先有正確的指導思想和研究方法。中國管理學的建設，理應以馬克思主義、毛澤東思想、鄧小平理論為指導，運用辯證唯物論和歷史唯物論的科學方法。

第一，要立足中國實際，從中國國情出發，為建設中國特色的社會主義服務。不迷信書本，不照搬外國模式，以實踐作為檢驗真理的唯一標準。實事求是是馬克思主義的精髓。

第二，要堅持動態考察、辯證分析的方法，緊密結合主客觀條件的發展變化來考察管理工作的發展變化，包括量的變化和質的變化。要注意吸收新思想新經驗，拋棄一切陳舊的觀念。

第三，要引進外國的符合唯物辯證法的方法論。如西方現代管理公認的系統觀點和權變觀點，就可以在中國管理學中加以運用。

（二）繼承、借鑑與創新相結合

中國古代有豐富的管理思想，新中國成立後又在實踐中總結出不少的管理思想和經驗，我們應當很好地把它們都繼承下來，並以是否符合建設中國特色社會主義的理論和黨的基本路線的要求，是否有助於提高社會生產力、綜合國力和人民生活水平為標準，認真加以檢驗。正確的東西，就給以肯定；錯誤的東西，就堅決摒棄；不完善的東西，就補充和完善。

根據管理二重性的要求，我們還要貫徹「以我為主、博採眾長、融合提煉、自成一家」的方針，學習和借鑑外國的管理理論和經驗。應當採用科學的分析態度，先廣泛地瞭解和研究它們，然後分析和選擇其中對中國有用、能用的部分，結合中國實際情況試用、消化和吸收，再加以改造和完善，使之具有中國特色。

但是，無論是繼承或借鑑，其目的都是為了創建中國管理學。在中國改革開放和現代化建設的進程中，各個領域的管理面臨許多新情況和新問題，很難從歷史經驗和外國經驗

中找到現成的答案。因此，必須做到繼承、借鑑和創新相結合，從實際出發，研究新情況，採用新辦法，解決新問題，總結新經驗，在建設中國管理學的同時促進管理科學的發展。

（三）理論工作者同實際工作者相結合

管理學是一門實踐性很強的應用科學，只有理論工作者與實際工作者通力合作，才能把它建設起來。西方的管理理論有的就是由實際工作者創立的，如泰羅、法約爾、巴納德、斯隆等人的理論，但他們都受過良好的教育，且進行過長期的調查研究；有的則是由理論工作者創立的，如韋伯、梅奧、西蒙、德魯克等人的理論，但這些人都曾深入實際，進行調查研究或科學試驗，在佔有大量材料後再將觀點昇華為理論。

中國管理學的建設同樣要求理論工作者和實際工作者的共同努力。理論工作者要走出書齋，深入實際，同實際工作者一道開展專題性的調研，將實踐經驗逐步上升為帶有普遍指導意義的理論。實際工作者則要學習管理理論，在實踐中靈活運用，努力總結新經驗，並配合理論工作者的調研，為他們提供有關資料。有條件的實際工作者還可參加一些學術研究活動。經過雙方密切合作，就可加快中國管理學的建設步伐。

復習討論題

1. 試述在組織中實行勞動分工的好處。勞動分工是否有一定的限度？
2. 人類的管理實踐由來已久，但為什麼直到20世紀初才出現管理理論？
3. 西方的古典管理理論包括了哪些理論？你能否簡要說明這些理論的主要內容和它們的共同特徵？
4. 早期的行為科學理論從哪些方面對西方古典管理理論進行了批判？你認為這些批判是否正確？
5. 第二次世界大戰後，西方出現了「管理理論的叢林」。這是否是偶然現象？為什麼？
6. 西方的現代管理理論有哪些觀點已得到公認並值得我們參考借鑑？
7. 為什麼說建設中國的管理學目前已有必要的基礎和條件？
8. 建設中國的管理學，有哪些基本要求？
9. 在學完本章後，你是否認為學習管理理論的形成和發展史對於幫助你成為一個好的管理者非常必要？

案例

失敗的管理者們共有的「錯覺」[①]

有人觀察中國一些新興民營企業的敗局，發現那些企業的經營管理者幾乎共有一些錯誤的認識，這導致他們只能有「短暫的輝煌」。

「錯覺」之一：市場是人們策劃出來的，驚世駭俗的營銷策劃是未來企業發展的核心競爭力。

「錯覺」之二：名牌是由廣告打出來的，只要肯出高價大做廣告，就能創造出佔有巨大市場份額的名牌。

「錯覺」之三：企業的競爭實力與其規模成正比，而經營風險與其規模成反比。「大」就是「好」，越大越好。

「錯覺」之四：市場競爭既然最終是人才的競爭，那就多招人。人越多，企業素質就越高，競爭力就越強。

「錯覺」之五：懂得「投機取巧」比掌握「游戲規則」更重要。通過投機就能「一夜暴富」，完全可以「不按牌理出牌」。

討論題：

1. 你能根據已學的管理理論和所瞭解的實際情況，對上述「錯覺」做出有力的批判嗎？

2. 在對上述「錯覺」進行分析批判之後，你認為應當如何學習和運用管理理論？

[①] 吳曉波. 大敗局 [M]. 杭州：浙江人民出版社，2001：101-104.

第三章
組織的環境

西方的權變理論突出地強調：世界上根本不存在適用於一切情況的管理的「最好方式」，管理的形式和方法必須根據組織的內外部情況來靈活選用，並隨著情況的變化而變化。因此，組織的內外部情況成了對管理者的一種約束力量。他們在進行管理時，應當對組織面臨的情況作好調查研究和分析預測，然後從實際出發選用適當的管理形式和方法，才能獲得較好的效果。這個觀點無疑是正確的。從這個觀點出發，我們將組織的內、外部情況統稱為環境，並分為內部環境和外部環境。[1] 本章將分別講述內外部環境所包含的因素以及對管理的影響，然後探討同外部環境有密切聯繫的組織的社會責任和管理倫理問題。

第一節　組織的外部環境

一、組織外部環境對管理的影響

最先提出組織的外部環境問題並強調其重要性的是西方的系統學派。這個學派按照系統論的觀點，將一切社會組織都看作開放系統，即它們總是存在於比它們更大的系統即外部環境中，而且同外部環境進行著物質、能量和信息的交換。沒有這樣的交換，組織將無法生存和發展。

例如工業企業就是一個開放系統。它要進行生產活動，必須先從外部獲得必要的各類資源（如勞動力、原材料、機器設備、資金、信息等）；產品生產出來後，必須經過市場銷售出去，收回貨款，才能進行再生產；在生產、銷售等經濟活動中，它同其他許多組織和個人（如顧客或用戶、供應商、勞動力市場、金融機構等）建立各種形式的經濟聯繫，還會在市場上同其他企業互相競爭；它還要服從所在國家政府的管理和社會公眾的監督，執行國家的有關方針和法律法規，受國內外經濟、科技和社會文化等方面情況的影響。所有這些存在於組織外部的、對企業活動及其績效產生影響的因素或力量，被統稱為企業的外部環境。

---

[1] 環境一般都是指組織外部的、對組織管理及其績效有影響的因素或力量，即外部環境。這裡所說的內部環境一般也稱為內部條件，由於我們將此問題列入本章，故採用「內部環境」一詞。

对組織來說，外部環境是它不可能控制的，因此，它必須適應外部環境的要求來開展活動和進行管理，才能保障自身的生存和發展。例如要使企業的產品具有競爭力，就必須「以銷定產」「按需生產」，而且要質優價廉、交貨及時、服務周到。要樹立企業在社會上的良好形象，就應當開拓創新，取得優良業績，而且遵紀守法，履行社會責任。當前，經濟全球化已成大趨勢，企業要開展國際化經營，就必須經過細緻周密的調查研究，先摸清東道國的政治、經濟、社會、文化等各方面的情況。

組織存在於外部環境中，又依存於外部環境，這就很自然地使外部環境成為對管理者的一個強大的約束力量。外部環境對管理的影響至少有下列幾方面：

（1）外部環境可能給組織的發展帶來機遇。例如企業可能正處於國家確定的主導（或支柱）產業中，或國家經濟正在快速發展等。管理者應當抓住這些機遇，加快組織的發展。

（2）外部環境為組織帶來了規範或約束。例如國家頒布的方針政策、法律法規、制度、決定等，都是一切組織必須遵守和執行而不可違反的，對管理起著規範或約束的作用。

（3）外部環境可能給組織發展帶來挑戰或威脅。例如企業所在產業已被國家確定為限制發展或逐步淘汰的產業，國家經濟出現了衰退或危機等。管理者應盡快設法迎接挑戰或避開威脅。

（4）組織的管理形式和方法必須適應外部環境的要求，這正是權變理論的基本觀點。例如企業的外部環境比較穩定時，可採用機械型結構；如外部環境極不穩定，則應採用有機型結構。[1]

還需說明，組織必須適應環境，這是一方面；另一方面，組織也可在一定情況下影響外部環境。世界各國工業化的發展帶來了嚴重的環境污染，破壞了生態環境，就是一例，這個問題已經引起全球的重視。又如在企業的營銷活動中，既要使產品適銷對路，又可以通過開發新產品或擴大產品用途來引導消費，創造新的市場。政府法令是企業必須遵守的，但在法令制定或修訂過程中，企業也可以反應意見供政府參考。所以組織與外部環境之間是一種「雙向的互動關係」，要求管理者既適應環境的要求，又對外部環境施加積極的、建設性的影響。當然，這兩方面中前者是主要的。

組織外部環境所包含的因素或力量較多，通常可劃分為一般環境和特定環境。現仍以企業的外部環境為例來說明，如圖3-1所示。下面將分別介紹一般環境和特定環境的內容。

---

[1] 請參閱本書第七章第二節。

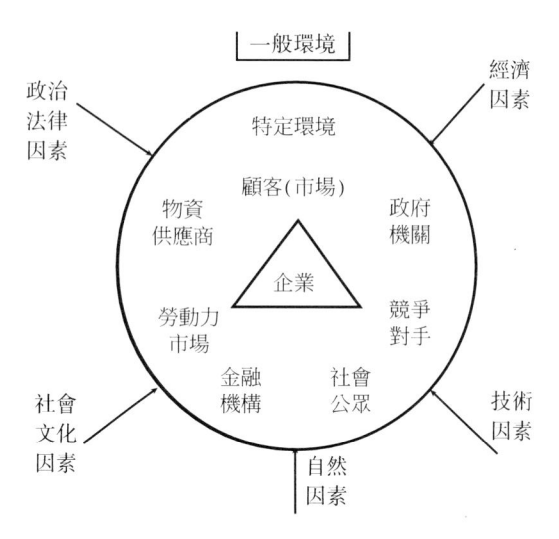

圖 3-1　企業的外部環境示意

二、組織的一般環境

組織的一般環境（general environment），又稱宏觀環境（macro-environment），是指在國家或地區範圍內對一切產業部門和企業都將產生影響的各種因素或力量。它們是企業無力控制而只能去適應的；但在某些情況下，企業也可以對其施加一定的影響。一般環境對產業和企業的影響主要可分兩類：一是為它們的發展提供機會，二是對它們的發展施加威脅。企業管理者必須對一般環境進行深入調研，以便發現未來的機會和威脅，進而採取相應的對策。

如圖 3-1 所示，企業的一般環境可分為政治法律、經濟、社會文化、技術、自然等因素。下面分別說明。

（一）政治法律因素

實行市場經濟體制的國家，其政府仍然要干預經濟，對市場經濟實行宏觀調控。所謂政治法律因素，就是指政府採用方針政策、法律法規、計劃、決定等手段，從宏觀上調控經濟的行為。它對各個產業和企業都有很大的影響，有的起著鼓勵、支持的作用（這就是企業可利用的機會），有的則起約束、限制的作用（這就是企業應設法避開的威脅）。

中國政府為了調整和優化產業結構，已經制定出產業政策，指明哪些產業應優先發展，哪些產業應繼續加強，哪些產業應調整和改造，哪些產業應逐步淘汰，哪些產業應禁止經營。各省、市政府還以國家的產業政策為依據，結合地方實際情況，選擇確定各自的主導（支柱）產業和高新技術產業，實施重點扶持。這些政策為各產業和企業指明了方向，有利於企業選擇經營範圍和經營業務。

中國政府為適應社會主義市場經濟建設的需要，已陸續頒布實施了許多法律法規，其中同企業關系密切的就有公司法、勞動法、經濟合同法、產品質量法、消費者權益保護法、反不正當競爭法、各種稅法以及各類工業產權法等。一切企業都必須學法守法，依法辦事，並利用法律法規來保護自己的合法權益。

凡從事國際經營的企業，除了調研本國的政治法律因素以外，還要研究經營業務所在的東道國的政治法律因素，如這些國家的方針政策、法律法規、政局穩定程度、戰爭因素等。有些發展中國家和欠發達國家因政局動盪或戰亂頻繁，很難吸引外商去做生意或投資，同這些國家的企業打交道就應格外謹慎。

(二) 經濟因素

經濟因素包括國民經濟發展速度、財政收支、金融運行、國際貿易和國際收支、勞動就業、物價水平等多種宏觀經濟因素，它們同上述政治法律因素緊密聯繫，對產業和企業的影響更為直接。

改革開放以來，中國國民經濟持續、快速發展，國內生產總值已躍居全球第二位。隨著經濟總量的加大，增速放緩，中高速成為新常態。過去曾出現過通貨膨脹現象，國家採取措施加以抑制，控制物價。後來情況變化，又下調銀行利率，這對於改善經濟運行環境、減輕企業負擔和降低產品成本，都起到了很好的作用。有時，由於消費和需求下降，給企業產品銷售帶來一定困難，國家又採取多種措施去啟動消費，擴大需求，給企業以有力的支持。

隨著對外開放，中國經濟與世界經濟的聯繫日益緊密，外貿總額逐年增長，引進外資逐年增加。中國加入世界貿易組織的願望已經實現。這些對中國的產業和企業有雙重影響：一方面，它為我們更好地利用國內外兩個市場和兩種資源帶來機遇；另一方面，它又會加劇國內外市場的激烈競爭，給我們帶來嚴峻的挑戰。在此情況下，中國企業必須選準經營項目，開發高新技術，盡快增強自身的核心競爭力，方能抓住機遇、迎接挑戰。

對於從事國際經營的企業，除了研究本國的經濟因素外，還需認真研究東道國的經濟因素，特別注意它們的經濟週期、經濟危機、關稅稅則、貨幣匯率、外貿支付方式以及利潤匯出方式等。例如從 2008 年開始，起源於美國、蔓延於歐美各國的金融危機和經濟危機，就對這些國家的經濟產生了嚴重影響，也影響了中國的經濟發展。對這類事件，能預測到固然最好，否則也應及時採取對應措施。

(三) 社會文化因素

這個因素主要包括人口統計方面的因素和文化方面的因素。前者有人口的自然增長率、平均壽命測算、年齡結構、性別結構、教育程度結構、民族結構、地域結構等。後者有人們的價值觀念、工作態度、消費傾向、風俗習慣、倫理道德等。它們對社會經濟發展都有巨大影響，自應受到企業的關注。

不同年齡、不同性別、不同教育程度、不同民族的人口在消費需求上各有特點，消費

品市場往往就按年齡、性別等特徵來細分，產業部門和企業通過人口結構的研究才能預測各類別人口需求的變化。中國已進入「老齡化」國家行列，可以預料，為老年人服務的消費品市場和相關產業將會在中國有較大的增長。中國人口大部分仍在農村，國家正採取多項措施提高農民的收入水平，因此，注意研究農民需要的生產資料和消費品，努力開拓農村市場，是經濟發展的新的增長點。

在文化因素方面，人們的價值觀念、工作態度對企業的人事管理會產生廣泛影響，人們的消費傾向和風俗習慣更直接影響市場需求。中國過去人們的生活水平不高，消費傾向單一。就服裝而言，無論是男女老少，其樣式、顏色基本標準化，服裝製造業組織大批量生產，不愁產品賣不掉。但現在人民的生活水平提高了，消費傾向多樣化，服裝的款式、顏色、材料等豐富多彩，服裝製造業就要按市場需求組織多品種小批量生產，而且要大力促銷。這樣的變化在飲食、住房、家具及其他用具上也可見到。

對於從事國際經營的企業，除研究本國的社會文化因素外，還需研究東道國的社會文化因素，其中主要的有人口增長情況、人口結構、價值觀念、消費傾向、風俗習慣等。特別是對文化差異較大的國家，要小心謹慎，先多作調研，然後才進入。現在許多跨國經營的公司經常聘用東道國的人充當駐該國的代理人，這正是為了便於處理文化差異帶來的問題。

（四）技術因素

當代社會的科學技術日新月異，新產品、新技術層出不窮。它們主要從兩方面影響產業和企業。一是使產品的更新換代速度空前提高，某種新產品問世可能立即淘汰另一種產品而使某些企業破產；二是新技術的開發和利用，使企業的產量增長，質量提高，材料節約，成本下降，從而贏得競爭優勢。正由於此，許多成功的企業都非常重視技術的研究開發，有些企業的研究開發經費竟占到銷售額的10%左右。

一切企業都應關注科技創新，廣泛收集國內外科技信息，認真研究同本產業和企業密切相關的科技成果，爭取先人一著地將有價值的信息和成果利用起來，開發新產品和新技術。在應收集的信息中，也包括競爭對手的研究開發情況，以便於採取必要的對策。同一科技成果，誰能搶先利用，誰就抓住了機會並對他人形成威脅；反之，如不瞭解或不利用，就將錯失機會，一旦他人使用就會形成對自己的威脅。

（五）自然因素

這是指企業所在地區的自然環境，主要包括地理位置、地形地貌、氣候條件、大氣質量、水資源條件、交通運輸條件等。這些因素對企業生產發展和職工生活都有很大影響，是企業在選擇廠址時就應認真考察的問題。而一旦外部環境確定下來，企業就有加以改善和保護的責任，不應讓它受到污染或破壞。

這個因素的最大特點是比較穩定，不像其他四個因素那樣複雜多變。但變化緩慢不等於沒有變化。隨著國家生產建設的發展，環境保護政策和可持續發展戰略的實施，企業周圍和鄰近地區的自然環境也在變化，所以還是應當加以研究。

在分述了一般環境的五個因素之後，還需說明以下幾點：

（1）這些因素相互聯繫，如政治法律因素中的方針政策和法律法規就涉及其他諸因素，同其他因素相互交叉。

（2）對不同類型的組織而言，這些因素的重要性有所不同。以上均以企業為例，是由於企業是經濟組織，對它來說，經濟因素顯然最重要。如果是學校和科研機構，則可能社會文化因素和技術因素更為重要。

（3）同一因素對不同的產業而言，其重要性有所不同。如社會文化因素中的人口結構、消費傾向等，對於消費品工業來說顯然比對重工業更為重要。又如有些產業技術進步很快，另一些產業卻相對緩慢，它們之間技術因素的重要性就有差別。

（4）這些因素影響著一切產業和企業。站在企業的角度，必須把一般環境的研究同下面將介紹的特定環境的研究結合起來，進行綜合分析，以便作出必要的管理決策。

三、組織的特定環境

組織的特定環境（specific environment），又稱產業環境（industry environment），是指從產業角度看，同企業有密切關系、對企業有直接影響的各種因素或力量。它們也是企業無力控制而只能去適應的，企業只能在某些情況下對它們施加一定的影響。企業研究特定環境，目的在於從產業角度考察有哪些機會和威脅，自己所在產業的發展前景如何；同時考察企業的競爭地位，發現自己在競爭中有哪些優勢和劣勢，以便進而採取相應的對策。

如圖 3-1 所示，企業的特定環境包括顧客、物資供應商、勞動力市場、金融機構、競爭對手、政府機關、社會公眾等，下面逐一簡要說明。

（一）顧客

這是指購買企業產品或服務的個人和組織。他們的需要是企業存在的理由，他們代表著企業產品的市場。失去了顧客，企業必然要破產。因此，每個企業都應當細心研究顧客的需求，傾聽顧客的意見，提高產品質量，做好售後服務工作，千方百計讓顧客滿意，爭取越來越多的顧客。有條件的企業，可以通過開發新產品來引導消費，創造顧客。

（二）物資供應商

這是指企業生產所需物質資源（包括原材料和機器設備、工具儀表等）的供應者。他們供應給企業的物資的質量、價格以及能否穩定供應，對企業生產經營活動能否順利進行及其經營績效有著直接影響。因此，企業大多設有專職採購部門，慎選供應商，訂好供應合同，與供應商保持良好關系，甚至為較小的供應商提供一些技術上的幫助。

（三）勞動力市場

勞動力市場是企業生產經營活動所需新增勞動力的補充來源。該市場供給企業的勞動力的數量、質量和約定的勞動報酬，對企業生產經營活動能否順利進行及人工成本高低，具有直接影響。中國勞動力資源豐富，但勞動者素質尚不高，難以適應現代科技革命和經

濟發展的需要。因此，政府在採取多種措施加強勞動者的就業前培訓。企業在招聘新職工之後也應繼續加強培訓，充分開發人力資源。

（四）金融機構

這裡的金融機構包括商業銀行、投資公司、保險公司、各種基金會等，它們是企業生產經營活動所需資金的借入來源。企業的自有資金包括股東繳納的資本金及公積金、留存利潤等，往往不能完全滿足經營活動的需要，尚需借入資金，這就得依靠金融機構提供；而它們是否願意提供及提供的條件（如數量、期限、利率、寬限期等），對企業經營活動能否順利進行及經營績效具有直接影響。所以企業都很注意搞好同金融機構的關系，以便能以較優惠的條件及時獲得所需的借入資金。

（五）競爭對手

這主要是指正在提供或極有可能提供與本企業相同（或可相互替代）的產品或服務的其他組織。它們同企業爭奪同一產品市場，對企業形成直接威脅，因而成為特定環境中一個重要因素，不可忽視，否則會付出沉重代價。隨著經濟全球化，國際國內競爭更加激烈，每個企業都需要弄清自己在國內外市場上的競爭對手，仔細研究其動向，並及時採取相應的對策。

（六）政府機關

各國政府為調控宏觀經濟、規範市場經濟的發展，除了制定方針政策、法律法規之外，還專設一些機構對企業進行指導、服務和檢查監督，這就是企業特定環境中的政府機關。在中國，這些機關主要有工商行政管理、質量技術監督、稅務、勞動、公安、衛生、海關等部門。企業必須按照國家有關規定，接受政府機關的指導、檢查和監督，搞好同政府機關的關系，爭取政府機關提供的服務。

（七）社會公眾

這裡的社會公眾包括報紙、電視臺、廣播電臺等新聞單位和工會、婦聯、環境保護組織、野生動物保護組織等群眾組織。它們是社會輿論的傳播者和鼓動者，可以為企業服務，也可以給企業帶來壓力。輿論監督已成為現代社會一支重要的監督力量。因此，企業要重視同社會公眾的關系，同他們合作，對他們充分信賴，與他們保持經常聯繫。

以上是以企業為例說明組織的特定環境，對於其他類型的組織，也可作相似的分析。例如學校；它的服務對象是學生和用人單位，可將其視為它的顧客。辦學需要人力、物力、財力資源的投入，所以也有各類資源的供應者，比較特殊的有教材和各類教學資料及用具的供應商。為了高等學校後勤服務社會化，各商業銀行也在向各高校貸款。各級各類學校之間事實上也存在競爭關系，所以也有各自的競爭對手。政府機關中同學校關系密切的首推教育行政部門，還有公安、衛生等部門。社會公眾對學校也有直接影響，學校也要接受新聞輿論的監督。

對於從事國際經營的企業或其他組織來說，除了研究本國本產業的環境之外，還需研

究東道國所在產業的環境。例如某企業在某外國辦廠，就需認真研究東道國的顧客、供應商、競爭對手、政府機關、社會公眾等；如在該國生產的產品還將銷往第三國，那就需要再研究第三國的特定環境諸因素。只有深入瞭解企業的外部環境，企業才有成功的希望。

四、組織外部環境的不確定性

組織對其外部環境進行調研時，經常遇到的困擾就是外部環境的不確定性（uncertainty）。所謂不確定性，是指不可能準確對外部環境未來的發展變化及其對組織的影響加以預測和評估。不確定性意味著風險。各類組織面臨的外部環境，其不確定性的程度是不同的。不確定性的程度取決於兩個主要因素：複雜性和動態性。

外部環境的複雜性（complexity），是指該環境所含因素的多少和它們的相似程度。如所含因素不很多，比較相似，就稱為同質環境（homogeneous environment）。反之，如因素很多，又各不相似，則稱為異質環境（heterogeneous environment）。

外部環境的動態性（dynamism），是指環境所含因素發展變化的速度及其可預測性。如變化速度不算快，較易於預測，就稱為穩定環境（stable environment）。反之，如變化迅速，難於預測，就稱為不穩定的環境（unstable environment）。

按照複雜性和動態性的概念，可得出不確定性的四象限矩陣，如表 3 – 1 所示。

表 3 – 1　　　　　　　　　　　環境不確定性矩陣

		動　態　性	
		穩　　　定	不　穩　定
復雜性	同質	單元 1 環境因素少，且相似 因素相當穩定，變化緩慢， 變化較易於預測 （如普通中學）	單元 3 環境因素少，且相似 因素變化快，不穩定， 變化難以預測 （如婦女服飾商店）
	異質	單元 2 環境因素多，且不相似 因素相當穩定，變化緩慢， 變化較易於預測 （如保險公司）	單元 4 環境因素多，且不相似 因素變化快，不穩定， 變化難以預測 （如軟件公司）

在表 3 – 1 中的單元 1，外部環境的複雜性和動態性都低，其不確定性程度最低。如普通中學的情況就是如此，對其服務的需求既相似又穩定。在單元 2 中，動態性低而複雜性高，其不確定性程度較低。如保險公司，要為顧客多樣化的需求服務，雖然影響因素較多，但這些因素的變化相當緩慢，較易預測。在單元 3 中，動態性高而複雜性低，其不確定性程度較高。如婦女服飾商店，其顧客屬於同質的細分市場，但時裝流行趨勢變化很快。在單元 4 中，外部環境複雜性和動態性都高，其不確定性程度就最高。如計算機軟件

公司的情況就如此，它的環境因素多（如顧客來源廣、數量大、要求各不相同、技術進步很快、競爭異常激烈等），不同質，變化快，難預測。

必須說明，產業或企業外部環境的不確定性程度在不同時期還會發生變化。一般說來，第二次世界大戰以後，由於社會生產力提高，科技進步，企業規模擴大，市場問題尖銳化，競爭異常激烈，企業外部環境的不確定性較之第二次世界大戰前大大增加了。美國的汽車製造公司在20世紀五六十年代都還能較準確地預測其每年的銷售額和利潤，但從70年代中期起，由於石油價格上揚、外國競爭者的入侵、政府安全規章和排氣法令的嚴格執行，它們發現自己的外部環境已很不穩定。可以預料，經濟全球化將帶來全球性的激烈競爭，企業外部環境的不確定性程度還將繼續上升。

外部環境的不確定性會給各類組織的管理都帶來困難，而且削弱其管理對組織績效的影響。例如在表3-1中，管理的影響作用在單元1中為最大，而在單元4中為最小。假如可自由選擇，則管理者都願在單元1那樣的外部環境中去經營，但他們卻極少能這樣選擇。不過，利益回報與承擔風險呈正相關的關係，所以在高度不確定性的外部環境中實際蘊藏著豐富的機會，等待著敢冒風險的管理者去發掘。

不管怎樣，管理者都應當經常地對外部環境進行調研，對不確定性進行分析，在力所能及的範圍內盡量降低不確定性的程度，並制定出應付不確定性的權變措施。

第二節　組織的內部環境

一、組織內部環境因素

組織的內部環境又稱為內部條件或狀況，是指存在於組織內部、對其管理及績效有直接影響的因素。它同組織的外部環境一樣，都是對管理者的一種約束力量；但它又與外部環境不同，由於諸因素存在於組織內部，所以是組織所能控制的。

組織內部環境包含哪些因素？迄今尚無統一的看法。我們認為，這需要從組織的含義說起。作為名詞使用的組織，意指組織體，如工商企業、政府機關、學校、醫院、群眾團體等，它們都是由兩個以上的人在一起工作以達到共同目標的協作（共同）勞動的群體。這是對組織的最一般的理解。

系統學派的創立人巴納德將組織定義為：「將兩個或多於兩個人的力量和活動加以有意識地協調的系統。」[①] 他在這裡強調了「有意識地協調」，是因為組織成員的個人目標同組織目標不一定協調，勢必影響其成員為實現共同目標而努力的自覺性。有意識地協調就是要使組織的成員有協作的意願，認同組織的共同目標，自覺地將個人目標同組織目標一

---

① 皮尤ＤＳ，等．組織管理學名家思想薈萃［Ｍ］．唐亮，等，譯．北京：中國社會科學出版社，1986．

致起來；組織則盡可能提高其成員個人目標的滿足程度，確保成員做出貢獻，以實現組織目標。

將對組織的一般理解同巴納德的定義結合起來，可以認為組織是由若干有協作意願的人聚合起來，以實現共同目標的勞動群體。由此可推論出組織內部包含著三個基本因素：使命、資源、文化，它們就是對管理者起約束作用的組織內部環境。

首先是使命，即組織對社會承擔的責任、任務以及自願為社會做出的貢獻。使命決定了組織存在的價值，它又是劃分組織類別的依據。人們為什麼要聚合在一起，從事協作勞動？這是為了實現共同的目標。如沒有共同目標，人們就不需要聚合；即使勉強聚合，也是一盤散沙。而共同的目標卻是從組織的使命衍生出來的，是其使命的延伸和具體表現。

其次是資源。其中最重要的是人力資源，即組成組織的人員。這些人要從事協作勞動以完成共同目標，還需要物力、財力、技術、信息等資源。組織的活動過程也就是人力資源獲取和利用其他各種資源的過程。利用的效果如何，直接決定共同目標能否實現。

最後是文化。組織文化是指組織內部全體成員共有的價值觀、信念和行為標準的體系，它是在20世紀80年代才開始受到重視的課題。組織要使其成員有協作的意願，認同組織的共同目標，自覺地將個人目標同組織目標協調起來，需要做許多工作，而其中塑造和落實組織文化是非常重要的。

上述三因素對組織的管理者都是有力的約束力量，管理者在選擇管理形式和方法時，必須考慮它們的影響。在這三者中，使命和文化是相對穩定和持久的，資源狀況則經常在變化，所以管理者在作出目標、計劃、戰略等方面的決策時，除了對外部環境進行調研外，還需對資源狀況作調研，並同競爭對手相比較，發現組織自身的優勢和劣勢。

下面將分別對組織的使命和資源進行分析，並考察它們對管理的影響。至於組織文化，則因其格外重要，將在下一章專門研究。

二、組織的使命

一切社會組織都有（或應當明確）其使命。使命（mission）表明組織存在的價值，是指導和規範組織全部活動的依據。組織的一切活動都必須服從和服務於它的使命。

例如中國學校的使命是「培養德、智、體全面發展的人才」和「培養有理想、有道德、有文化、有紀律的新人」，醫院的使命是「救死扶傷」和「治病救人」，政府機關的使命是「全心全意為人民服務」。工商企業的使命則各有不同。如：重慶鋼鐵集團提出「綜合發展，共創效益，立足國內，跨國競爭」；美國南方鐵路公司提出「提供運輸服務，在運輸業（不是嚴格限制在鐵路運輸業上）中建立穩定的地位」；日本松下電器公司提出「鼓勵進步，增進社會福利，並致力於世界文化的進一步發展」。

上述各組織的使命表述各異，究其實質，都是用簡明文字來說明該組織的特定責任或任務，及其自願為社會做出的貢獻。特定的責任或任務表明組織作為一個獨立的個體，有

其獨立存在的價值。為社會做貢獻則表明組織同時又是社會中的一個單位，理應對社會作出承諾，並把它確立為自己的理想或抱負。這二者又是相互聯繫的，表述時可有所側重，但作為使命表述則必須兼顧。

使命不僅表明組織存在的價值，而且是確定組織性質、劃分組織類別的依據。例如學校的使命是培養人才，所以其性質是教育組織；醫院的使命是救死扶傷，所以其性質是衛生組織。工商企業的使命由各企業自行提出，有很大的差異性；但如深入瞭解，仍可看出它們從事經濟活動並在經濟方面為社會做貢獻，所以其性質是經濟組織。

組織的使命對管理有很大影響。使命不同，組織的性質、類別、責任、任務就不同，組織從事的業務活動也就不同，因此其管理就有很大差別。例如在計劃職能方面，無論是目標的提出或計劃、戰略的制定，在內容、形式和方法上，各類組織都是不相同的。工商企業屬於營利性組織，其目標主要是追求經濟效益，兼顧社會效益；政府機關、學校、醫院等則屬於非營利性組織，其目標主要是講求社會效益。它們目標上的差異來自不同的使命。

又如組織職能：各類組織因使命不同，所從事的業務活動不同，其設置的組織機構、職務、崗位等就大不相同，各機構、職務、崗位的職責和職權，以及分工協作關係、信息溝通關係等就更不一樣。學校、醫院等組織是無法照搬企業的組織結構的，但若是企業內部的學校和醫院，則它們的組織結構還是可能與一般的學校和醫院相似。

再如人事職能：各類組織的使命決定了它們業務活動所需的人力資源。學校的校長應當是教育家，而不必是企業家。一個優秀的科學家適合從事科研工作，卻不一定能勝任一個市、縣政府機關的領導工作。用人不當，將影響組織實現其使命，甚至危及組織的生存。

總之，組織的使命是對管理的一大約束力量，管理必須服從和服務於組織的使命。

三、組織的資源

組織為了進行業務活動，實現其使命和目標，必須有各類資源。其中主要是：

（1）人力資源。如工業企業需要有各類工人、工程技術人員、管理人員、服務人員等，大專院校需要有教學人員、科學研究人員、行政人員、工人等。各類人員的數量和質量要同工作需要相適應，人員結構要合理，隊伍要相對穩定。

（2）物力資源。如工業企業就擁有各類勞動手段和勞動對象，如機器設備、工具、儀表、運輸設備、能源、原材料等；還要有必要的勞動條件，如土地、廠房、建築物等。各類勞動手段要適應工作需要，其能力要被充分利用；各類勞動對象則要求在品種、質量、數量上能適應生產，保證供應。

（3）財力資源。這是指企業生產經營所需的各類資金，包括自有資本金、公積金、留存利潤和借入資金等，它們體現在各類資產上。企業的財務狀況是企業生產經營活動的

綜合反應：如經營良好，則財力富裕；反之，則財力貧絀。但財務狀況對生產經營活動也有反作用。

（4）技術資源。技術的含義很廣，這裡是指工業企業擁有的技術裝備，員工的技術知識、工作技能、技術訣竅、技術創新能力等。它是同人力、物力資源緊密結合的。當今的科學技術日新月異，通過技術培訓、技術改造、技術引進等方式掌握更多的高新技術資源，對於企業贏得競爭優勢，有著十分重要的意義。

（5）信息資源。世界已開始步入信息社會，信息資源的重要性日益突出。信息來自組織內部和外部，如各類記錄、數據、報表資料、指令、科學技術情報、社會經濟情報、競爭對手資料、市場信號等。企業應創造條件，建立計算機化的管理信息系統，加強信息的收集、整理、分析、儲存、檢索和利用。

同類型的組織擁有的資源具有同類性和可比性。擁有資源的數量表明組織的規模，數量多則規模大，反之則小。擁有資源的素質在很大程度上決定了組織的素質，資源素質好則組織素質高，反之則低。同在一個行業中的競爭對手擁有的資源也是可比的。本企業的某項資源如果比競爭對手的該項資源更強，則說明本企業在該項資源上享有競爭優勢；反之，如果本企業的某項資源弱於競爭對手，則說明在該項資源上本企業處於競爭劣勢。

資源對組織的管理有著很大的影響。首先，資源數量表明組織的規模。在不同規模的組織中，管理的形式和方法有所不同，競爭的戰略和策略也可能不同。例如同是冶金企業，小型企業的組織形式顯然有別於大型企業或企業集團。一般企業在初創時規模很小，往往無正式的組織結構，以後隨著規模擴大才建立組織結構並逐步完善。又如在激烈的市場競爭中，小型企業是很難同大型企業正面抗衡的，它們往往選擇一個狹窄的市場（或稱市場間隙，即大型企業未曾注意到或不願去經營的市場），集中滿足該狹窄市場的需求。這就是集中化戰略，它特別適合於小型企業和實力不強的企業。

其次，資源素質基本上決定了組織的素質，管理者在選擇管理的形式和方法時，也應考慮資源素質。例如人員（包括領導者和被領導者在內）的素質就是選擇領導方式、確定管理層次和分權化程度、建立控制系統等的一個重要的影響因素。最明顯的事例就是：如果人員素質高些，則領導者直接領導的下屬人數就可以多些，在組織規模一定的情況下，管理的層次就可以減少些；反之，如果人員素質不高，則可能需要增加管理層次。同理，提高人員的素質也是實行參與式管理、更多地實行分權和授權的一個必要條件。在企業中要推行現代化管理方法，同樣需要加強對員工的培訓，提高人員素質。在選擇競爭戰略和策略時，除了考慮資源的數量以外，更重要的是考慮資源的素質。例如中國一些國有企業的設備陳舊老化就是導致競爭力下降的重要原因。

組織的資源狀況是不斷變化的，管理者要經常進行調研，為管理決策提供依據。但它不同於外部環境諸因素，是組織自身能控制的，因此，應當在調研基礎上，設法改善資源的結構，提高資源的素質，增強資源的競爭優勢而克服存在的劣勢，以更好地實現組織的發展。

第三節　組織的社會責任和管理倫理

一、組織的社會責任

與組織的外部環境問題密切相關的一個問題，是組織的社會責任。它通常稱為公司的社會責任，因為這個概念最常應用於工商企業。在20世紀60年代以前，公司的社會責任問題並未引起人們多大注意；但從60年代起，西方各種報刊經常揭露大公司在產品質量（如使用安全）、廣告宣傳、雇員關系、環境和資源保護、社區建設等方面極為明顯的社會責任和管理倫理問題，引起人們的高度重視。從80年代後期起，西方的管理學教材都新闢專章來討論這個問題。這個問題也已受到中國企業的重視。[①]

對於公司的社會責任（corporate social responsibility）有多種不同的理解，大體可歸納為下列三種：

（一）理解為社會義務（social obligation）

這是美國經濟學家、諾貝爾獎獲得者米爾頓·弗里德曼（Milton Friedman）及其支持者所主張的觀點。他們認為，社會創造了企業，讓它去追求特定的目的——為社會提供商品和服務，企業所承擔的唯一的社會責任就是在社會頒布的法令範圍之內從事經營，追求利潤，即「守法謀利」。除此之外，再要求企業承擔其他責任，那就是錯誤而有害的。

他們舉出的主要論據有四點：

（1）企業應對其所有者即股東負責，管理者的責任就是追求利潤，以滿足股東的利益。

（2）社會事務應該由政府負責，用政策法令加以規定，用稅收支付其費用。企業照章納稅，就已為此做出了貢獻。

（3）企業管理者如為非營利的社會事務花錢，那就是濫用了權力，必然會減少可分配的利潤，使股東受損失；如降低職工的工資和福利，則職工受損失；如因此而抬高產品售價，則銷售額下降，可能危及企業的生存。再者，企業的管理者缺乏承擔社會事務的訓練和能力，不可能做出正確有效的決策。

（4）企業管理者涉足社會事務，還會使社會受害。例如因此而抬高產品售價，則顧客受損失。某個產業（或國家）的企業因為社會事務花錢而使投資回報率下降，則其資本金將流往另一些不承擔社會事務的產業（或國家）。

（二）理解為社會反應（social reaction）

持這種觀點的代表人物是美國的凱什·戴維斯（Keith Davis）。他認為將社會責任理

[①] 由世界500強企業中國中鐵股份有限公司控股的中鐵信託有限責任公司，在2013年年初首次發布了公司的社會責任報告，見2013年4月10日的《成都商報》第35版。

解為「守法謀利」而拒絕介入任何社會事務，實際上就是反對企業承擔社會責任。社會對企業的期望已經超出「提供商品和服務」，要求它們對現在流行的社會標準、價值觀念和績效預期做出反應。所以企業最低限度必須對自己的活動所造成的生態的、環境的和社會的代價負責，而最高限度則是必須對解決社會問題做出反應和貢獻（即使這些問題並非直接由企業所引起）。

持這種觀點的人都主張，理解社會責任要超出「守法」的要求，「守法」是必需的，但還不夠。企業的活動還應當對社會的特定群體（如工會、新聞界、社會活動家、消費主義者等）的期望作出反應。由於這些群體的期望超過了法律的最低要求，企業可以決定不作出反應，但是只有作出反應才能算是承擔起了社會責任。

這種觀點的本質是，企業是被動地作出反應。要求是由某些社會群體先提出的，如企業作出反應去滿足這些要求，那就是對社會負責。這一觀點不能讓那些認為承擔社會責任應該是主動行為的人滿意，從而引出了下一種觀點。

（三）理解為社會回應（social responsiveness）

這是當代流行的觀點，即認為對社會負責的行為是主動和預防性的，而不是被動的反應。回應社會的行為包括：對社會問題表明立場，自願對任何群體的要求負責採取行動，預見社會未來的需要並設法加以滿足，在有關社會期望的立法方面同政府溝通等。進步的管理者要將公司的技能和資源應用於每一個社會問題，從社區破房重建到青少年的教育和就業等。

社會回應觀點是對社會責任的最廣義的理解。鼓吹這個觀點的人都說它優於上述兩種觀點，理由如下：

（1）企業的經濟活動和目標不可能同社會的活動和目標截然分開，事實上，企業所做的每件事（如開辦或停辦一個廠、啟動一條新產品線等）都具有明顯的社會後果。因此，企業作為社會的重要成員，有責任去主動處理社會的重大問題。

（2）同社會義務觀點相反，公司或許是資本主義社會中最能有效地解決問題的組織，它們的資源和才能可為解決重大的社會問題做出很大貢獻。

（3）企業管理者介入社會事務並非濫用權力。股東們很少對企業支持社會事業提出異議，而企業的這類活動很可能得到消費者、新聞界和公眾的真心讚同。

上述三種觀點不是完全對立的，提出社會反應觀點的人也接受「守法謀利」是企業的社會義務的觀點。同樣，提出「社會回應觀點」的人也要求「守法謀利」和對社會群體的要求作出反應。它們代表著社會對企業的經濟期望的不同程度，反應出人們對社會責任範圍的理解逐漸擴大。按照「社會回應觀點」，企業的社會責任包括經濟的、法律的、倫理的和自選的四種責任。如圖 3-2 所示，各種責任的面積不同，說明責任大小有些差別。

自　選　責　任
倫　理　責　任
法　律　責　任
經　濟　責　任

圖 3-2　企業的社會責任示意

　　社會義務觀點僅強調企業的經濟責任和法律責任，社會反應觀點特別是「社會回應觀點」，則強調還要承擔倫理責任和自選責任。

　　倫理責任（ethical responsibility）是指法律沒有規定、但社會公眾強烈期望的行為，如不去做，就有違倫理道德。例如過去的南非白人政權推行種族隔離制度，遭到世界人民的反對，並要求企業不同南非做生意，許多企業都因此而中斷了同南非商界的交往。

　　自選責任（discretionary responsibility）包括法律沒有規定而社會公眾強烈期望企業去做的一些公益性活動，如捐助教育、慈善事業、贊助文化、體育活動，救治癌症患者等。社會成員歡迎這類活動，但即使企業不去做，人們也不會認為有違倫理道德。很明顯，對這種責任，企業管理者將根據自身情況自由決策。[①]

二、企業履行社會責任的做法

　　企業為了履行其社會責任，需要做許多工作。首先需要有一整套監測外部環境對它的要求的方法，其次還需在內部建立起社會回應的機制。監測外部環境對企業的要求和期望的方法主要有下列幾種：

　　（1）社會調查和預測。這是指企業組織專人對現有的和未來可能出現的社會問題進行調查和預測，瞭解社會對企業的期望。

　　（2）輿論調查。一些協會和商業類刊物經常進行輿論調查，瞭解社會關注的問題。這些調查可供企業分析瞭解各社會群體對它的期望。

　　（3）社會審計。這是指對企業的社會（而非經濟）績效進行的系列研究和評價，包括對企業各種活動的社會影響進行評估、對旨在實現社會目標的計劃實施情況進行評價、決定需要企業參與的活動領域等。這一工作的難度較大，因為它所應包括的內容及活動效果的衡量等都常出現差異。

　　（4）社會問題調研。這是指組織力量去識別那些同企業特別有關的、為數不多的、正在出現的社會問題，分析它們的潛在影響，並準備如何有效地去回應。這樣做有利於對環境的變化採取主動行動，以免事態發生時再倉促應付。

　　企業需要在內部建立社會回應機制包括同社會回應有關的部門、委員會和人力資源。

---

① 佚名. 五糧液：社會責任築起企業持續發展力［N］. 成都商報，2015-03-23（7）.

常採用的方式有下列幾種：

（1）管理者個人。這是指委派或允許某個管理者處理企業遇到的重大社會問題。此方式最常應用於較小的組織，但大型組織也有採用的。

（2）臨時性工作組。這是指從有關部門抽調人員組成工作組去處理面臨的重大社會問題；任務完成後，工作組就撤銷。此方式常應用於解決突發性問題且需要多部門投入人員的情況。

（3）常設委員會。這有多種形式。在《財富》雜誌評選的500強公司中，約有100家在它們的董事會中設有處理社會問題的特別委員會，這些委員會通常取名為公眾政策委員會、公眾問題委員會、社會責任委員會、公司回應委員會等。其他的形式有：由若干高層管理者組成的委員會、由各層次管理者組成的委員會、事業部級的委員會等。

（4）常設部門。許多公司都設有常設性的部門去協調各種社會責任，發現新的社會問題並推薦對策。它們常被命名為「公共事務部」，負責協調政府關係、社會關係和其他對外關係。

（5）組合的方式。這是指將上述幾種方式組合起來應用，例如設立事業部級的委員會向高層管理者組成的委員會提出建議，或設立公共事務部門向某些最高管理者個人提出建議。有少數公司在其常設委員會中還吸收職工代表參加，這是特殊事例，但效果很好。

企業如有一套監測外部環境的要求和期望的辦法，又在內部建立起適當的社會回應機制，這就為它履行社會責任創造了良好條件，使它在這方面贏得社會聲譽，助其成功。

三、組織的管理倫理

管理倫理問題是同組織的社會責任聯繫在一起的。所有的人，無論是在工商企業、政府機關、學校或其他社會組織中工作，都與倫理有關。韋伯斯特在第9版新大學辭典中將倫理（ethics）定義為「涉及什麼是善與惡以及道德責任與義務的規則（disciplines）」。這樣，個人倫理就是「個人自己生活的準則」。管理倫理（managerial ethics）則是「組織的管理者們在其業務活動中採用的行為或道德判斷的標準」。這些標準來自社會的一般道德規範，來自每個人在家庭、教育、宗教及其他類型的組織中的感受，來自與他人的交往，因此，管理倫理可能各不相同。

在美國，企業的管理倫理已成為管理者和公眾日益關注的課題，許多大學的商學院開設了商業倫理學（business ethics）課程。這有幾個原因：①不少大公司違反管理倫理的醜聞已被廣泛曝光。有資料表明，20世紀80年代，在《財富》雜誌評出的500強公司中就有2/3曾有違反管理倫理的行為。[①] ②許多企業認識到，領導人的倫理失誤可能使公司和

[①] 2001年12月美國安然公司隱瞞債務、虛增利潤、與仲介機構合謀做假的事件，2002年6月美國世通公司隱性虧損的財務醜聞，都曾轟動世界，使誠信經營更加受到人們關注。

社會付出高昂的代價，如聲譽受損、被課以巨額罰款等。③組織的管理倫理問題通常都很複雜，是否合乎倫理往往難於確定，如對「公平」的利潤、「公平」的價格、對新聞媒體應如何「誠實」等，看法就很有分歧。

有學者提出下列一些常識性的指導原則，對於思考管理決策和行為的倫理含義是有幫助的：

（1）守法。這是組織的社會責任和管理倫理的基本要求，組織必須遵守法律的文字和精神。

（2）誠實。同利益攸關者建立信任是很重要的。

（3）尊重他人。這樣才能贏得他人的尊重。

（4）堅持「黃金規則」（the Golden Rule）。這一規則是：「像你希望別人如何對待你那樣去對待別人」，即「己所不欲，勿施於人」。這句話譯成商業語言，就是要公平待人。

（5）最重要的是不造成傷害。這一醫藥界倫理的第一規則已被認為是工商業倫理考慮的最低限。

（6）實行參與制，不搞家長制。

（7）貴在行動。無論何時，只要別人需要而管理者又有能力或有資源去提供幫助，就有責任採取行動。

在中國，一些聲譽卓著的工商企業堅持的倫理道德標準則主要包括下列內容：

（1）守法經營，照章納稅。

（2）嚴格產品（服務）質量標準，不偷工減料，不搞假冒偽劣。

（3）維護職工權益，誠信待人，童叟無欺。

（4）遵守《廣告法》，不做虛假廣告，不搞坑蒙拐騙。

（5）遵守《反不正當競爭法》，決不採取任何不正當手段來對付競爭對手。

（6）嚴格遵守國家規定的財經制度和財經紀律，不做假帳，不哄抬物價，不隱瞞（或虛增）利潤，不隱瞞（或虛增）虧損，不在註冊資本上做手腳。

（7）接受政府、公眾和輿論的嚴格監督。

美國聯邦政府在1980年7月制定了下列10條「倫理法典」[①] 作為倫理標準，要求政府部門一切員工執行：

（1）忠誠於最高道德原則和國家，這種忠誠要放在對個人、政黨和政府部門的忠誠之上。

（2）擁護美國憲法和各級政府制定的法律法規，決不逃避法律法規。

（3）為全日報酬付出全日勞動，為履行職責付出最熱誠的努力和最好的思考。

---

① 孔茨 H，韋里奇 H. 管理學［M］. New York：McGraw Hill，1988；普蒂 J M，韋里奇 H，孔茨 H. 管理學精要［M］. 丁慧平，等，譯. 亞洲篇. 北京：機械工業出版社，1999.

（4）努力尋求並使用更有效、更經濟的方式去完成工作任務。

（5）無論有無報酬，都要公平待人，決不給任何人以特殊優惠或特權；在正常人認為有可能影響履行政府職責的情況下，絕不收受給予本人或家庭成員的優惠或好處。

（6）在同政府機關職責有關的事情上，不作任何私人承諾，因為政府的雇員沒有同公共職責相關的私人語言。

（7）不得直接或間接地同政府發生商業關系，這是同自覺履行政府職責不相容的。

（8）決不利用在履行政府職責時秘密獲得的任何信息作為謀取私利的手段。

（9）無論何地發現腐敗，立即予以揭露。

（10）擁護以上原則，始終意識到公共機關是公眾的信任所在。

在美國的工商企業特別是大企業，制定「倫理法典」是相當普遍的。

有了「倫理法典」，還要制定一些更為具體的標準，結合典型事例來說明組織在一些倫理不易確定的領域的立場，作為「法典」的補充。法典和標準都要發給全體成員，並經常組織學習討論，使之深入人心。在出現違反倫理的行為時，應對有關責任人進行嚴肅處理，保證法典的貫徹執行。

在美國，有些企業還建立了倫理委員會，定期討論倫理問題，宣傳法典並檢查法典的執行情況，獎優罰劣，同時也研究和處理一些倫理不易確定的問題。也有企業設立「倫理監察員」（ombudsperson）的職務，該職務一般由從行政系列退下來的管理者擔任。他從倫理角度評價組織的活動，積極而公開地對準備進行的活動的倫理含義提出質詢，還接受員工的舉報。組織的任何成員如見到違反倫理的事都可向他報告，或向他表明對倫理的關心。

復習討論題

1. 如何理解組織的環境？管理者為什麼要調查研究組織的環境？
2. 什麼叫一般環境？它包含哪些因素？
3. 什麼叫特定環境？它包含哪些因素？
4. 怎樣理解外部環境的不確定性？管理者應如何對付這個不確定性？
5. 組織的內部環境包含哪些因素？試舉例說明它們對管理的影響。
6. 請以你所在的大學為例，說明它所擁有的資源。
7. 如何理解組織的社會責任？中國的工商企業是否應重視這個問題？為什麼？
8. 除工商企業外，其他社會組織（如學校、醫院等）是否也應重視倫理道德？高等學校的倫理標準應包括哪些內容？

案例

劉永好倡導的「光彩事業」[①]

新希望集團董事長劉永好是一個具有強烈社會責任感的民營企業家。1994年國家頒布了「八七扶貧攻堅計劃」，提出了用7年時間解決8,000萬人的溫飽問題。劉立即想做出貢獻，就在北京聯合10位民營企業家倡導發起了搞開發式扶貧的「光彩事業」。這事一提出，很快得到了各級政府和社會各方面的認同，江澤民同志還親筆題詞，國內外媒體大量報導，企業家紛紛回應。

1994年7月，劉永好在四川省涼山州投資1,500萬元修建了一座占地49畝（1畝＝666.6平方米）、年產飼料10萬噸的扶貧工廠。此後，他還每年投入80萬元作為科技扶貧推廣費用，派8個常年性扶貧小分隊傳播科學養殖技術，推廣優良品種，普及優良飼料。事隔三個月，他又投資1,500萬元在貴州興建了占地50畝、年產20萬噸飼料的光彩扶貧工廠。

1996年3月，劉永好又在河南大別山老區投資1,776萬元興建了第三座扶貧飼料廠。一期工程投產後，集團讓利100萬元，以優惠價向老區人民提供高檔優質飼料，並傳播科學養殖技術。到21世紀初，新希望集團已投資了2億多元，建立起14座光彩扶貧工廠，還設立了「希望扶貧基金」「希望養老金」「希望獎學金」。劉永好的光彩大旗在四川、貴州、河南、山東、雲南、江西、新疆等地高高飄揚。

在劉永好的倡導下，先後已有4,000多名民營企業家積極參與「光彩事業」，啟動項目2,700多個，投資50多億元，培訓人員25萬，幫助50多萬貧困農民解決了溫飽問題。

「光彩事業」也給予了新希望集團豐厚的回報。受益的農民講：劉永好拿那麼多的錢搞「光彩事業」，絕不會生產劣質飼料來坑害我們。於是，集團飼料的銷路大增，集團的形象非常好，設在全國各地的工廠都受到當地政府的保護和支持，受到廣大農民的信任。農民的信任增添了集團的無形資產，這筆巨大的回報是劉永好在倡導「光彩事業」之初沒有想到的。

討論題：

1. 試述劉永好倡導的「光彩事業」對中國扶貧工程的重要意義。
2. 企業履行其社會責任，也能得到回報，你能舉出一些實例嗎？這二者是否有必然聯繫？

[①] 吳小波. 大贏家 [M]. 北京：中國企業家出版社，2001：154－188.

第四章
組織文化

第二章第二節簡要介紹了西方組織文化學派的管理理論。第三章第二節又提出，組織文化是組織內部環境或條件的基本因素之一，對管理者起著有力的約束作用，而塑造和落實組織文化又是管理者的一項重要任務。由此可見，組織文化同管理的關系十分密切。本章將依次探討組織文化的內容和特徵、組織文化的作用以及組織文化的形成和滲透等問題。

第一節　組織文化的內容和特徵

一、組織文化的內容

什麼是組織文化？對此眾說紛紜，尚無定論。例如，組織文化理論的先驅，美國學者威廉·大內認為：「一個公司的文化由其傳統和風氣所構成。此外，文化還包含一個公司的價值觀，如進取性、守勢、靈活性——即確定活動、意見和行動模式的價值觀。」[1]

日本管理學者水谷內徹也認為：「企業文化包含價值、英雄、領導、管理體系、儀式等要素，是管理理念的具體體現。」[2]

中國管理學者蘭硯認為：「企業文化是企業在一定民族文化傳統、社會文化背景之下形成的具有本企業特色的企業（或稱組織）精神、精神性群體行為和精神物化產品的總和。」[3]

從以上各國學者對組織文化的定義可以看出，儘管他們使用的概念有別，定義的寬窄程度不同，但他們都提到組織文化的核心內容：管理理念、價值觀、行為方式和行為規範。

綜合各種觀點，我們認為，組織文化是組織在長期管理活動中形成的共同的管理理念、思維方式和行為規範的總和。它具體包括以下內容：

（1）世界觀。組織的世界觀是組織成員共有的對事物和行為的最一般的看法。它回

---

[1] 大內 W G. Z 理論 [M]. 孫耀君，等，譯. 北京：中國社會科學出版社，1984.
[2] 水谷內徹也. 日本企業的經營理念 [M]. 東京：日本同文館，1992.
[3] 蘭硯. 現代企業與文化型管理 [M]. 貴陽：貴州人民出版社，1998.

答「世界和社會是什麼」「人為什麼活著」「組織為什麼存在」等最抽象的問題，對組織成員的價值觀、道德觀、行為方式以及組織的管理活動具有深刻的影響。

（2）價值觀。組織的價值觀是組織成員共有的對事物和行為是否有意義以及意義大小的一般看法。它回答「這件事（或行為）是否值得做」「值得付出多大努力」等問題，對組織的經營行為及組織成員的日常行為有導向性的影響。

（3）道德觀。組織的道德觀是組織成員共有的對事物和行為好壞善惡的基本判斷，對組織和個人的行為有直接影響。

（4）思維方式。組織的思維方式是組織成員共有的對事物和行為的直觀反應和思考方式。對待同樣的事件，不同的組織的直觀反應和思考方法千差萬別。如當組織成員與顧客發生爭執時，有的組織往往首先文過飾非，將過失推給顧客；有的馬上想到分清責任，哪些是顧客的責任，哪些是成員的責任；有的首先想到平息事端，消除顧客的不滿或誤會。組織的思維方式受到組織世界觀、價值觀和道德觀的影響，同時也影響組織對事件的處理方法和對應措施。

（5）行為規範。組織的行為規範是指導組織成員在一定情況下應該如何行動的內在的心理規則。組織的行為規範與組織的規章制度都能起到同樣的指導成員行動的效果，但它們的形式不同，前者是隱含的內在的心理規則，後者是明示的外在的正式的規則。

組織的世界觀、價值觀和道德觀構成組織的管理理念。管理理念是對組織存在意義的哲學思考，是組織成員共同的精神支柱，是組織文化的核心內容。組織文化是管理理念在組織內部滲透的結果（管理理念向組織外部延伸形成組織形象）。

思維方式是組織成員認識世界的方法，屬認識論、方法論範疇。它既受管理理念的影響，又同時影響組織成員的行為，起承上啓下的中間環節的作用。

管理理念和思維方式構成組織文化的精神層面，隱藏於組織成員的頭腦中；行為規範構成組織文化的行為層面，行為受精神支配，行為規範是管理理念和思維方式的具體表現形式，體現在組織成員的行為之中。三者密切相關，共同構成組織文化的主要內容。

二、組織文化的特徵

（1）共有性（也稱認同性）。組織文化必須為組織成員認同、共有，形成組織統一的思想和一致的行動。這是組織文化最顯著的特徵。當然，在不同的社會組織中，組織文化被認同、共有的程度會有差異：有的組織高一些，稱為「強文化」；有的低一些，稱為「弱文化」。但組織文化在本質上應被認同、共有，在事實上已被不同程度地認同、共有，則是組織文化的一般特徵。

（2）人為性。組織文化不是自發產生的，而是人為形成的；不是一次成型的，而是長期滲透的結果。儘管有些組織並未明確宣布、刻意塑造組織理念，只是在不經意間潛移默化地形成自己的文化特徵，但一個成功的組織必然會有目的有意識地確立和培育自己的

組織文化，使之帶有明顯的人為印記。

（3）人身依附性。人是組織文化的載體，組織文化融入人的頭腦裡，體現在人的思維方式、工作作風和習俗慣例中。當然，組織文化的影響絕不限於人，它還會擴散到產品、商標、標誌物等物質形態上，但是，從本質上講，組織文化是無形的精神產品，只有通過人的思維和行為才能得以體現。

（4）穩定性。組織文化一旦形成，就會延續相當長的時期，不會輕易改變，呈現出一定的穩定性。組織文化本質上是一種精神產品，精神和作風具有持久性、延續性和慣性的特點，不會像一種產品或一項技術那樣說換就換，而是一經形成，就會長期產生影響。例如 IBM 公司「尊重每一個人」的理念，索尼公司「技術立業」的思想，自創始人提出起，儘管領導人幾經更換交替，其理念和思想始終未變，延續至今。當然，組織文化的穩定性不是絕對的，它也要隨著環境的變化而變化，也要適時修正、充實和完善，但組織文化的相對穩定性還是顯而易見的。

（5）繼承性。這是指對社會文化傳統的繼承。社會文化傳統是指一定社會特有的價值觀、生活方式和風俗習慣。不同的國家、地域、民族有著不同的文化傳統。任何社會組織都存在於一定的國家地域之中，該組織的文化必然受到當地社會文化傳統的影響，表現出當地文化傳統的一般特徵。當然組織文化不等同於社會文化，組織文化在受社會文化影響的同時，還受其他因素的影響，形成自身獨有的東西。

第二節　組織文化的作用

一、組織文化的正面作用

組織文化是一個組織指導管理活動的關鍵，對組織經營管理活動具有重要影響。日本企業家松下幸之助曾說：「積我六十年之管理經驗，企業經營中最為重要、最為根本的東西是管理理念。唯有具備了正確的管理理念，才能有效地利用人才、資金、技術。」[1] 組織文化對組織有正面影響，也有負面影響。

組織文化的正面作用可以具體地歸納為以下四個方面。

（一）導向作用

（1）對組織的導向作用。組織文化中的世界觀、價值觀主導著組織的價值判斷，而價值判斷對組織的經營目標和長期戰略的確定具有重要的導向性作用。組織的決策一般基於兩方面的考慮：價值因素和事實因素。價值因素回答「好或不好」的問題；事實因素回答「是或不是」的問題。組織的戰略決策較多地考慮價值因素，組織的戰術決策較多

---

[1] 伊丹敬之. 經營學入門 [M]. 東京：日本經濟新聞社，1991.

地考慮事實因素。因此，組織文化對組織的長期經營目標和戰略具有重要作用。例如，松下幸之助提出經營的「自來水哲學」，即為了使企業產品惠澤於平民百姓，就要做到規模經營，不斷降低成本，使產品像自來水那樣，使平民百姓都買得起、用得好。松下的「自來水哲學」對松下公司走「批量生產、網絡銷售」的路子起到了決定性的作用。

（2）對員工的導向作用。組織的世界觀、價值觀、道德觀同樣影響到每個員工的價值取向和行為導向，形成了組織特有的風氣和氛圍。松下的「自來水哲學」滲透到員工的頭腦中，養成了節儉的習慣，形成了把舊信封翻拆重用的慣例。

（二）激勵作用

組織文化的激勵作用主要表現為一種環境激勵。人們有低層次的關於金錢、福利待遇、穩定就業等的需要，也有高層次的交際、歸屬、尊重、自我實現的需要。高層次的需要的滿足具有更長久的激勵力。組織文化有助於通過平等的溝通交流、和諧的人際關係以及尊重人、關懷人的氛圍和環境，滿足員工的高層次需要，從而產生穩定持久的激勵作用。

（三）協調作用

組織內外的各單位和個人之間經常在工作問題和人際關係上產生各種各樣的矛盾和衝突，需要協調。組織文化能為協調工作提供良好的基礎。

（1）組織成員共有的價值觀、道德觀、思維方式使人們易於溝通，取得一致意見。例如，企業的質檢部門經常與生產部門就產品質量發生衝突，如企業樹立了「質量第一」的觀念，這種衝突就比較容易解決。

（2）組織成員共有的思維方式和行為規範使人們易於協調行為，統一行動。

（四）自我約束作用

社會組織是由眾多成員構成的集體。集體活動的順利開展需要大家遵守共同的組織紀律和秩序。組織紀律秩序的建立有賴於組織規章制度和組織成員自我約束能力的形成。組織規章制度是一種正式的外部的強制，組織成員的自我約束是一種非正式的自我控制，兩者相輔相成、缺一不可。

組織共同的價值觀、道德觀、行為規範經過長期滲透，形成組織成員的是非觀、職業道德、工作作風和行為習慣，有助於組織成員自我約束能力的形成。過度依賴於規章制度，設立繁瑣的規章制度，容易產生官僚化及僵化的弊病，執行效果並不好。良好的組織文化、行為規範有更強的約束力，而且能使組織具有更好的聚合力和靈活性，起到規章制度起不到的作用。

上述是組織文化對組織內部的影響，組織文化對組織的外部形象同樣也會產生影響。人們往往通過一個組織特有的文化特徵認識、判斷該組織。我們常聽到：某企業售後服務沒話說，維修人員衣著整潔、中規中矩；某飯店情趣高雅、文明禮貌；某學校校風糟糕，商品廣告鋪天蓋地，學術報告難尋蹤跡。這些描述說明組織成員的行為和組織文化影響到

組織的外部形象。

二、組織文化的負面影響

組織文化不但有其正面作用，還會產生負面影響。管理者既要充分發揮組織文化的正面作用，又要善於發現並消除其負面影響。這些負面影響大致表現在以下三個方面。

（一）組織文化慣性

如前所述，組織文化具有穩定性，一旦形成，不容易變化。一個組織的文化形成於過去的環境，能較好地適應過去的環境，但當外部環境發生變化後，組織文化就可能出現某些不適應的狀況。首先，組織既有的思維定式使人們感覺鈍化，察覺不到環境的變化。其次，即使管理者看到了環境的變化，採取了新的發展戰略，組織文化由於慣性也會頑強地表現自己，傳統的思想觀念、思維方式、行為規範將繼續滯留，下意識地阻礙新戰略的推行，使新戰略的實施困難重重。

當今世界科學技術發展迅猛，市場詭譎多變，全球一體化進程加快，新的環境變化向企業提出了產品換代、技術更新、跨國經營等新的課題。在這種情況下，更易於發現組織文化慣性的負面影響。

（二）扼殺多元化思想觀念

組織文化的形成會導致思想觀念和思維方式的同一化，而同一化必然會扼殺個性的發揮，抑制思想觀念和思維方式的多元化，這樣是不利於員工和組織的發展的。

（三）排斥外來文化

一個社會組織的文化一旦形成，為廣大員工所認同，往往就會出現這樣的價值判斷，即自己的組織文化是最好的，別人的都不行。這樣的價值判斷在成員中互相影響、逐步強化，會發展到唯我獨尊的程度，就會出現排斥外來文化的現象。這樣做不利於不同文化的互相交融，不利於企業的多元化經營和跨國經營的開展。

第三節　組織文化的形成和滲透

一、組織文化的形成

組織文化是人為形成的，要經歷一個確立、發展、成熟的過程。組織文化的形成要受到下列各種因素的影響：

（1）高層管理者個人的世界觀、價值觀、道德觀。一個社會組織，對高層管理者和對組織成員的意義是不同的。對組織成員來講，社會組織首先是他謀生就業的場所，其次才是社會交際和人生發展的場所；對高層管理者來講，社會組織首先是他實現人生抱負、理想的場所，是他體現人生價值的載體。當高層管理者創建或主持一個組織的時候，必然

要把自己的世界觀、價值觀、道德觀注入組織的理念和文化中。

高層管理者的地位和職責決定了他有責任建立組織的理念和文化。而他的地位和權力又決定了他有能力建立組織的理念和文化。據日本管理學者水谷內徹也1989年對410家運輸企業的調查，在「企業理念是誰制定的」的答復中，答案是創業者的占43%，現任總經理的占40%，企業顧問的占6%，經理會成員的占2%，其他的占9%。[①] 其中高層管理者（創業者加現任總經理）占83%，可見高層管理者在組織文化形成中的關鍵作用和巨大影響。

高層管理者在組織文化形成中的特殊地位決定了組織文化必然反應出他們個人的思想。例如，蔡元培就任北京大學校長時，提出「囊括大典，網羅眾家，思想自由，兼容並包」的辦學思想，反應出蔡先生反對封建專制，提倡民主、科學、思想自由的價值觀。盧作孚創辦民生輪船公司時，提出「服務社會、便利人群、開發產業、富強國家」的辦廠宗旨，將民生公司界定為「超『個人成功』的事業，超『賺錢主義』的生意」，反應出盧先生的「平民主義」意識和「實業救國」思想。

（2）組織的歷史經驗教訓。每個社會組織在其發展過程中都有其成功的經驗和失敗的教訓，這些經驗教訓給全體員工留下了深刻的親身體驗。這些體驗經過總結、思考、抽象化、理論化，就會上升為組織的理念，融入組織文化中。例如，索尼公司創始人井深大1946年帶領20名員工，以500美元起家，開發晶體管收音機一舉成功，為公司的發展奠定了堅實的基礎。井深大從成功中領悟到技術創新的重要性，提出「不因襲仿造，要搞他人沒有的產品；尊重技術，放手讓技術人員干」的管理理念，把「土撥鼠」作為公司的象徵物，表示公司要像「土撥鼠」那樣，不斷創新，開發新產品。人們常有「技術的索尼」之說，這說明，「技術創新」已成為索尼公司文化的核心。

（3）組織行業性質。不同行業的社會組織，其業務性質不同，提供的產品或服務不同，其組織文化也會呈現差異，所以，組織的行業性質是影響組織文化形成的一個因素。例如，學校以教書育人為本，於是「培養德、智、體全面發展的新人」成為學校文化的核心內容。醫院是治病救人的場所，因此「救死扶傷，關愛人類」成為醫院普遍採用的口號。不同行業的企業的企業文化也呈現出不同的特點。據日本野村研究所對工商企業「社訓」的調查，製造業採用最頻繁的「社訓」是「人的和諧與發展」，商業服務業是「為顧客作奉獻」，金融、保險業是「為社會作奉獻」，運輸業是「安全第一」。[②]

（4）社會經濟環境。社會經濟環境對組織文化的影響主要表現在社會經濟體制和經濟發展水平對組織文化的影響。在不同的經濟體制下，組織文化呈現不同的特徵。過去中國在計劃經濟體制下，「官商、坐商、冷面孔」比比皆是；改革開放後，「顧客第一、用

---

① 水谷內徹也. 日本企業的經營理念 [M]. 東京：日本同文館, 1992.
② 壹歧晃才. 日本企業讀本 [M]. 東京：日本東洋經濟新報社, 1991.

戶至上」才真正融入企業文化。

社會經濟發展水平對組織文化的形成有重要影響。組織文化隨著經濟發展水平的提高呈現出相應的變化。一般說來，當一個國家尚處在經濟落後狀態時，組織文化會帶有「富民強國」的志向；當進入成長期，則會增添「生態環境，分配公平，社會正義」等內容。

（5）社會文化背景。如前所述，組織文化具有繼承社會文化傳統的特性，組織所在地的社會文化（價值觀念、生活方式、風俗習慣、宗教信仰等）對組織文化形成具有重要影響。如，中、日、韓等國受儒家學說的影響，在組織文化中「和諧、忠誠」佔有重要地位；美、歐等國受基督教的影響，其組織文化更強調「人的價值與個性」。各國組織文化的差異反應出社會文化背景的不同。

二、組織文化的滲透

組織文化形成之後，還必須把它滲透到組織的全體成員中去，為全體成員接受、認同，進而自覺遵守、執行，才能發揮作用。組織文化滲透的途徑多種多樣，我們把它歸納為以下五條：

（1）通過日常管理活動滲透。如圖4–1所示，組織文化通過長期戰略規劃、年度計劃滲透到各部門，再通過中層、基層幹部貫徹到全體組織成員中去。計劃執行結果則通過「計劃執行報告」「監察報告」反饋回最高管理層，最高管理層根據前期計劃執行情況與環境變化，制訂新的計劃，再將計劃貫徹下去。如此反覆循環。組織文化通過日常管理活動的反覆傳播、滲透，成為全體成員的共同思想和自覺行動。這裡應注意，信息反饋一般不改變組織文化，組織文化具有長期穩定性，通過日常管理活動反覆灌輸、滲透，只有在外部環境發生重大變化時才會修改和完善。

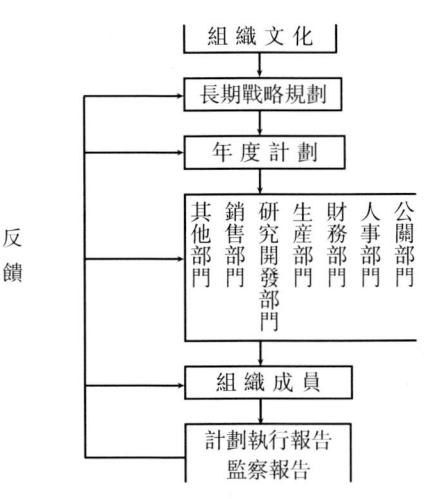

圖4–1　組織文化滲透示意

（2）樹立英雄榜樣。組織文化是抽象的，英雄榜樣則是具體的、生動形象的。通過英雄榜樣，可以使組織文化具體化、形象化，成為看得見、摸得著的東西。大凡成功的組織都有自己的英雄人物，如微軟的比爾·蓋茨、本田的本田宗一郎、大慶油田的王進喜、海爾集團的張瑞敏等。這些英雄人物的品質、言行、經歷及卓越貢獻在組織內外廣泛傳播，一代又一代地傳頌，成為人們效法的榜樣，從而使組織文化滲透到人們的大腦和行動中去。

（3）開展共同活動。組織開展領導和員工共同參加的各種活動，是滲透組織文化的又一途徑。領導者通過共同活動，言傳身教，傳播組織文化。如萬科集團的王石親自主持「生態建築」的設計建造，向人們傳遞萬科「親知環境」的信念；海爾集團的張瑞敏召集全廠職工當眾銷毀不合格冰箱，向人們表露海爾「堅持質量第一」的決心。領導與員工同乘上下班大客車，共同參加運動會，組織團拜會、集體旅遊等活動，可以使員工感受到人與人的親近、溫暖，營造組織「誠、信、和」的文化氛圍。

（4）設立業績、行為評價制度。管理者對人們的行為作出什麼樣的反應，這是組織成員十分關注的。通過設立業績、行為評價制度，可表達組織的價值觀、行為規範，引導組織成員的行為。例如，豐田汽車公司設立「提案評價制度」，對每一份「提案」都給予回復，表揚並獎勵每一個提案人，對有價值的提案給予重獎。這樣，不但得到了許多有價值的建議，而且培育了企業的「創新精神」、員工的「忠誠心」和「團隊精神」。

（5）教育培訓。教育培訓是組織文化滲透的最積極主動的途徑。教育培訓的形式多種多樣，如崗前培訓、轉崗培訓、在職培訓、業務會、班前會、日常的業務指導和交流等。教育培訓的內容包括組織的發展史、成就、創始人和英雄人物的事跡、廠訓、校訓、組織理念、經營方針、規章制度、行為規範乃至衣著禮儀、待人接物、言談舉止等。

組織文化的滲透有一個逐步同化的過程。圖4-2描述了這個過程。

個人文化階段 → 碰撞 → 調適 → 認同組織文化 / 離職

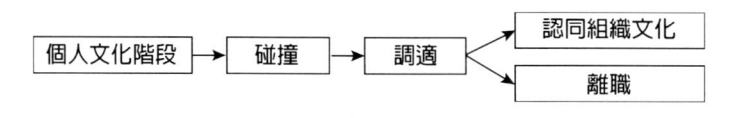

圖4-2　組織文化同化過程示意

個人文化階段是指員工在加入組織時擁有的價值觀、行為習慣和對組織的期望。員工的家庭背景、學歷、個人經歷、民族及信仰各不相同，對組織的想像和期許也不盡相同，因而個人文化各有差異。

碰撞階段是指新員工進入組織之後逐步感知到的個人原有文化與組織文化之間的差異以及由此而產生的碰撞。這種碰撞反應在文化的各個層面，具體表現在新員工與同事、上下級的微妙關係，新員工對工作程序、工作制度、組織紀律及獎懲規則的不適應，以及新員工對組織的期望與現實之間的差距等各個方面。

調適階段是指新員工努力調整自己原有的文化，使之適應組織文化的過程。調適過程

從組織的角度看，就是組織運用上述組織文化滲透途徑努力將組織文化灌輸、滲透給員工並使之接受、認同的過程。調適過程是組織文化同化的關鍵環節。調適過程順利，個人文化逐步融入組織文化，新員工逐步融入組織團體，成為合格的組織成員；若調適過程不順利，新成員自我感覺難於接受組織文化，一般會選擇辭職離去，或被組織辭退。

組織文化的形成和滲透是很不容易的，要經過長期不懈的努力，才能取得成效。據日本水谷內徹也的調查①，在對「你認為組織文化滲透到什麼程度」的問卷答復中，「完全未得到貫徹」占3.9%，「亟待貫徹」占48%，「達到平均水平」占16.9%，「基本得到貫徹」占28.6%，「完全得到貫徹」僅占2.6%。前兩類合併占51.9%，可見組織文化滲透工作的艱鉅性。

三、國際化經營中的文化衝突及其解決方法

當今世界經濟已進入全球化時代，跨國公司越來越多，其經營範圍越來越廣，已成為影響世界經濟走勢的一股主導力量。改革開放以來，大量的外國企業及中國港、澳、臺企業進入內地投資，中國企業也逐步走出國門，到海外投資。國際化經營已成為中國企業家必須考慮的一個課題。

隨著國際化經營的展開，新問題接踵而至。其中，文化衝突問題較為突出。國際化經營中的文化衝突問題是指在跨國經營的企業中，具有不同社會文化背景的人員聚集在一起，因價值觀、道德觀、思維方式、風俗習慣等的差異而引發的矛盾和衝突。這主要有以下幾種表現：

（1）價值觀衝突。比較明顯的有個人主義與集體主義的衝突以及對權力、地位、頭銜等級等的重視程度的差異等。如美國人常崇尚個人主義，富於競爭性，他們高度評價自由並相信個人能改變和掌握自己的命運，關注個人眼前利益，對規定工作時間之外的時間盡可能自行支配，對權力、地位、等級等不是十分在意，常給人以不拘禮節的感覺。日本人則崇尚集體主義，將企業看作大家庭，依附性和互助性強，工作熱情高，不太計較加班，不太在意眼前回報；管理者習慣實行家長制管理，企業內部等級森嚴，強調下級絕對服從上級等等。美日兩國人的這些文化差異就使得在美國經營的日本企業（如豐田、本田、松下、索尼等）以及在日本經營的美國企業（如國際商用機器、施樂）遇到不少文化上的衝突，給企業經營帶來了不少困難。

（2）思維方式衝突。如美國人繼承移民傳統，喜歡探索新事物，敢冒風險，在思維上重視邏輯分析和定量分析，考慮問題細緻，在表達上則很直率，喜歡主動表達自己的願望和能力。而大多數中國人則缺少冒險精神，喜歡迴避風險，在思維上習慣於綜合因素分析和定性分析，考慮基本方向和趨勢，對細節注意不夠，在表達上則傾向於委婉含蓄，領

---

① 水谷內徹也. 日本企業的經營理念［M］. 東京：日本同文館，1992.

導不點名，自己就不願主動發言。這些文化差異常出現在中美雙方的談判桌上。例如興辦合資企業的談判，美國人事前就準備了必要的材料，希望一開始就切入正題，並且涉及數字和細節，發言直截了當，不拐彎抹角；而中國人則在開始時強調建立友好關係，先討論一些原則、條件等，對不讚同的意見也常說「研究研究」，而不直接拒絕。

（3）風俗習慣衝突。除宗教信仰以外，各國人民的風俗習慣也有許多差異，導致文化衝突。如一位在秘魯的美國公司高級管理者被其下屬秘魯員工認為是冷酷的、不值得信任的，因為他在同員工談話時總是站得較遠。美國人不瞭解，秘魯人習慣於跟他談話的人站得很近以示親切。又如一位在美國經營業務的中國經理被其下屬美國員工譏為「浪費時間者」，因為他習慣於下班以後仍繼續同業務單位保持聯繫或安排應酬，而在美國，經理們一般將這類關係疏通視為不必要的時間浪費。

國際化經營中出現的上述文化衝突是不可避免的，只能正視衝突，採取恰當措施去加以解決。有些管理者無視另一種文化的客觀存在，而硬性推行自己原有的文化，這是肯定要失敗的。有人提出，管理者應採取「入鄉隨俗」的辦法，放棄自己的原有文化，完全遵從東道國的社會文化傳統。這種看法的用意是好的，但未必行得通，管理者要放棄原有文化也不現實。

比較現實可行的解決辦法是盡力使兩種文化逐步融合起來，創造出國際化經營企業特有的組織文化。有些企業已經在這方面取得了成功。實現文化融合應注意以下五個問題：

（1）尊重對方。雙方都要尊重對方的文化傳統，尤其是握有支配權的投資國一方要尊重東道國一方的尊嚴、人格和風俗習慣，避免惡性衝突事件的發生。首先要做到和平共處，才能進一步推進文化融合。

（2）瞭解對方。雙方都應作出努力，瞭解對方的文化傳統。一旦瞭解了對方，就可以消除許多誤會和矛盾。如西方人瞭解到東方人表達委婉的習慣，就明白像「研究研究」「這事以後再說」這樣的回話的意思，就可以避免誤會。當東方人瞭解到西方人不喜歡談論工資、年齡、婚嫁和私人隱私時，就會避開這些不恰當的話題。

（3）允許文化差異的存在。雙方的文化差異是客觀存在而且很難改變的。如價值觀，無論是個人主義或集體主義，都是在一定環境中長期形成的，不易改變。雙方都應承認這種差異的存在，不要試圖去改造對方，強迫對方接受自己的價值觀，而應致力於兩者的協調融合。

（4）逐步推進文化融合。雙方的文化傳統有不少差異，也有許多共同的東西。無論東西方，絕大多數人都讚同和平、誠實、友愛，反對暴力、詐欺、冷漠；都讚同民主、科學，反對專制、迷信。這些共同點是文化融合的基礎。在此基礎上，雙方再謀求差異的融合。如前述的集體主義與個人主義，它們並非水火不相容，在一個組織中也可以互相協調、適應、融合。豐田公司在美國肯塔基州獨資興辦的汽車廠（TMM）就是一個成功的典範。TMM吸納美國個人主義傳統，實行能力工資制、自願加班制；同時，堅持日本集

體主義精神、「和」的理念，推行「團隊活動」「TQC」「走動管理」「工作豐富化」。TMM 經營得非常成功，日美雙方人員相處融洽，工廠很快達到 40 萬輛的設計能力，成為全美員工流動率最低、成本最低、效率最高的汽車廠。

（5）實行本土化政策。本土化政策是指國際化經營企業實行在東道國當地採購、吸納當地勞工和管理人員，特別是逐步讓本地人擔任高層管理人員的政策。當地採購和吸納當地勞工有利於提高當地經濟發展水平，有利於融洽與當地政府、社區及民眾的關係；吸納當地管理人員有利於避免文化衝突，有利於實現文化融合。美國摩托羅拉等美國公司在中國推動本土化政策，建立學校培訓中方人員，提升中方人員素質，逐步實現中方人員管理，大大降低了員工流動率。

復習討論題

1. 如何理解組織文化？它包括哪些內容？
2. 組織文化有哪些重要特徵？
3. 為什麼說組織文化對組織的管理者是一種重要的約束力量？
4. 組織文化可能對組織產生哪些負面影響？
5. 組織文化的形成受到哪些因素的影響？
6. 組織文化的滲透有哪些主要途徑？
7. 如何處理國際化經營中的文化衝突？

案例

同仁堂的奧秘

北京同仁堂創立於 1669 年清康熙年間，1723 年開始供奉皇室用藥。三百多年來，同仁堂聞名中外，長盛不衰。奧秘何在？人們說是「同仁堂的藥好」。藥好的背後是「人和」，而人和的背後則是企業文化。

同仁堂的創始人樂顯揚終生行醫問藥。他取「同仁」二字作為堂名，意為「同修仁德，濟世養生」。這奠定了同仁堂以「仁義」為本，以「誠信」為魂，以「人和」為貴的企業文化核心理念。

「仁義」為本表現為「以義為上、義利共生」的義利觀。同仁堂在經營活動中始終把「義」放在首位，追求社會效益，履行社會責任，不見利忘義。同仁堂認為，義利共生、無義無利、小義小利、大義大利。三百多年來，同仁堂堅持「代客加工、代客煎藥、代客送藥」的服務項目，堅持藥材完備，品種齊全，即使藥使用量少、成本高也不撤櫃；不求盈利，唯求顧客方便。這種「以義為上」的義利觀已成為傳統，深入人心。有一年

南方甲肝流行，板藍根衝劑斷檔，三角一包的價格已漲到九角，而同仁堂仍按原價出廠，並派車日夜兼程送往疫區，為此分文未賺。「細料庫」是收購和儲存貴重中藥材的地方，也是供貨商的攻關重點，但庫房從總管到職工都「軟硬不吃，認貨不認人」。要做到這一點，固然有制度的約束，但「以義為上」的義利觀無疑也是一道防腐反貪的思想屏障。

「誠信」為魂表現在同仁堂藥店的一幅對聯上：「炮制雖繁必不敢省人工，品味雖貴必不敢減物力」。同仁堂名貴中成藥選用地道藥材：陳皮用廣東新會的，白芍要浙江東陽的，丹皮要安徽蕪湖的，黃連要來自四川雅安，人參非吉林長白山的不用。藥材加工炮制程序嚴格、操作講究，蒸、炒、燙、炙、浸、淬必依古法，一絲不苟。這些年來同仁堂已建立了七大中藥材種植基地，有十條生產線通過國家GMP認證。多年來，同仁堂藥品市場抽查合格率都保持了100%。三百多年來同仁堂大旗不倒，作風不改，信譽常在，得益於誠實守信的經營理念。

以「人和」為貴表現在同仁堂「重禮儀，講謙和」的人際氛圍中。創始人樂顯揚力主「親善仁愛和睦」的人情味和「和為貴」的處世倫理。店堂的人，不論師徒，皆稱伙計；店堂的伙計來樂家大院辦事，樂家人必迎進送出，沏茶備飯，熱情款待；伙計見面必鞠躬行禮、互問安好；店內說話要謙和溫良，低聲細語，不大聲喧嘩；店內行走要輕腳碎步，禮讓為先。由此形成一種禮讓、謙恭、親善、和睦的人際氛圍，令人心情舒暢，從而產生強烈的歸屬感、認同感。儘管目前同仁堂已發展成為知名的企業集團，但其「和為貴」的處世倫理始終如一，並且進一步融入尊重人權、民主參與、雙向溝通等現代管理理念，使同仁堂團結和睦的氛圍更符合現代心理。

討論題：

1. 同仁堂的企業文化有何特點？
2. 同仁堂的「溫良恭儉讓」能否符合現代社會的競爭要求？

第五章
組織的決策

如第二章第二節所述，按照決策學派的觀點，決策（decision making）是管理的核心問題，決策貫穿於管理過程的始終。無論是計劃、組織、領導還是人事、控制等管理職能，都存在著許多決策的制定和執行問題。決策尤其是戰略決策的正確與否，在很大程度上決定著組織的興衰與成敗。由於決策滲透於管理的各項工作，所以管理者常被稱為決策者。本章主要討論決策的含義、分類、程序、原則、要求和方法等。

第一節 決策的概念與類型

一、決策的含義

所謂決策，是指組織或個人為了實現某種目標而對未來一定時期內有關活動的方向的選擇或調整過程。對決策的含義我們可以從以下四個方面來理解：一是決策的主體既可以是組織，也可以是組織中的個人，不過在本章中我們主要討論組織決策；二是決策要解決的問題既可以是組織或個人活動的初始選擇，也可以是在實施過程中對初始選擇的調整或再選擇；三是決策選擇或調整的對象既可以是活動的方向和內容，也可以是在特定方向下從事某種活動的方式或方法；四是決策既非單純的「出謀劃策」，又非簡單的「拍板定案」，而是一個多階段、多步驟的分析判斷過程。

對於決策是否是管理的一項職能，人們的看法各異。本書在第一章第二節中即已指出，有的學者將決策視為管理的單獨職能，與計劃、組織、控制等職能並列。但決策學派卻認為決策貫穿於管理的全過程，即貫穿於計劃、組織、控制等職能之中，「它和管理一詞幾近同義」[①]。我們讚同決策學派的觀點。社會組織行使的每一項管理職能中都包括決策。組織的方針、政策、目標、計劃、戰略等的制定，屬計劃職能，其中就有大量的決策問題。組織結構的設計、管理幅度的大小、集權和分權的適宜度等，屬組織職能，也涉及決策問題。制定評價標準，將實際成績與標準相比較，採取措施去糾正超出容許值的偏差，屬於控制職能，在標準、差異容許值的確定以及糾正措施的選擇等方面，都需要進行

---

① 西蒙 H A. 管理決策新科學［M］. 李柱流，等，譯. 北京：中國社會科學出版社，1982.

決策。其他如人事、領導、協調、創新等職能，情況也是如此。[1] 因此，決策貫穿於管理的全過程，與管理各職能的關系不是平行並列，而是緊密結合的。我們雖然不認為決策是一項單獨的職能，但肯定它貫穿於管理的全過程，是管理的核心問題，並專章討論，這同樣表明了對決策的高度重視。

現代決策已發展成為一門新興的學科。決策理論的研究和運用，已經成為現代管理中的一個中心課題。我們在第二章已介紹了決策學派的管理理論。如今，決策已滲透到一切組織的各方面管理工作中，是各級、各類領導者的主要工作，只是各自決策的重要程度和影響範圍不同而已。

二、決策的特徵

科學的決策主要具有六個方面的特徵。

（一）目的性

組織的決策總是為瞭解決一定的問題或達到一定的目標。在一定條件和基礎上確定希望達到的結果和目的，這是決策的前提。有目標才有方向，才能衡量決策的成敗。目標的確立是決策的首要環節。

（二）超前性

組織的任何決策都是針對未來行動的，是為瞭解決現在面臨的、待解決的新問題以及將來會出現的問題。所以決策是未來行動的基礎。這就要求決策者有「超前意識」，思想敏銳，目光遠大，預見到事物發展變化的趨勢，適時地做出正確的決策。

（三）選擇性

決策的實質是選擇，沒有選擇就沒有決策。要能夠有所選擇，就必須提供可以相互替代的兩種以上的方案。為了實現相同的目標，組織總是可以從事多種不同的活動。這些活動在資源要求、可能的結果以及風險大小等方面均有所不同。因此，在決策中不僅有選擇的可能，而且有選擇的必要。

（四）可行性

決策是為了付諸實施，不準備實施的決策是毫無意義的。決策的可行性是指：①決策所依據的數據和資料比較準確、全面；②決策能夠解決一定的問題，實現預定的目標；③方案本身有實施的條件；④決策富有彈性，留有餘地，以保證目標實現的最大可能性。

（五）過程性

決策是一個過程，而不是瞬間完成的行動。決策的過程性特徵可以從兩個方面來認識。一是組織決策通常不是一項決策，而是一系列決策的綜合。在決策中組織不僅要選擇業務活動的內容和方向，還要決定如何具體展開組織的業務活動，決定如何籌措資源、安

---

[1] 羅賓斯 S P. 管理學 [M]. 7 版. 北京：中國人民大學出版社，1997.

排人事等。這些都需要進行綜合考慮、反覆協調，才能最終完成。二是決策從活動目標的確定，到活動方案的擬訂、評價和選擇，這本身就包含了許多工作，是一個由眾多人員參與的過程。

（六）動態性

決策不僅是一個過程，而且是一個持續不斷的過程。決策的主要目的之一是使組織活動的內容適應外部環境的要求，而外部環境是在不斷發生變化的，決策者必須持續跟蹤研究這些變化，從中找到可以利用的機會，據此調整組織的各項活動，實現組織與環境的動態平衡。

三、決策的類型

管理決策的具體對象、內容各有不同，決策的方式和方法也各異。根據不同的標準，我們可以把決策分為不同的類型。通過對不同決策類型的分析，我們可以進一步理解管理決策的有關含義。這裡主要討論以下幾種決策類型。

（一）個人決策與組織決策

1. 個人決策

這裡的個人決策是指個人在參與組織活動中的各種決策。例如，他們首先要決定是否加入某組織；在加入某組織後，又要決定是否接受組織交給的各項任務，在完成任務的過程中採取何種方式、投入多少、如何與其他同事合作等，都需要個人不斷地作出決策。這些決策不僅涉及個人與組織的關係，還會影響個人的行為方式，以致影響其他成員和整個組織的活動效率。當然個人的這些決策常常是依靠直覺或在短時間內完成的。

2. 組織決策

組織決策是組織為了一定的目標對未來一定時期的活動所作的選擇或調整。組織決策依靠組織的某些成員，在研究組織所處的內外環境、瞭解自己的實際情況的基礎上選擇或調整組織活動的方向、內容或方式。比如，企業生產何種產品、生產多少這種產品、利用何種技術手段生產等，都需要進行選擇和調整。與個人決策相比較，對組織決策需解決的每一個問題，都要有意識地提出，並根據多種信息的分析和對多個方案的選擇，經過一定的程序才能完成。由於管理主要是由組織進行的，所以，本章討論的決策主要是組織決策。

（二）戰略決策和戰術決策

1. 戰略決策

戰略決策是指事關組織興衰成敗的帶全局性、長期性的大政方針的決策，如企業方針、目標與計劃的制訂，產品轉向，技術改造和引進，組織結構的變革等。戰略決策的特點是：影響的時間長、範圍廣，決策的重點在於解決組織與外部環境的關系問題，注重組織整體績效的提高，主要解決組織「做什麼」的問題。戰略決策屬於組織的高層決策，

是組織高層管理者的一項主要職責。

2. 戰術決策

在戰略決策確定以後，便需要具體實施和執行決策方案，這就要選擇活動的方式，解決「如何做」的問題。戰術決策又可分為管理決策和業務決策。

（1）管理決策

管理決策是指在執行戰略決策過程中，在組織管理上合理選擇和使用人力、物力和財力等方面的決策。如企業的銷售、生產等專業計劃的制訂，產品開發方案的制訂，職工招聘與工資水平方案的制訂，更新設備的選擇，資源和能源的合理使用等方面的決策。管理決策的特點是：影響的時間較短、範圍較小，決策的重點是對組織內部資源有效地組織和利用，以提高管理效率。這類決策主要是由組織的中層管理者來負責。

（2）業務決策

業務決策又稱作業決策，是指為提高效率以及執行管理決策等日常作業中的具體決策。如基層組織內任務的日常分配、勞動力調配、個別工作程序和方法的變動等。業務決策的特點是：屬純執行性決策，決策的重點是對日常作業進行有效的組織，以提高作業效率。這類決策一般由組織的基層管理者負責。

（三）初始決策與追蹤決策

1. 初始決策

初始決策是指組織對擬從事的某種活動進行的初次選擇。它是在分析當時條件和對未來進行預測的基礎上制定的，其特點是在有關活動尚未進行、對環境尚未產生任何影響的前提下從零開始的。只有初始決策開始實施後，才會對環境產生影響，如組織實施初始決策後會與協作單位建立起一定的聯繫，組織會投入一定的人力、物力、財力，組織內部的有關部門和人員在開展活動中會形成相應的關系結構或利益結構等。

2. 追蹤決策

追蹤決策是在初始決策實施的基礎上對組織活動方向、內容或方式的調整。它是由於初始決策實施後環境發生了變化，或是由於組織對環境特點的認識發生了變化而引起的。追蹤決策必須對過去的初始決策進行客觀分析，根據新的情況，尋找改變初始決策的原因，並採取相應措施。顯然，追蹤決策是一個揚棄初始決策不合理內容的過程。實際上組織中的大部分決策都是在非初始狀態下進行的，屬於追蹤決策。

（四）程序化決策與非程序化決策

1. 程序化決策

程序化決策又稱為常規決策或例行性決策，指在日常管理工作中以相同或基本相同的形式重複出現的決策。如企業中任務的日常安排、常用物資的訂貨與採購、會計與統計報表的定期編製與分析等。由於這類問題經常反覆出現，其特點和規律性易於掌握，因而通常可將處理這類問題的決策固定下來，制定成程序或標準來加以解決。

2. 非程序化決策

非程序化決策又稱非常規決策或例外決策，指在管理過程中因受大量隨機因素的影響，很少重複出現，常常無先例可循的決策。如企業經營方向和目標決策、新產品開發決策、新市場開拓的決策等。對這類活動，決策者往往沒有固定的模式或規則可循，完全靠決策者的洞察力、判斷力、知識和經驗來解決。

（五）確定型決策、風險型決策和不確定型決策

1. 確定型決策

確定型決策指掌握了各可行方案的全部條件，可以準確預測各方案的後果，或各方案的後果本來就十分明確，決策者只需從中選擇一個較有利的方案的決策過程。確定型決策一般都可運用數學模型或借助電子計算機進行決策。

2. 風險型決策

當決策事件的某些條件是已知的，但還不能完全確定決策的後果時，只能根據經驗和相關資料估計各種結果出現的可能性（即概率）來進行決策。這時的決策具有一定的風險，故稱為風險型決策。

3. 不確定型決策

不確定型決策指未來可能出現的幾種後果的概率都無法確定，只能依靠決策者的經驗、直覺和估計作出的決策。

前面講到的組織的業務決策常屬於確定型決策，而戰略決策一般屬於風險型或不確定型決策，管理決策則三種兼而有之。

第二節　決策的程序和原則

一、決策程序

決策是一個發現問題、分析問題、解決問題的系統分析過程。有效的決策，需要科學的程序。決策程序科學化有兩層含義：其一，決策程序是一個科學系統，其中每一步驟都有科學的含義，相互間具有有機的聯繫；其二，具有一套科學的決策技術，以保證每一步驟的科學性。典型的決策程序一般分為以下六個步驟，如圖 5 - 1 所示。

（一）確定目標

通過對組織內外部環境的調查研究，發現組織自身的特點，在此基礎上提出問題，確定決策目標。這是決策的出發點和歸宿點。在該步驟中需要做以下幾方面的工作。

1. 發現差異，提出問題

決策始於提出需要解決的問題。決策中的問題，實際是應有現象與現有現象的矛盾，或在特定環境下理想狀態與現實狀態的差距。要正確地發現差距，發現問題，才可能確定

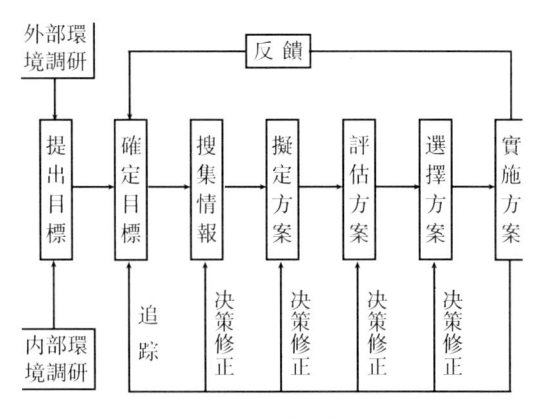

圖 5-1　決策程序示意

目標。

2. 確定初步目標，進行可行性論證

在找出差距、查明原因的基礎上，可確定初步目標。因目標受許多條件的制約，在一定條件下才能存在，因而在確定目標方向時就要考慮條件，這是決策目標「質」上的要求。決策者在確定目標方向時必須全面考慮多方面的條件：既有優勢條件，又有制約條件；既有內部條件，又有外部條件；既有主觀條件，又有客觀條件。在確定目標高低時，也要考慮條件，這是決策目標「量」上的要求。決策目標要高低適度，充分發揮決策執行者的主動性和創造性。具體而言，決策目標應符合以下要求：①全面、詳盡而有重點；②明確、具體、盡可能定量化；③易於分解、落實責任；④先進合理、積極可靠、留有餘地；⑤各類目標可以相互制約，並協調一致；⑥具有時效性。

3. 多目標問題的處理

在決策過程中，往往會同時遇到各種問題，使決策目標可能不止一個而是多個，有的甚至是相互矛盾的，給決策帶來困難。這時，通常的做法是：①在滿足需要的前提下，盡量減少目標個數。可剔除從屬性和必要性不大的目標，合併類似目標；當目標之間存在從屬關系時，可將次要目標作為約束條件；將單項目標綜合成一個目標；等等。②將目標按重要性進行排列。目標精簡後，對餘下的目標按重要性排列順序，並按「必須實現的」和「希望實現的」歸類，定出它們的重要系數（權數），把重點集中到「必須實現的」重要目標上。③目標之間的協調。當目標之間存在矛盾時，應以總目標為基準進行協調。有時，在降低某些目標甚至放棄某些目標對全局反而有利的條件下，可採取折中方式來協調。在處理好多目標問題之後，決策目標就可確定下來。

（二）搜集情報

在明確決策目標之後，需要針對所要解決的問題，通過各種途徑和渠道，搜集組織內部和外部相關的情報和信息資料。決策者所掌握的情報和信息資料越多、越準確，對決策

就越有利，作出的決策也就越合理。對情報資料的要求是：①廣泛性，即凡與目標有關的信息資料，無論直接或間接，都要盡可能搜集；②客觀性，即情報資料必須客觀地記載對象、時間、地點和數量等；③科學性，即對搜集的資料必須採用科學的方法進行加工整理；④連續性，即要求情報資料能連續地反應事物發展的全過程及其規律性，盡可能連貫。對於情報和信息資料，一方面要有針對性地進行搜集、整理；另一方面，也要依靠平時的累積和儲備，充分發揮諸如「信息中心」「資料室」「檔案室」「數據庫」等的作用，依靠社會組織的力量進行搜集。

（三）擬訂方案

擬訂方案，就是在對大量情報資料的整理、分析和科學計算的基礎上，探索和制定解決問題和實現目標的各種可能的行為方案。可行方案應滿足以下條件：①整體詳盡性，即盡可能多地列出所有可能達到目標的備選方案；②相互排他性，即各方案必須有區別、各自獨立；③方案可比性，即每一方案都應根據已確定的約束條件和評價標準及指標體系，用確切的定量數據反應方案的效果，以便比較和選擇；④實現的可能性，即從實現的條件和實施的結果看能否保證決策目標的實現。可行方案應有兩個以上才有選擇的餘地。

擬訂備選方案包括三個具體步驟：①分析影響目標實現的外部因素和內部條件，以及決定事物未來運動趨勢和發展狀況的積極因素和消極因素；②將內部條件和外部環境的有利和不利因素同決定事物未來趨勢和發展狀況的各種估計進行排列組合，擬訂出適當的實現目標的方案；③將這些方案同目標要求粗略地進行分析對比，權衡利弊，從中初步篩選出待選方案。

（四）評估方案

這是對每一待選方案按決策目標要求從各方面估計其執行結果、進行分析論證的過程。它為方案的最終選擇提供了基礎。對決策方案的論證主要有價值論證、可行性論證和應變論證。

1. 價值論證

價值論證指論證該方案付諸實施後能否帶來價值和帶來多大的價值。它包括兩方面：①全面論證決策方案的價值，就是要從經濟和社會、當前和長遠、物質和精神、投入和產出等多方面綜合衡量方案的價值，並通過各方面價值的綜合平衡，得出一個總的價值評價。②歷史論證決策方案的價值，就是要把決策目標和方案放在事物發展的過程中來看，重視其連續性，看方案是否比過去進步，是否有助於今後的發展。通過全面衡量和歷史比較得出的總價值評價如果是肯定的，就可以進行下一步論證。

2. 可行性論證

可行性論證指論證方案是否可以在實踐中付諸行動。首先，要進行機遇研究，即研究該決策方案實施的時機是否成熟。其次，要進行初步可行性研究，即要抓住主要矛盾，分析有無能利用機遇而達到增加經濟效益和社會效益的條件。最後，要進行系統可行性研

究，不僅要對主要矛盾，而且要對整個過程中能預見到的每個環節進行可行性分析。

3. 應變論證

應變論證指估計原有決策條件發生變化的各種可能性，提出相應的應變措施，對這些措施進行論證。論證的結果就是應變方案。制定應變方案要依據最壞的可能性作準備，向最好的方向努力。即使最壞的情況出現，也因事先做了準備，可以應付自如，不致造成損失或盡量減少損失。

(五) 選擇方案

這是決策過程中的關鍵環節。它是在比較鑑別諸方案優劣的基礎上，選取一個滿意方案的過程。如果前幾個步驟的工作做得細緻而紮實，則方案的選擇工作並非難事。這裡需要做的具體工作是：

1. 確定評價標準

一般把決策目標作為評價標準，或把決策目標指標化後按重要系數進行評價。可將評價標準分成組，以便於評選工作的標準化和簡化。一組評價標準可能是耗費性指標，也可以是效益性指標。總的來說，評價標準應包含三個因素：代價、效益和風險度。在綜合考慮的基礎上，一般應選擇那種代價最小、效益最高、風險度最小的方案。

2. 選用決策方法

這將在本章最後一節詳細介紹。決策者在決策時，應積極採用先進的決策技術，充分發揮決策者個人及專家的智慧，將靜態的科學計算同動態的變化規律的預測有機結合起來，對可行方案進行選擇。

3. 鑒定與實驗

決策者通過採用決策方法選擇出某個滿意方案後，在某些情況下，還需要進行鑒定與實驗。具體內容包括：①檢查情報資料的可靠程度；②檢查前幾個階段去掉的因素對方案的最終選擇有無顯著的影響；③進行敏感性分析；④根據需要與可能，對決策中的某些項目做一些必要的實驗；⑤分析執行者意志的統一程度，考察是否有助於方案的施行。經過鑒定與實驗，認為方案切實可行，便可付諸實施。

(六) 實施方案

決策的制定在於付諸實施。決策的正確與否及其效果如何，要以執行結果來驗證。決策的執行結果，不僅取決於決策方案的選擇，而且取決於執行過程中的工作質量。因此，必須制定相應的實施辦法，如明確責任、制定考核標準、建立有關激勵制度等。

決策的實施過程也是信息反饋過程。儘管整個決策過程都包含了信息反饋，但決策的實施更需要反饋。因為，一個決策方案的實施通常需要一定的時間，有時還是較長的時間。在這段實施期間，情況可能會發生變化。因此必須通過定期的檢查評價，及時掌握決策實施的進度，將有關信息反饋到決策機構。決策者應根據反饋的信息，跟蹤決策實施情況，及時採取措施糾正與既定目標的偏差，保證既定目標的實現。如客觀環境發生重大變

化、原決策目標確實無法實現，則要重新研究環境條件，確定新的目標，制定新的可行的決策方案，並進行評估和選擇。

在決策的上述步驟裡，並非只有第五個步驟才是決策問題。事實上，決策貫穿於每一個步驟。例如情報的搜集，面對大量的情報資料，需要對哪些情報進行搜集、整理、分析和取捨，這裡就有決策問題。可行方案的擬訂，本身就有一個分析、比較、篩選或綜合的過程，其決策性質更為明顯。

上述決策程序屬典型步驟，在實際工作中，對於某些不太複雜的決策問題，有些步驟可合併。如可將擬訂方案和評估方案合二為一，或將評估方案和選擇方案合併在一起。通常情況下，決策程序按上述步驟進行，但有時某些步驟也可能發生逆轉。如有時在擬訂備選方案時，發現情報資料不夠充分，需要加以補充；有時在最後審定備選方案時發生新的分支問題，提出了新的設想，從而需要進一步搜集情報、擬訂備選方案。

決策過程最終是由組織的領導者「拍板定案」，但其間也凝聚了組織中廣大員工集體的智慧和勞動。決策目標的提出基本上是領導活動，是決策者依據參謀人員提供的資料安排的決策任務；搜集情報、擬訂和評估方案，基本上是調研、設計、審查活動，是參謀、諮詢人員和其他員工完成決策者交給的任務；選擇方案是領導活動，是決策者意志的體現；實施方案主要是由決策者組織參謀、計劃人員和廣大員工參與的活動。因此，決策特別是重大決策，是一種集體行為，是民主集中的過程，但這並不意味著會降低組織領導者個人的作用和責任。決策的每一步都有其直接或間接地參與，都直接或間接地體現其個人意志，因而決策的正確與否，將充分反應組織領導者管理素質的高低。

二、決策的原則

為了確保決策的科學性，在決策時應遵循一定的原則。

（一）滿意原則

決策的「滿意」原則是針對「最優化」原則提出的。「最優化」的理論假設是把決策者作為完全理性化的人，決策是他以「絕對理性」為指導、按「最優化準則」行事的結果。但由於組織處在複雜多變的環境中，要使決策者對未來一個時期作出「絕對理性」的判斷，必須具備以下條件：①決策者對相關的一切信息都能全部掌握；②決策者對未來的外部環境和內部條件的變化能準確預測；③決策者對可供選擇的方案及其後果能完全知曉；④決策不受時間和其他資源的約束。顯然，對於這四個條件，任何決策者，無論是個人還是集體，也不論其素質有多高，都不可能完全具備。因此，決策不可能避免一切風險，利用一切可以利用的機會，達到「最優化」，而只能是「令人滿意的」或「較為適宜的」。[1]

---

[1] 羅賓斯 S P. 管理學 [M]. 7 版. 北京：中國人民大學出版社，1997.

(二) 層級原則

在一個組織中，各個管理領域、各個管理層次都有大量的決策工作，這不可能全部由高層管理者集中完成，只能按決策的難度和重要程度分層級進行。

決策按層級原則進行也是組織管理職能的基本要求。首先，組織管理機構的設計都是按層級設置的，各層級的管理機構都有特定的管理目標和任務，在完成這些目標和任務的過程中，必然要涉及許多決策問題，需要各層管理者去解決。其次，組織管理的一個重要原則是責權對等、以責定權。各層級管理者要完成各項目標和任務，承擔相應的責任，就必須擁有相應的管理權限。在現代組織管理中，一般都應實行不同程度的分權管理，而分權的基本內涵就是將一些例行的、具體的決策權交由下屬去進行。因此可以說分層級決策是組織分權管理的核心。

實行分層級決策，既有利於組織高層管理者集中精力抓大事，抓例外之事，又可提高組織的下級機構和管理者的主動性和責任心，達到培養鍛煉幹部，提高組織適應環境變化能力的目的。

(三) 集體決策和個人決策相結合的原則

這裡所說的集體決策主要是指通過管理者集體或其他組織成員的集思廣益，使決策方案的制定和選擇建立在信息更充分、意見更一致的基礎上，以提高決策的質量。而個人決策則可以使決策者（拍板人）敢於冒風險，敢於承擔責任，在決策過程中思路清晰、當機立斷使決策責任明確等。

集體決策與個人決策除了有上述優點之外，又各自有其不利的方面。集體決策耗時長，增加決策成本，容易造成無人負責的問題，而個人決策則容易造成信息單一，意見有片面性，不易調動其他成員的主動性創造性。因此，在決策過程中，根據決策對象的特點、要求，實施決策需涉及的範圍等因素，堅持集體決策與個人決策相結合的原則，做到既保證決策的質量，又能夠提高決策和整個管理工作的效率。對於組織中的重大問題，對於戰略決策、風險型決策和不確定型決策，應當實行集體決策，更充分地發揚民主。

(四) 系統原則

運用系統理論進行決策，是科學決策的重要保證。系統理論是把決策對象看作一個系統，並以這個系統的整體目標為核心，追求整體效應為目的。為此，在決策時，首先要貫徹「整體大於部分之和」的原則，統籌兼顧，全面安排，各要素和單個項目的發展以整體目標滿意為準繩；其次，要強調系統內外各層次、各要素、各項目之間的相互關係要協調、平衡、配套；最後，要建立反饋系統，實現決策實施過程中的動態平衡。

三、決策的要求

美國著名管理學者彼得·德魯克曾經為高層管理者推薦了有效決策的五要素[1]，我們

---

[1] 德魯克 P F. 有效的管理者 [M]. 許是祥, 譯. 臺北：中華企業管理發展中心, 1978.

可將其理解為五項要領或要求。

第一項要求：確實弄清問題的性質。

高層決策者面對的問題按其性質可分為四類：①真正屬於經常會出現的例行問題，如企業生產和營銷方面的許多問題；②雖在某一特殊情況下偶然發生，但實質上仍屬於例行（即在日後仍然可能重複發生）的問題；③首次出現的例行問題；④真正偶然發生的例外問題。從出現的頻率看，前三類問題居多數，第四類問題居少數，但例外問題通常都是比較重大的問題。

高層管理者面對問題，必須首先辨明問題的性質。凡屬例行問題，應採用程序化決策的辦法，即制定一項方針、原則或規章，作為處理問題的依據，並交由相關部門或人員去負責處理。只有真正偶然發生的例外問題，才需要個別對付，採用非程序化決策的辦法。如果弄錯了問題的性質，則會導致錯誤的決策。

第二項要求：確實瞭解決策應遵循的規範。

規範包括目標（目的）和條件。決策的目標（目的）是什麼？應當滿足什麼條件？有效的決策必須能夠實現預定的目標（目的），符合預定的條件。目標和條件說明得越清楚和越精細，則據以作出的決策越有效。

第三項要求：仔細思考並作出正確的決策。

正確的決策是指能夠達到預定目的又符合預定條件的決策。在此前提下才可以考慮是否容易被接受或容易被執行，而不能首先考慮如何使決策容易為他人接受。

高層管理者為了做出正確決策，必須善於聽取不同的意見，特別是反面意見，洞悉問題的方方面面，考慮到盡可能多的事態發展。正確的決策來自議論紛紛，眾口一詞則常常帶來錯誤的決策。好的決策應以互相衝突的意見為基礎，從不同的觀點中選擇。應當堅持一個原則：沒有不同的見解就不作決策。

第四項要求：化決策為行動。

制定決策是為了實施決策。有決策而不行動，便是紙上談兵。為此，在作出決策後，應該制定其實施規劃，要明確規定：誰人應瞭解此決策，誰人應負責實施此決策，應當採取什麼行動，行動的方式方法和進度，需要為行動創造哪些條件，誰人負責創造這些條件，誰人負責檢查監督行動的進程，等等。按照規劃去實施決策較易於實現決策原定的目標或目的。

第五項要求：對決策實施過程實行控制。

這就是建立跟蹤實施過程的信息反饋制度，及時瞭解過程動態和決策時的假定條件的變化，採取必要措施，保證達到決策的目標，或在需要時重新做出決策，取代原決策。

第三節　決策方法

定性決策和定量決策是決策的主要方法。科學的決策要求把以經驗判斷為主的定性分析與以現代科學方法和先進技術為主的定量論證結合起來。

一、定性決策法

定性決策法是採用有效的組織形式，充分依靠決策者（個人或集體）的學識、經驗、能力、智慧及直覺等來進行決策的方法。該方法在戰略決策、非程序化決策、不確定型決策和風險型決策中應用較多。這裡主要介紹定性決策的三種基本方法。

（一）淘汰法

即決策者根據條件和評價標準，對全部備選方案進行逐個篩選，淘汰那些不理想或達不到要求的方案，縮小選擇的範圍。具體辦法是：

1. 規定最低的滿意程度（又叫臨界水平）

凡達不到臨界水平的，就加以淘汰。例如，如果決策目標是降低費用，但各個方案降低費用水平的程度不同，那麼只要是達不到預定降低費用臨界水平的方案，就先行淘汰。

2. 規定約束條件

凡備選方案中不符合約束條件的就加以淘汰。例如，某組織根據需要進行組織結構的調整，據此提出幾個改革方案。約束條件規定：管理人員總數不能增加。這樣，只要是要增加人員的方案，就要被淘汰。

3. 根據目標的主次來篩選

在多目標決策的情況下，並非所有的目標都同樣重要，我們應以主要的決策目標為依據，將只能實現次要目標而對主要目標作用不大的方案淘汰掉。

（二）環比法

當各方案的優勢不明顯，並且相互間優劣關系又比較複雜時，可採用環比法。即將方案互相進行比較，優則得分，劣則不得分，然後計算總積分來確定方案的優劣次序。環比記分如表 5-1 所示。在表 5-1 中，進行兩兩對比，優者得 1 分，劣者得 0 分，結果發現甲方案較優。

表 5-1　　　　　　　　　　　　　　環比記分

比較者	被比者					總分
	甲	乙	丙	丁	戊	
甲		1	1	0	1	3
乙	0		0	1	1	2
丙	0	1		1	0	2
丁	1	0	0		0	1
戊	0	0	1	1		2

運用環比法時，有時可能出現兩個相同高積分的方案，但這時選擇範圍已大大縮小了。在環比時，還可以把得分乘以權數，拉開檔次。例如，兩兩相比，劣者得 0 分，而優者進一步分為三檔（最優得 3 分，優得 2 分，稍優得 1 分），則根據總積分就更容易區分優劣。

(三) 歸類法

當備選方案太多，如選擇逐個淘汰或環比的方法比較複雜時，則可以把全部方案分為幾大類，然後用兩種方法來簡化選擇。

1. 由下往上分組淘汰

即先在每一類方案內部進行比較，選出一個或兩個較好方案作為該類方案的代表，而舍去其他方案；然後對選出來的方案再進行比較選優。此法的優點是所有方案都經過了篩選，不至於漏掉滿意方案，缺點是篩選的工作量較大。

2. 由上往下分類挑選

即先分類進行淘汰，然後再從較好的類別中挑選滿意的方案。如某企業為解決產品滯銷問題而提出若干備選方案，方案可以分為降價、局部降價、不降價三大類。先根據情況進行分析，認為降價和局部降價的方案都不如不降價（非價格競爭）的方案好，則前兩類方案都可不加考慮而進一步研究各種不降價的方案。此法的優點是工作量較小，可以迅速縮小選擇範圍，缺點是有可能漏掉滿意方案。

二、定量決策法

定量決策法是應用現代科學技術成就（如統計學、運籌學、管理科學、計算機等）與方法，對備選方案進行定量的分析計算，求出方案的損益值，然後選擇出滿意方案的方法。此法在戰術決策、程序化決策、確定型和風險型決策中得到廣泛應用。這裡簡要介紹企業中常用的幾種定量決策方法。

(一) 確定型決策方法

確定型決策應具備以下條件：①存在決策人希望達到的一個明確的目標；②只存在一

種確定的自然狀態；③雖然有兩個以上的多種方案，但滿意方案在客觀上是確實存在的。

1. 直觀判斷法

這是從已有的定量分析資料中，直觀、方便地選擇有利方案的方法。該法通常只用於簡單的決策。

例如：某公司擬向三家銀行貸款，但其利率不同，如表 5 - 2 所示。

表 5 - 2

銀　　行	A 銀行	B 銀行	C 銀行
利　　率	7.5%	8.0%	8.5%

顯然，A 銀行的利率最低，如果其他條件不變，則應選 A 銀行進行貸款。

2. 量本利分析法（盈虧平衡分析法）

這是根據各備選方案的產量（銷售量）、成本（費用）和利潤三者之間的關係，綜合分析企業盈虧的決策方法。

（1）量、本、利的概念。「量」即產量或銷售量，「本」即成本（費用），包括固定成本和變動成本。變動成本是隨產量的增減而呈正比例增減的費用，如主要材料費等；固定成本是在一定範圍內與產量的增減無直接關係的費用，如固定資產折舊費等。「利」是指企業的利潤。

（2）量、本、利三者的關係。量、本、利三者之間存在著密切的關係：

$$Z = C + V \cdot X$$
$$I = S \cdot X$$
$$P = I - Z = S \cdot X - V \cdot X - C = X(S - V) - C$$

式中：Z——總成本

　　　C——固定成本

　　　I——銷售額

　　　X——銷售量

　　　P——利潤

　　　S——產品單價

　　　V——單位產品變動成本

（3）量本利分析法的基本原理。量本利分析法的實質是盈虧平衡分析，其基本原理是邊際貢獻理論。邊際貢獻是銷售額與變動成本的差額。該差額首先要抵償固定成本，剩餘部分即為利潤。可見，邊際貢獻是對固定成本和利潤的貢獻。當總的邊際貢獻與固定成本相等時，恰好盈虧平衡。這時，再增加一個單位的產品，就會增加一個單位產品邊際貢獻的利潤。如圖 5 - 2 所示。

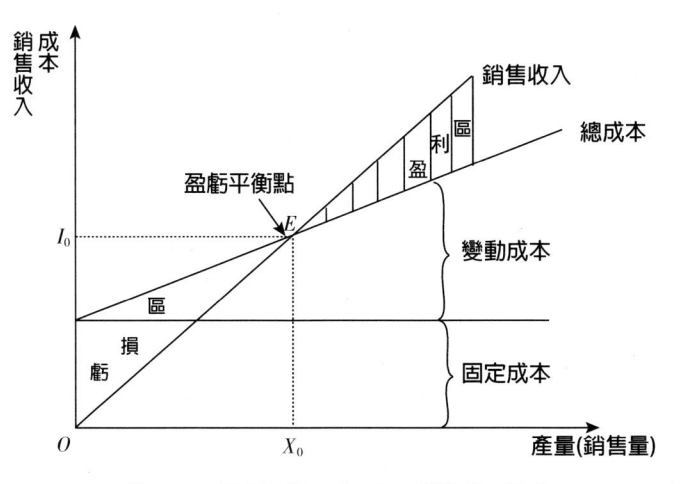

圖 5－2　盈虧平衡（量、本、利關系）示意

（4）盈虧平衡點。盈虧平衡點是指總銷售收入曲線與總成本曲線的交點（如圖 5－2 中的 E 點所示）。此時，企業不盈不虧，所以又稱保本點。其對應的產量即臨界產量（X_0）。如計劃或實際產量小於 X_0，企業將虧損；大於 X_0，則有盈利。在臨界產量，其銷售額與總成本相等，故可計算臨界產量為：

$$I = Z，即 S \cdot X_0 = C + V \cdot X_0$$

$$X_0 (S - V) = C$$

$$X_0 = \frac{C}{S - V}$$

式中：X_0——盈虧平衡時的產量（臨界產量）

　　　$(S - V)$——單位產品的邊際貢獻

在公式的兩邊各乘以銷售單價，則盈虧平衡點對應的銷售額為：

$$SX_0 = S \cdot \frac{C}{S - V}$$

$$I_0 = \frac{C}{1 - \frac{V}{S}}$$

式中：I_0——盈虧平衡點對應的銷售額

[例]　某企業產品的銷售單價為 10 萬元/臺，單位變動成本為 6 萬元，固定成本為 400 萬元，求：臨界產量為多少？臨界產量的銷售額為多少？若計劃完成 200 臺，能否盈利？盈利額多大？

解： 臨界產量為：

$$X_0 = \frac{C}{S - V} = \frac{400}{10 - 6} = 100 \text{（臺）}$$

臨界產量的銷售額為：

$$I_0 = \frac{C}{1 - \frac{V}{S}} = \frac{400}{1 - \frac{6}{10}} = 1,000 \text{（萬元）}$$

因計劃產量200臺，大於臨界產量100臺，所以能夠盈利。盈利額為：

$$P = I - Z = X(S - V) - C$$
$$= 200 \times (10 - 6) - 400 = 400 \text{（萬元）}$$

(二) 風險型決策方法

風險型決策的特徵是：①存在明確的決策目標；②存在兩個以上備選方案；③存在著不以決策者主觀意志為轉移的不同的自然狀態；④各備選方案在不同自然狀態下的損益值可以計算出來；⑤決策者可以推斷出各自然狀態出現的概率。風險型決策常用的方法有決策樹法和敏感分析法。

1. 決策樹法

這是以圖解的方式，通過計算各備選方案在不同自然狀態下的平均期望值來進行決策的方法。這種方法的優點是：①具有直觀感；②便於集體決策；③便於檢查決策依據和隨著決策實施情況修改、補充決策目標。因此法能用圖形將決策事件的內容、結果等各種因素及其決策過程形象化地反應出來，尤其適用於解決較為複雜的決策問題。

（1）構成要素。決策樹是由決策點、方案枝、狀態結點、概率枝和損益值構成的。如圖5-3所示。

決策樹是以決策點為出發點，引出若干方案枝，每個方案枝代表一個可行方案。方案枝的末端有一個狀態結點，從狀態結點引出若干概率枝，每條概率枝代表一種自然狀態。概率枝上標有每種自然狀態出現的概率，其側標有損益值。

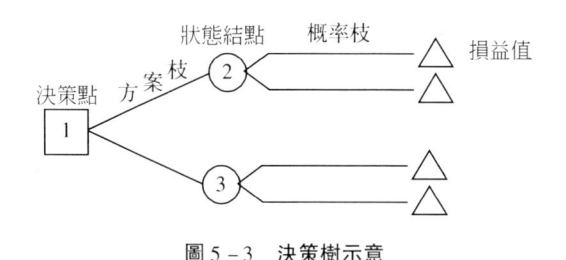

圖5-3 決策樹示意

（2）決策步驟。第一，繪製決策樹。由左至右層層展開，其前提是對決策條件進行分析，明確有哪些方案可供選擇，各方案有哪些自然狀態。第二，計算期望值，由右至左，逆向進行計算。第三，剪枝決策。逐一比較各方案的期望值，將期望值小的方案剪掉，僅保留期望值最大的一個方案。

[例] 某企業開發新產品，需對A、B、C三種方案進行決策。三種方案的有效利用期均按6年計，所需投資：A方案為2,000萬元，B方案為1,600萬元，C方案為1,000萬

元。據估計，該產品市場需求量高的概率為 0.5，需求量一般的概率為 0.3，需求量低的概率為 0.2。各方案每年的損益值如表 5－3 所示。試問：應選擇哪一個投資方案為好？

表 5－3　　　　　　　　　　　各方案每年的損益值

損益值　自然狀態 方案	需求量高 $p_1 = 0.5$	需求量一般 $p_2 = 0.3$	需求量低 $p_3 = 0.2$
A 項目（萬元）	1,000	400	100
B 項目（萬元）	800	250	80
C 項目（萬元）	500	150	50

解：繪製決策樹，如圖 5－4 所示。

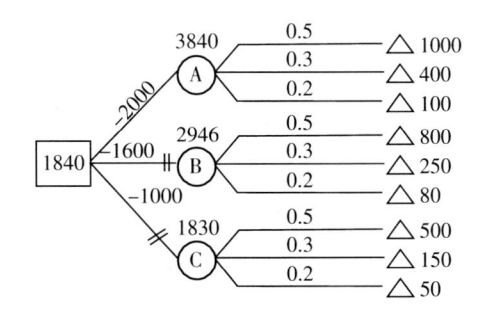

圖 5－4

結點 A：平均期望值 =（1,000×0.5＋400×0.3＋100×0.2）×6＝3,840（萬元）
結點 B：平均期望值 =（800×0.5＋250×0.3＋80×0.2）×6＝2,946（萬元）
結點 C：平均期望值 =（500×0.5＋150×0.3＋50×0.2）×6＝1,830（萬元）
扣除投資後的餘額為：
A 方案：3,840－2,000＝1,840（萬元）
B 方案：2,946－1,600＝1,346（萬元）
C 方案：1,830－1,000＝830（萬元）
可見，A 方案的期望值最大，為滿意方案，剪去 B、C 方案。

2. 敏感性分析

這是在決策中用於研究決策方案受概率變動影響程度的方法。若概率稍有變動，方案期望值變動幅度就會很大，往往導致改變決策方案，這就被認為是敏感的；否則是不敏感的。方案的敏感性不強，說明決策的穩定性大而風險較小，這是決策者希望的滿意方案。

[例] 某企業擬開發某時尚新產品。若開發成功，則能獲利 600 萬元；若失敗，則將損失 300 萬元的開發投資。試對此進行決策。

| 第五章 | 組織的決策　95

解：設成功的概率為 P，不成功的概率為（1－P），則期望值為：
$$E = 600P + (-300) \cdot (1-P) = 900P - 300$$
若企業欲開發新產品，必須使 E＞0，即：
$$(900P - 300) > 0$$
$$P > \frac{300}{900}$$
$$P > 0.33$$

可見，若 P 大於 0.33 就可以開發，小於 0.33 就不能開發。這裡的 0.33 為轉折概率。實際預測的概率越是大於 0.33，則開發方案的決策敏感性越低，決策越穩定，風險越小；反之，實際預測的概率越接近 0.33，決策的敏感性越大，風險越大。此外，決策不僅要看收益期望值的大小，還要看敏感性系數的大小，即：

$$敏感性系數 = \frac{轉折概率}{預測概率}$$

此例中，如果預測成功的概率為 0.7，則：

$$敏感性系數 = \frac{0.33}{0.7} = 0.48$$

敏感性系數越小，說明開發方案越穩定。

此例中，若預測成功的概率為 0.4，則：

$$敏感性系數 = \frac{0.33}{0.4} = 0.83$$

敏感性系數較大，開發方案不夠穩定，說明風險較大，需暫緩開發或另闢他途。

（三）不確定型決策方案

不確定型決策具備風險型決策的前四個條件，但不能根據資料測算各自然狀態出現的概率。由於影響因素的不確定性，決策主要依靠決策者的主觀意志及他對決策所持的標準，通常也可採用一些定量方法幫助決策者進行決策。主要方法有以下幾種。

1. 最大最小值法

這是保守型決策者常用的方法，又稱悲觀決策法。決策者把安全穩妥放在首要地位去考慮，力求從最壞的可能結果中選擇一個損失最小的方案，即壞中求好。方法是：先從每個方案中選擇一個最小的損益值，然後從中選擇一個最大者，所對應的方案為滿意方案。

[例] 某企業擬對 A、B、C、D 四種投資計劃作出決策。根據預測將會有三種自然狀態，四方案的損益值如表 5－4 所示。

表 5-4　　　　　　　　　　　　　四方案的損益值　　　　　　　　　單位：萬元

損益值＼自然狀態＼方案	銷路好	銷路一般	銷路差
A	2,000	800	-100
B	1,000	500	-60
C	2,500	600	-80
D	1,500	700	-50

解：首先選出每個方案的最小損益值，它們分別是：-100、-60、-80、-50。

然後，比較各方案的最小損益值，從中找出最大值：-50。其方案為 D，因此，應選 D 方案。

2. 最小後悔值法

這是一種以各方案的機會損失的大小判別優劣的方法。在決策過程中，當某種自然狀態出現時，決策者必然希望選擇當時最滿意的方案，若決策者未選這一方案，定會感到後悔。這樣，實際選擇方案與應該選擇的方案的損益值之差為它的後悔值。最小後悔值法就是力求使機會損失降到最低限度。方法是：先確定各方案的最大後悔值，然後選擇這些最大後悔值中的最小者，其對應的方案為滿意方案。依前例：

解：當銷路好時，C 方案可獲利 2,500 萬元，為最滿意方案。若選擇 A 方案，僅得到 2,000 萬元，後悔值為 500 萬元；選擇 B 方案和 D 方案的後悔值分別為 1,500 萬元和 1,000 萬元。其餘類推，得出表 5-5：

表 5-5　　　　　　　　　　　　　四方案的後悔值　　　　　　　　　單位：萬元

後悔值＼自然狀態＼方案	銷路好	銷路一般	銷路差	最大後悔值
A	500	0	50	500
B	1,500	300	10	1,500
C	0	200	30	200
D	1,000	100	0	1,000

比較各方案的最大後悔值，其中最小者為 200 萬元，對應方案為 C。因此，應選擇 C 方案。

3. 機會均等法

這是指決策者假定未來情況的概率相等，然後計算各方案的平均期望值，進行比較和選擇的方法。如前例，有三種自然狀態，則每種自然狀態出現的概率為 1/3。據此計算：

解：A 方案平均期望值：1/3（2,000＋800－100）＝900（萬元）
　　　B 方案平均期望值：1/3（1,000＋500－60）＝480（萬元）
　　　C 方案平均期望值：1/3（2,500＋600－80）＝1,007（萬元）
　　　D 方案平均期望值：1/3（1,500＋700－50）＝717（萬元）
顯然，C 方案的平均期望值最大，應選 C 方案。

值得注意的是，在處理同一不確定型決策問題時，採用的方法不同，其結果也不相同。方法之間既沒有統一的評斷標準，也沒有內在聯繫，這就需要決策者進行定性分析判斷。

復習討論題

1. 如何理解決策？決策的難點主要是什麼？
2. 如何理解組織決策、追蹤決策？
3. 決策過程包括哪些步驟？
4. 請說明決策的滿意原則。
5. 決策有哪些基本要求？
6. 確定型決策方法、風險型決策方法、不確定型決策方法有何聯繫、有何區別？
7. 試述量本利分析法的基本原理及其應用。
8. 試述決策樹法的原理及其應用。

案例

萬向集團長盛不衰之道[1]

萬向集團何以能夠持續發展壯大而長盛不衰呢？它的領導人魯冠球總結出三個原因。

一是不管大事小事都要慎重對待。大事都是小事凝聚起來的。如果整天想著做大事而忽視小事，最終可能由於小事處理不當而犯大錯誤。

二是實事求是。發展經濟是硬道理，但要符合客觀經濟規律，始終把握實事求是、量力而行的原則，不做超越自己承受能力的事。一個企業的成功難以找到規律（它與機遇有關），但失敗是有規律的，那就是超越了自己的能力。

三是永不滿足。永遠要有創新意識、爭當先進的意識，永遠要做到比別人快半拍，即領先一步。目標的高度要適當，要量力而行、循序漸進。

用魯冠球的話來說，那就是「時髦不可趕，形式不可搞，假話不可講，自己的路自

---

[1] 吳小波．大贏家［M］．北京：中國企業家出版社，2001：136－140．

己走，自己的夢自己圓」。好的時候要三思而行，困難時不消極悲觀、不怨天尤人。有成功也有失敗，要自己調節。

在魯冠球領導下，集團設立了發展部，專門研究論證發展項目，輔助領導科學決策。

萬向開始是搞汽車配件——萬向節。改革開放以後有一段時期，全國許多地區都在上汽車項目，出現了汽車「組裝熱」。但萬向並沒有盲目跟風，而是實事求是地老老實實做萬向節。

1995年，萬向在國內市場調研的基礎上，決定上盤角齒輪項目。一部分錢已經投下去了，但後來到國外一調查，發現實力相差甚遠，就及時地把項目撤了。發現決策有誤就迅速糾正，可以將損失減少到最低限度。

討論題：

1. 實事求是、量力而行和永不滿足、與時俱進可否看作科學決策的兩條重要原則？
2. 剛愎自用、個人說了算，必然導致決策失誤。你如何理解決策的民主化？

下篇　職能篇

第六章　計劃
第七章　組織
第八章　人事
第九章　領導
第十章　控制
第十一章　協調
第十二章　創新

第六章
計劃

計劃（planning）就是通過調查研究，預見將來，制定出組織的目標和計劃，統一組織和指導組織內部各單位、各類人員的活動，以實現組織的使命。計劃是管理的重要職能，是任何組織為實現自身使命所不可缺少的一項重要的管理職能。

本章主要討論計劃的任務和內容、組織的目標與計劃、目標管理和戰略規劃等問題。

第一節 計劃的任務與內容

一、計劃職能的重要性

計劃作為管理的一個獨立職能，從古典管理理論創立之時就已確立。古典管理理論認為，計劃職能包括決定最後結果以及決定獲取這些結果的適當手段的全部管理活動。或者簡單地說，計劃就是作為行動基礎的某些事先的考慮。美國管理學家孔茨認為，「計劃工作就是預先決定做什麼，如何做和誰去做。計劃工作就是在我們所處的地方和所要去的地方之間鋪路搭橋。」[1] 根據這些解釋，他們都將組織的使命、方針、政策、目標、戰略、計劃、規劃、預算等的制定和實施納入計劃工作的範圍，並注重計劃的編製技術和方法；同時，他們都一致將計劃實施過程中的控制獨立出來，成為一個單獨的管理職能。在中國各類組織的管理實踐中，計劃工作則常常是指目標、計劃、戰略、預算等的制定和組織執行工作。

計劃職能在管理中的地位和重要性，可以從以下幾個方面去分析：

1. 組織使命的實現必須有計劃

為了實現組織的使命，一個組織必須滿足同它有關的外部環境的期望。組織生存所需要的資源都要靠外部環境提供，為了換取這些資源，該組織必須按社會可以接受的標準（包括價格和質量）向外部環境提供商品、服務和履行社會職能。在現代社會中，由於組織使命的實現與外部環境之間的相互依賴程度越來越深，組織就必須統籌策劃，妥善安排，盡力而為，量力而行。計劃圍繞著組織使命的實現而進行，為使命服務。

---

[1] 孔茨 H，奧唐奈 C. 管理學 [M]. 中國人民大學外國工業管理教研室，譯. 貴陽：貴州人民出版社，1982.

2. 計劃貫穿於組織系統的各個方面，貫穿於組織活動的始終

任何組織都是一個人、財、物集合於一體的系統，要使系統的活動正常運轉，需要通過計劃來組織和實現。因此，在組織系統中，計劃性是整個管理活動的原則，計劃工作是管理的首要職能；編製和實現計劃是管理過程的基本內容。對組織整體而言，計劃職能的主要任務在於以科學預測為基礎正確確定組織的目標，並確定組織能在將來盡可能好地利用其資源，高效地實現其目標。

3. 計劃是為領導的科學決策服務的

科學決策是領導者的首要職責。決策的範圍很廣，但其中最重要的是規定組織的目標，制定組織總體的計劃，這樣才能做到統一領導，統一行動。領導者決策過程一般是從對外部環境的機遇與不利的估計開始的，包括變化程度、不確定性和資源的可獲得性；組織的領導者應估計內部的優勢與劣勢來明確與行業中其他組織相比所具備的特有能力。從這個意義上講，計劃職能同決策密不可分，它是為領導科學決策服務的，同時也對決策行為起到規範和促進作用。

4. 計劃職能具有領先性，為實現其他管理職能提供基礎

組織計劃反應了目標和戰略實現的途徑，因此，必須首先有目標、計劃或規劃，才知道需要什麼類型的組織結構，如何領導和用人，如何應用控制方法等。孔茨曾用圖 6-1 表明計劃是管理的基礎，說明計劃職能同組織、用人、領導、控制等職能的關系，頗具參考價值。

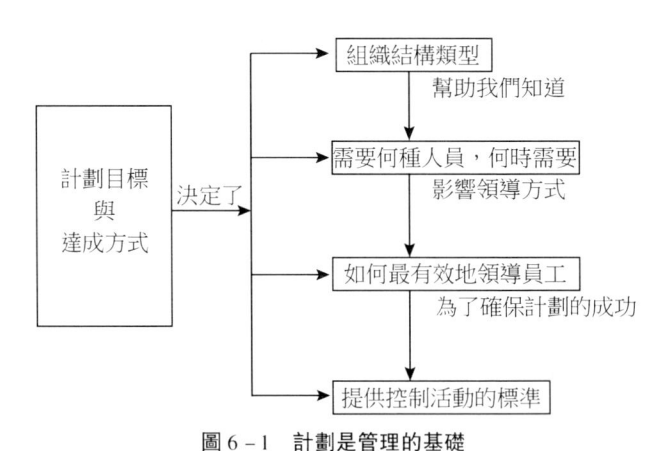

圖 6-1 計劃是管理的基礎

資料來源：孔茨 H、奧唐奈 C. 管理學 [M]. 中國人民大學外國工業管理教研室，譯. 貴陽：貴州人民出版社，1982.

5. 計劃是調節和相對穩定一個組織同其他社會組織之間緊密聯繫的工具

任何組織既是獨立的個體，又是社會的一個基本單元，同社會各方面存在著緊密的聯繫。組織同社會的聯繫是通過計劃來調節並相對穩定的，這樣就有利於本組織業務活動和相關組織的活動都能順利進行，有助於社會大系統的穩定以及組織對社會做出應有的

貢獻。

二、計劃工作的任務

計劃工作是為組織的使命服務的，因而其基本任務就是實現組織的使命。具體說來，計劃工作的主要任務是：

1. 確定目標

從某種意義上說，組織的目標是組織試圖達到和所期望的狀態。在實踐中，目標是組織在未來某一時間的業務活動應達到的預期成果，是制訂計劃的依據，組織的一切活動都是圍繞著目標來進行。確定目標成了計劃工作的第一任務。當今社會處於變革和發展狀態，給各類組織帶來機會和風險。組織目標的確定，需要調查研究組織的外部環境和內部條件，以便發揮優勢，利用機會，克服劣勢，避開威脅。

2. 分配資源

必要的資源（包括人力、物力、財力和時間等）是實現組織目標的前提條件和保證。任何組織的活動都會受到資源條件的約束和限制，因此，合理地分配資源就成為計劃工作的又一重要任務。在確定組織目標時就應考慮目標和資源狀況之間的平衡，在目標既定之後，還需要按照目標的優先次序，合理地分配資源，做到計劃與資源之間的平衡，保證重點需要，使資源發揮出最大的效應。

3. 組織業務活動

在目標和計劃既定之後，還要落實計劃，組織計劃的實施，即按照既定目標和計劃，將組織內各單位、各類人員的業務活動以及對外的各項活動，切實地組織起來。對計劃執行情況，要通過建立信息反饋系統進行跟蹤控制，對出現的差異，要查明原因，採取必要的措施，保證目標和計劃的實現。如果組織的外部環境和內部條件變化太大、已定的目標和計劃不再適應，應對計劃和目標進行調整或修改。

4. 提高效益

計劃工作的出發點和歸宿點是組織使命的實現，而組織使命的實現程度是通過效益的高低來衡量的。效益對營利性組織（如工商企業）而言，主要是指經濟效益，同時也兼顧社會效益和環境效益（如社會責任、生態環境的保護等）；對學校、醫院、軍隊、政府機關等非營利性組織而言，則側重於社會效益，反應組織完成特定社會分工職能的程度和工作質量。

三、計劃工作的內容

孔茨等西方管理學者把計劃工作的內容或種類分為宗旨或使命、目標、戰略或策略、方針政策、規章、程序、規劃、預算等。從計劃職能的實現過程來看，它們是一些相互關聯的多層次關係，如圖 6-2 所示。下面對這些內容作簡要說明。

```
         宗旨
        或使命
       ─────────
         目標
       ─────────
        戰略或策略
       ─────────
        方針政策
       ─────────
        程序和規章
       ─────────
        規劃、計劃
       ─────────
    預算、數量化貨金額化的規劃
```

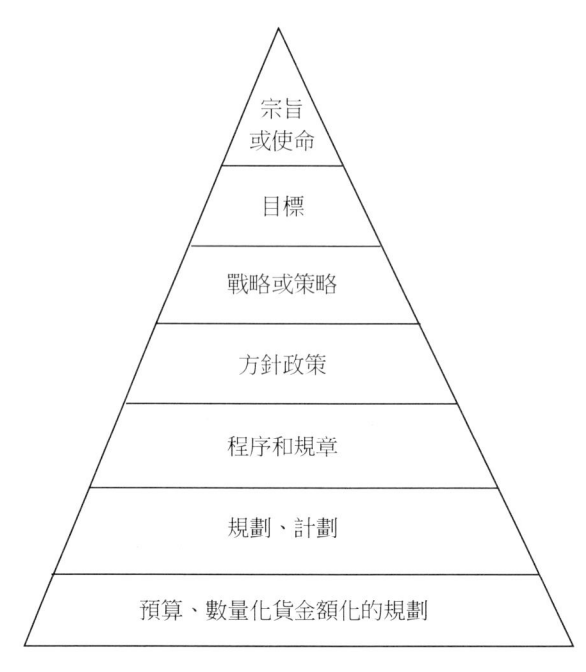

圖6-2　計劃的層次

1. 宗旨或使命（purpose or mission）

任何組織都應有明確的宗旨或使命，它們是由社會分工確定的。宗旨從哲學層次上說明組織存在的原因。宗旨描述了組織的願景、共享的價值觀、信念和存在的理由，它對組織有強有力的影響。

使命是組織力圖實現的結果和經營範圍的正式說明，它與宗旨相似，表明組織存在的價值（見第三章第二節）。

2. 目標（goal or objective）

目標是組織一切活動的出發點和歸宿點。組織應有自己的整體經營目標，組織內各部門和各成員也應有目標，由此構成組織的目標體系。經營目標是指組織通過實際的經營程序所要尋求的結果，說明組織實際上要做什麼。對於目標，本章後面將再詳述。

3. 戰略與策略（strategy）

戰略和策略通常反應的是組織確定和調整目標以及決定組織的行為方式的活動。人們常把戰略看成是一個事關組織全局的長遠的方案、謀略或韜略，它意味著實現全局、長遠目標的重要保證和採取的手段。因此，戰略或策略是組織制定各類具體規劃、計劃的重要依據。對於戰略，本章也將再詳述。

4. 政策（policy）

政策是人們進行決策時思考和行動的指南，又為管理者執行決策提供了控制標準，有助於計劃目標的實現。政策具有多個層次，包括了組織的主要政策和各部門的次要政策。政策必須允許執行者在一定條件下有某些自行處理的權力，否則，政策就會變成規章。

5. 程序（procedure）

程序與政策不同，它是行動的實際指導，是一種通用的、詳細指出必須如何處理未來行動的方法步驟，規定未來達到某一目標所需行動的先後次序。組織的每個部門都要制定工作程序，以便加強控制，對例行事務進行規範化處理。

6. 規章（rule or regulation）

規章是對組織成員行動的具體指導，是從若干可供選擇的行動中做出的優化選擇。它與程序不同，不規定行動的時間先後次序，只要求一個特定的和確定的行動發生或不發生。它也不同於政策，在應用時不能有自主選擇的餘地。在這一點上，規章和程序在本質上是相同的。

7. 規劃（program）

規劃或計劃是目標、政策、程序、規章、任務分配、所採取步驟、所用資源以及其他要素的綜合體現。它可大可小，大到組織整體的活動規劃，小到班組長對其所管理的工人制定的一項鼓勵士氣的規劃。一項重要的規劃需要有許多支持性的規劃，並且這些規劃又是相互影響、互為補充的，形成規劃體系。

8. 預算（budget）

預算是用數字和金額來表示所期望結果的陳述。也可以說是一種「數字化」或「金額化」的計劃。由於它是以數字形式出現的，因而可以使計劃或規劃變得更加明確、清晰。對於任何組織而言，編製預算都是加強組織計劃工作的一項重要方法。

第二節　組織的目標與計劃

一、目標與計劃

計劃工作的第一任務是確定目標。組織的目標與計劃的關係是：目標是計劃的依據，計劃是目標的具體化。

目標與計劃有三個層次：戰略目標與戰略規劃、戰術目標與戰術計劃、作業目標與作業計劃。

戰略目標（strategic goal）是對組織未來願景的廣義表述，是組織使命的具體化，是組織在較長時期追求的目標。戰略目標針對的是整個組織而非特定的事業部或部門。戰略規劃（strategic plan）說明組織旨在實現戰略目標的行動方案和步驟。具體來說，戰略規

劃是在有其他市場參與者參與因而影響局勢的情況下，為實現自己的雄心而制訂的較長時期的行動計劃。

戰術目標（tactical goal）是為了確保組織總目標的實現，組織內部各個事業部與部門必須取得的成果。戰術目標適用於組織中級管理層。戰術計劃（tactical plan）是指為實現各戰術目標必須實施的各類行動計劃，目的在於幫助實施戰略計劃。

作業目標（operational goal）是期望各部門、工作小組和個人應取得的短期成果。作業計劃（operational plan）闡明了實現作業目標的具體步驟，並支持戰術計劃的執行，一般是由組織中層和基層制訂的。作業計劃是那些管理者經常使用的管理工具。

組織的計劃如按其內容的可重複性來分，可分為單一用途計劃（single-use plan）和標準計劃（standard plan）兩種。前者是指為了實現一系列今後不可能重複的目標的計劃；後者則是指用來指導組織可以反覆執行的任務的計劃。

按照應對突發性事件的要求，組織可以制訂隨機計劃（contingency plan）。隨機計劃詳細說明了在緊急、遇到挫折和不期而遇的情況下組織應當做出的反應。一般來說，當組織在具有高度不確定的環境中運作或者在處理時間跨度很長的問題時，管理者往往需要制訂多份關於未來的隨機計劃，以應對各種不可控制的因素，如經濟衰退、通貨膨脹、技術變革或安全事故等。

二、確定目標及其次序

管理人員在確定目標時必須考慮三個方面：目標的優先次序，目標的時間和目標的結構。

（一）目標的優先次序

目標的優先次序就是，在一定時間內組織的各個目標按主次輕重排隊的順序。對於任何一個組織來說，在一個特定時間內總是可以排出目標次序的，因此，目標的優先次序與時間直接有關。但是，某些目標的重要地位，也可能與時間無關。例如，組織的生存是實現其他所有目標必不可少的條件，因而無論何時它都是第一位的。

確定目標的優先次序是極為重要的，因為任何組織都必須以合理的方法來分配其資源。不管在什麼時候，管理人員都面臨著一些可供選擇的目標，要對它們進行排列又是比較複雜而困難的。首先，它們可能具有多種性質，如政治的或倫理道德的目標、經濟的目標、技術的目標、市場的目標、發展的目標、社會的目標，等等。要對不同性質的目標排出優先次序，就相當困難，因為它們相互之間不便於進行比較。其次，目標的數量往往很大，相互關聯性極強，一個目標往往同其他目標之間難以截然分開。如果只專注於一個目標，而不考慮其他有相互影響的目標，這個目標本身是難以實現的。再次，排列目標的優先次序與目標自身的清晰性直接有關。如目標自身很具體、詳細、可以衡量，就便於目標之間進行比較，排序就容易些；相反，就非常困難。例如，組織的社會責任、精神文明建

設這類目標，就較難確定其相對重要性。最後，排列目標的優先次序還必須考慮到目標的衡量標準與目標性質要求的一致性。例如廣告目標，如果預期的結果是引起顧客對一種產品的瞭解，排列目標時的衡量標準就應當是引起消費者注意的程度而不是銷售額。因此，確定目標優先次序常常是一項困難的決策工作。此外，不同類型的組織對確定目標及其優先次序的考慮是不相同的。企業性組織的管理人員特別關注經濟性質目標的排列，因為他們認為技術的目標和市場的目標最終要通過經濟的目標來反應；非企業性組織的管理人員則注意排列那些為完成組織特定使命的各個相互依存的目標，例如，大學校長必須確定在教學、研究和社會服務這幾個目標中哪一個目標是相對重要的。

(二) 目標的時間

目標的時間因素意味著實現目標的時間長短有不同。按照慣例，目標分為短期目標、中期目標和長期目標。短期目標是指時限為一年以下的目標；中期目標是指時限為一年至五年的目標；長期目標是指時限在五年以上的目標。一個組織制定的這些目標應該相互聯繫。一般說來，只有優先確定長期目標之後，才能確定中、短期目標，以利於組織的長期、持續、協調發展。

與短期目標、中期目標和長期目標相對應，計劃也分為短期計劃、中期計劃和長期計劃。前述戰略規劃，一般為長期計劃；作業計劃即為短期計劃；而戰術計劃則長、中期計劃兼有。

許多組織為不同的時期制訂不同的計劃，這個做法就是考慮到目標的時間因素。一家工商企業的長期目標可以用預期的資本收益來表示，而其中期目標和短期目標及其據此所制定的中期計劃和短期計劃則是實現長期目標的分階段目標和手段。因此，管理部門也就可能不僅從完成短期目標的角度，而且可以從完成長期目標的角度來瞭解每年活動的成果。

(三) 目標的結構[①]

組織一般分為若干管理層次及若干管理部門，這就要求為每個層次、部門規定目標。每個層次、部門實現了自己的目標，組織的總體目標就能實現。因此，組織內各層次部門應根據組織總體目標制定自己的目標，形成組織的目標體系。如圖 6-3 所示。

圖 6-3 表明，組織總體目標是組織一切活動的立足點和出發點。它分解為各層次、部門的中間目標，中間目標又進一步分解為下屬單位、個人的具體目標。具體目標是為實現中間目標服務的，中間目標又是為實現總體目標服務的。在目標體系中，除了縱向聯繫外，在中間目標之間和具體目標之間，還形成橫向聯繫，使各個部門、環節的業務活動實現銜接和協調。

---

① 對於目標的結構或組織的目標體系，蘇聯教科書定義為目標樹，國內有的教科書定義為目標的層次性。我們認為這幾種說法表明的都是同樣的意思。

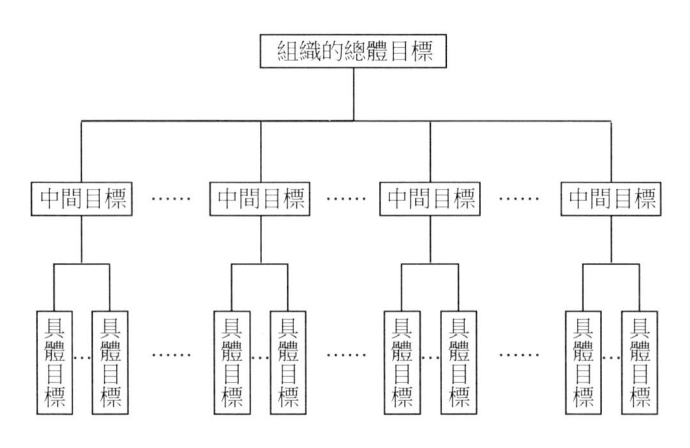

圖 6-3　組織目標體系（目標結構）示意

組織目標體系有著重要的作用：

1. 它能指明組織及其內部各層次、部門在一定時期內的工作方向和奮鬥目標，也為評價它們的業務活動成果提供一個標準。這樣，可以使各級領導人經常保持清醒的頭腦，減少工作上的盲目性，並把壓力變成動力，引導組織不斷前進。

2. 通過總體目標、中間目標、具體目標的縱向銜接和平衡，就能以總體目標為中心將組織內各層次、部門的業務活動形成一個有機整體，產生一種「向心力」，協調各項活動，提高組織的管理水平、工作效率和效益。

3. 通過自上而下與自下而上地制定目標和組織目標的實施，就能將每個組織成員的具體工作同實現組織總體目標聯繫起來，激發他們的積極性和創造性，使組織的業務活動和各項工作具有堅實的群體基礎。

在決定組織目標結構和建立組織目標體系的過程中，還必須高度重視以下幾個問題：

首先，建立目標體系這一過程本身也是在各個部門之間分配任務的過程，這一過程中會引起潛在的矛盾和目標次優化問題，即實現一個部門的目標可能危及另一個部門目標的實現。解決這個問題的辦法就是仔細地平衡每個部門的目標，各層次、部門的目標必須相互聯繫和支持，不允許某個部門確定的目標損害其他部門和組織整體目標的實現。

其次，目標體系中各個部分目標的相互配合不僅要考慮空間上的配合，而且要考慮到在時間上的配合。因為通常某個目標的實現要依賴於另一個目標的先行實現。因而在建立目標體系時，要考慮實現目標的時間順序，並有相應的計劃作為支持。

最後，目標體系自始至終必須把最大限度地實現組織使命放在首位。如果目標體系是把平衡組織內外各個利益集團的利害關係放在首位，而不把實現組織使命放在首位，組織最終是不可能取得成功的。

三、組織目標的多元化

當今社會組織是生存於社會環境之中的，許多不同利益的集團對組織的活動都發生影響，但是它們的利益可能是相互矛盾的，可能對組織的目標提出不同的要求。例如，影響企業的利益集團就包括股東（所有者）、職工（包括工會）、顧客、供應者、債權人和政府等，都關心組織的業務活動。企業在確定目標的過程中必須看到這些利益集團的相對重要性，對計劃和目標必須包括他們的利益並盡可能使其協調一致。對某一利益集團採取什麼樣的形式和給予多大程度的重視，這正是組織管理部門的為難之處，但是作出這種判斷和決策又恰恰是管理部門的責任。

目標多元化問題也同樣困擾著非營利性組織。例如，大學的使命是教書育人、創造知識。這兩者的結合是很緊密的，並沒有根本性的矛盾，創造知識也是為了更好地教書育人。但運用於實踐時，必須把這一使命展開為目標，進行更準確的陳述。目標可能是：吸引高質量的學生；提供高水平的藝術、技術和科學以及專業知識的訓練；授予學位給符合要求的人；吸引高質量的教師和研究人員；通過多種方式創造收益來支持學校的發展等。這樣，可以看出這些目標是多樣的，其性質也有所不同，它們有可能使管理者重視次要的目標而忽視主要目標。

總之，社會組織的目標是多元化的，這些目標又成為組織的多樣化任務。管理者的最大難點在於如何協調、平衡和管理這些多元化的目標。營利性組織中，經濟目標往往是第一位的，而其他的目標如市場目標和技術目標等，從長遠來看，最終是要轉化為這一目標的。非營利性組織往往是以完成社會分工的特定職能作為目標的，這是這類組織存在的價值。不論何種組織，要取得成功，都必須始終把追求實現組織使命放在首位，講求實效，提高效率，注重成就感和承擔社會責任。

四、衡量目標的標準

目標可以是定量的，也可以是定性的。因此，在說明目標時，使用的語言一定要能讓努力實現目標的人理解和接受。不易實現的目標如果被員工接受，它帶來的成果比易於實現的目標所帶來的成果還要大。

在實踐中，有效的管理要求所有致力於總目標實現的每個方面都確定目標。美國管理大師彼得·德魯克曾指出，次目標至少得由八個方面來確定，即：①市場情況；②創新；③生產率；④物質和財力；⑤利潤率；⑥管理人員的工作和責任；⑦工人的工作和態度；⑧公共責任。德魯克的分類絲毫不表明這之間哪一個方面比較重要，只是簡單地指出了次目標所必須考慮的全部範圍，每個目標的先後次序將視企業在具體時期所面臨的情況而定。

中國國有企業一般是將其總體目標分解為以下內容：①貢獻目標，主要用品種、質

量、產量、上繳利稅等指標表示；②市場目標，包括新市場的開發和向傳統市場的滲透等指標；③發展指標，表現為增加品種、產量和銷售額，提高質量、創優質產品，提高勞動生產率、節能降耗減排，生產技術水平的提高和新技術的應用，職工素質的提高和管理水平的提高等多方面；④利益目標，包括利潤總額、利潤率和稅後利潤等指標。從目標的優先次序看，貢獻目標始終是中國國有企業的首要目標。

然而，正如彼得・德魯克所說：「真正的困難不是確定我們需要哪些目標，而是決定如何設立這些目標。」按照德魯克的說法，唯一的方法是確定在每一個地方應衡量什麼，以及如何來衡量。在實際工作中，在某些方面，目標是難以衡量的。例如，如何衡量職工個人的發展和企業的公共責任？如何衡量精神文明建設的成果？目標越抽象，就越難估量其成績，其動員性和鼓勵性就越難發揮出來。此外，如果用計量的方法來衡量抽象的目標，還可能引起為衡量而衡量的問題，即把注意力集中於衡量標準上，而忽視目標的實質和內容。

但是，有效的管理要求目標是可以衡量、可以檢驗的。檢驗或衡量目標的標準應是：

1. 目標是定量化的

它不僅適合於組織整體，也適合於組織內部各層次、部門直至工作崗位，同時它還具備可分割性這樣的優點。由於定量目標具有良好的可比性，因而它往往成為檢查和評價目標實現程度的最重要標準。

2. 目標可以是定性化的

實際上有許多目標是難定量的。如果試圖擴大數量應用的範圍那將是危險的，因為不精確的數量可能把管理者引入歧途。一般而言，在管理層次中，目標的層次越高則越可能是定性的。定性目標在許多情況下是能夠檢驗的，儘管它不可能像定量目標那樣達到完全精確的程度。定性的目標只要是具體、詳細的，就可以衡量，例如詳細說明目標的特點、尋求的方向和達成目標的日期。

3. 目標應當涵蓋組織的關鍵成果領域

目標應當突出組織在一些重要領域的成果，即集中在組織的關鍵成果領域。所謂關鍵成果領域是指對實現組織績效貢獻最大的那些領域。例如，有的企業的關鍵成果領域是財務績效、顧客服務與滿意度、流程創新、組織學習與變革；而有的企業的關鍵成果領域是技術創新、員工士氣、股東回報等。

4. 目標具有挑戰性，但又切實可行

目標應當具有挑戰性，過高或過低都不好。目標過高，會使員工望而卻步，導致士氣不振；目標過低，又達不到激勵的效果。實踐中應當使目標既具有挑戰性又切實可行，可以激勵員工經過積極努力來達到目標。

5. 衡量的標準與目標性質的要求是一致的

衡量目標的標準一定要具備可檢驗性。以廣告目標為例，如果預期的結果是引起顧客

對一種產品的瞭解，制定的目標就應當是引起消費者注意的程度，衡量的標準應當是廣告的收視率、收聽率、產品的知名度等。如果以產品的銷售額為衡量的標準，就與廣告目標性質的要求不一致。

6. 目標的實現要與獎懲掛勾

獎懲措施可以賦予目標以重要性，並幫助員工對實現目標作出承諾。這就使目標的最終影響取決於目標的實現情況，以決定對員工給予加薪、獎金、晉升等獎勵，還是給予懲罰。

企業組織的管理人員除了創新、職工培訓、社會責任等目標較難衡量外，一般能比較容易地衡量實現目標的進展情況。非企業組織的管理人員卻較難做到這一點。例如，大學校長知道入學和畢業的學生人數，卻難以準確衡量教學的質量如何；醫院的管理人員可以用圖表標明病人住院的平均天數、出院人數的比率和住院一天的費用等，但對病人接受治療的效果如何，卻很難準確地衡量。

第三節　目標管理

目標管理是20世紀50年代以後西方企業較為普遍實行的一種現代化管理方法。中國從20世紀80年代初引進，現已在許多企業及其他社會組織中應用，並取得了明顯的成效。目標管理是以「目標」作為組織管理一切活動的出發點、歸宿點和手段，貫穿於一切活動的始終。它要求在一切活動開始之前，首先確定目標，一切活動的進行要以目標為導向，一切活動的結果要以目標的完成程度來評價，充分發揮「目標」在組織激勵機制和約束機制形成中的積極作用。

最早提出目標管理概念的是彼得·德魯克。他於1954年所著《管理的實踐》一書中提出了一個具有劃時代意義的概念——目標管理（Management By Objectives，簡稱為MBO），它是德魯克所發明的最重要、最有影響的概念，並已成為當代管理體系的重要組成部分。[1]

經理人不能監控其他經理人，這是德魯克給經理人的忠告。從根本上講，目標管理把經理人的工作由控制下屬變成與下屬一起設定客觀標準和目標，讓他們靠自己的積極性去完成。這些共同認可的衡量標準，促使被管理的經理人用目標和自我控制來管理。也就是說，應自我評估，而不是由外人來評估和控制。德魯克認為：「只有這樣的目標考核，才會激發起管理人員的積極性，不是因為有人叫他做某些事，或是說服他做某些事，而是因為他的任務和目標需要做某些事（崗位職責）；他付諸行動，不是因為有人要他這樣做，而是因為他自己決定必須這樣做——他像一個自由人那樣行事。」我們發現，真正的目標

---

[1]　PETER F DRUEKER. The Practice of Managcment [M]. New York：Harper Press, 1954.

管理應該是尋求企業目標與個人目標的結合點，而一旦找到了這樣一個目標，員工就能自我激勵和自我管理。由此可以說，真正的目標管理就是自我管理，在這種情況下，每個員工都是「管理者」。

德魯克對目標管理這一概念做了精闢的解釋：「所謂目標管理，就是管理目標，也是依據目標進行的管理。」德魯克認為，任何企業必須形成一個真正的整體。企業每個成員所做的貢獻各不相同，但是，他們都必須為著一個共同的目標做貢獻。他們的努力必須全部朝著同一方向，他們的貢獻都必須融成一體，產生出一種整體的業績——沒有隔閡，沒有衝突，沒有不必要的重複勞動。目標管理的精髓是需要共同的責任感，依靠團隊合作。

美國管理學家喬治·奧迪奧恩在1965年提出：目標管理是「這樣一個過程，通過這個過程，一個組織的上級管理人員和下級管理人員共同確定該組織的共同目標，根據對每一個人所預期的結果來規定他的主要責任範圍，以及利用這些指標來指導這個部門的活動和評價它的每一個成員組成的貢獻。」[1]

這裡，奧迪奧恩豐富了德魯克的思想：①強調目標管理適用於一切組織，無論是企業組織還是非企業組織。因此，任何組織的運作要求各項工作都必須以整個組織的目標為導向；尤其是每個管理人員必須注重組織整體的成果，他個人的成果是由他對組織成就所做出的貢獻來衡量的。經理人必須知道組織要求和期望於他的是些什麼貢獻；否則，可能會搞錯方向，浪費精力。②強調目標管理是一個過程，是管理的出發點和最終點。這些目標應該始終以企業的總目標為依據。即使對裝配線上的工長，也應該要求他以公司的總目標和製造部門的目標為依據來制定自己的目標，並用他的單位對整體做出的貢獻來表述本單位的成果。如果一位經理人及其單位不能對明顯影響企業的繁榮和存在的任何一個領域做出貢獻，那就應該把這一事實明確地指出來。這對於促使每一個職能部門和專業充分發揮技能，以及防止各不同職能部門和專業建立獨立王國並互相妒忌，都是必需的。對於防止過分強調某一關鍵領域也是必需的。③主張下級和上級對下級的重要責任範圍以及什麼是可以接受的成績水平取得一致意見。上級必須知道對下級的期待是什麼；而下級必須知道自己對什麼結果負責。這些目標必須規定其人所管理的單位應達到的成就，必須規定他和他的單位在幫助其他單位實現其目標時應做出什麼貢獻，還應規定他在實現自己的目標時能期望其他單位給予什麼貢獻。換言之，從一開始就應把重點放在團隊配合和團隊成果上。

目標管理的一個鮮明特點是運用了行為科學理論。首先，要使下屬在重要任務目標上與上司的認識一致，從而可以自我衡量績效。下屬可以和監督人員討論他們的自我評估結果，開發一套新的目標和方案。這種方式的重點在於共同的理解和取得績效，監督人員的角色從評判者變成了協助者，從而減少了角色衝突和混沌的局面。其次，目標管理使得目

---

[1] GEORGE S ODIORNE. Management by Oljectiues [M]. Marshlield: Pitinan Press, 1965.

標設定實現更多的參與和互動，增加責任之間的溝通，保證個體和組織目標的清晰和實現。

經過許多管理學者的努力和實踐，基本確定了目標管理的六個步驟：

（1）任務團隊參與。在目標管理的第一步，主要的任務團隊首先確定組織整體的目標，並提出實現目標的行為方案。

（2）上下級共同制定目標。一旦任務團隊將組織整體目標確定下來了，就要幫助下級制定其目標，並層層照樣做下去，直到基層和作業人員。

（3）共同制訂實現目標的行動計劃。上級和下屬共同開發完成目標的行動方案，不論是在小組會議中還是進行協商的時候。行動方案應該反應下屬而不是監督人員的個人風格。

（4）制定成功的標準或是準繩。在這一點上，上下級共同制定目標達成的標準——不單單局限於簡單的可測數據或是質量數據。共同制定標準的另一個更重要的原因是確保上下級都能理解任務的含義和下屬的真正期望。

（5）回顧和再循環。管理人員定期地審查團隊或個人的任務完成情況。這個檢查程序分三個步驟：首先，下屬開始這個領先回顧的過程，討論已經取得的成就和面臨的困境；然後，上級開始討論未來的行動計劃和目標；最後，在制定完行動方案之後，開展一個更普遍的討論，包括下屬的追求和其他因素。

（6）保存記錄。在許多目標管理項目中，關於目標、標準、準繩、授權和期限的文件都要提交給第三方，作為檔案保存備查。

目標管理的主要作用具體可作如下概括：

1. 能提高計劃工作的質量

目標管理使得組織的各級領導和計劃人員上下結合，共同制定目標及行動計劃，這就使目標和計劃更切合實際，並激發下級的工作責任感，使計劃工作的質量得到極大的提高。

2. 能改善組織結構和授權[①]

目標管理能清楚地說明組織的任務，盡可能地將組織的預期成果轉化為各級、各部門、各單位所應承擔的職責。實行目標管理將易於發現組織結構的缺陷，並設法加以改進，同時可按期望的成果對下級授權。目標管理和自我控制要求自律，它迫使經理人對自己提出高要求。

3. 能激勵員工去完成任務

實行目標管理，員工已不再是只進行工作，聽從指揮，而是具有確定目標的個體。他們已實際地參與建立自己的目標，有機會把自己的意見反應到計劃中，因而工作有方向，

---

① 關於組織結構和授權，將在下一章詳細討論。

成效有考核，優劣有比較，獎懲有依據。這就能激發起職工掌握自身命運的自覺性，保證實現他們自己的目標。目標管理的最大優點就是它使得各位員工都能控制自己的成就，自我控制意味著更強的激勵。

4. 使控制活動更有成效

目標管理規定了組織各級、各部門、各單位一切活動的標準，以此作為依據開展活動，有利於對活動成果進行跟蹤監督和衡量，修正和調整偏離計劃的行為，保證目標的實現。由於行動者能夠控制自己的工作節奏，這種自我控制就可以成為實現目標的更強烈的動力，使得控制的內容更加豐富，工作更有成效。

實踐表明，目標管理具有明顯的優越性，但是在推行時對以下關鍵性因素必須給以充分的考慮：

（1）即將執行目標管理的人員首先要具備一定的條件並做好心理上的準備，加深對實行目標管理的認識。

（2）實行目標管理之後，組織內部的意見交換、部門間相互作用的強度以及上下級之間個人接觸的次數都將經常發生變化。這些變化要求管理人員完全理解目標管理，確保管理者對執行和參加目標管理的阻力減少到最小程度。

（3）實施目標管理的最有效的方法是讓最高管理人員解釋、協調和指導這個工作。當他們積極參與這項工作時，目標管理的哲理思想和方法才能更好地滲透和貫穿到組織的每一個部門和單位。

（4）組織最高管理層要親自參與目標管理規劃的制定，而不應單純交辦計劃或人事部門。實踐表明，這樣效果更好。

目標管理在實踐中也可能出現一些問題，需要在工作中注意加以解決。它們是：

（1）科學的目標難以確定，有些目標難於定量化，特別是有些目標同其他目標之間的聯繫較緊密時，確定目標及檢驗、評價標準往往較困難。

（2）由於採用目標管理的業務活動系統所制訂的目標常是短期的《一年或一年以下》，因而人們常重視短期目標，而忽視長期目標，或短期目標與長期目標脫節，導致行為短期化。

（3）目標既定，不宜頻繁修改，但當主客觀情況變動較快時，其應變性和靈活性較差。

（4）往往重視目標的制定，而放鬆對目標的組織執行和檢查考核，這樣會使目標管理過程不完善和不系統。

目標管理的應用範圍很廣，不僅適合工商企業組織，在學校、醫院、政府機構等非營利性機構中也可推廣。它在中國已經逐步形成了制度，並同其他管理方法和制度結合起來，創造出了不少經驗。這些經驗主要有：

（1）將組織的目標和組織的方針結合起來，發展成為「方針目標管理」。組織的方針

是指導組織行為的總則，它是建立目標、選擇和實施戰略的基本框架。用方針來指導組織目標的制定以及戰略的選擇和實施，有助於目標的實現。

（2）將目標管理同組織的責任制、行政領導人的任期目標責任制結合起來。按目標來管理，使組織有了明確的目標導向，有利於進一步強化責任制。

（3）將目標管理同計劃管理、質量管理、經濟核算等項工作組合起來，使各項管理工作可以圍繞著目標來展開，有明確的方向和具體行動的指南，有利於提高計劃工作質量，完善質量保證體系，加強經濟核算。

（4）將目標管理與勞動人事管理結合起來，有利於加強勞動紀律，更好地體現責、權、利相結合和按勞分配的原則，使對職工的獎懲及工資獎金分配有了更為科學的標準。

（5）不斷質疑目標。不斷對目標提出質疑從根本上說是試圖把握不斷變化的社會環境和社會需求。目標管理是一個有機的過程，每一次循環經過總結經驗，都會有所提高。

第四節　戰略規劃

一、戰略規劃的重要性

每一個組織都需要戰略規劃（strategic plan），它是關於組織全局的長遠的謀劃。有了戰略規劃，有助於組織高瞻遠矚，發揮優勢，抓住機會，克服劣勢，避開威脅。因此，有系統地應用戰略規劃的組織比沒有戰略規劃的組織有更好的表現。

需要指出的是，並非每一個有戰略規劃的組織都能有卓越的表現。如使用錯誤的信息或使用的技術不當，引用錯誤的假設，對內外環境作出錯誤的評估等，都可能導致企業制定出的戰略規劃不適當。有時即使在戰略規劃的制定上考慮得比較充分，但在執行上出現了問題，也使戰略規劃的作用得不到很好的發揮。例如組織設計不恰當、組織文化與戰略不相適應、戰略控制出問題等。

二、戰略規劃的焦點

1. 戰略規劃的範圍

戰略規劃的範圍可從三個不同的層次去探討，以企業戰略規劃為例，這三個層次分別是企業性（corporate level）規劃、經營性（business level）規劃和職能性（functional level）規劃。

企業性戰略規劃是以整個企業為範圍，主要考慮企業經營業務的種類和數量，不同經營業務的比例及其對資源的需求，不同經營業務之間的互相補充關係等。

經營性戰略規劃是以單一經營業務的運作及其面對的競爭為主，一般考慮經營業務的對象（包括地域在內）、對象的需要和經營業務的運作是否具備滿足這些需要的條件以及

競爭策略等。

職能性戰略規劃則與企業如何運作有關。它以各職能部門為範圍，如市場營銷戰略規劃、融資戰略規劃、人力資源戰略規劃等。這些職能性戰略規劃的主要功能是支持企業完成既定的企業性和經營性戰略規劃。

因此，在戰略規劃的制定和執行中，應該先清楚區分有關規劃的層次，但這並不代表三個層次是各自為政、沒有關系的；相反，它們本身是彼此配合的。例如人們在實踐中總結出資源應多分配給具有發展潛質的經營業務，而職能方面的發揮必須為經營業務爭取競爭上的優勢等。

由於職能性戰略規劃涉及多個不同的學科（如市場學、理財學、人力資源管理等），所以，在管理學中，戰略規劃的研究範圍多集中在企業性和經營性兩個層次上。

2. 增加價值

增值是戰略規劃的重點之一。一個成功的企業戰略規劃可以為企業帶來一定的增值。增值可以是短期利潤，也可以是長期利益。但無論是短期利潤還是長期利益，都可以增加投資者和經營管理者的信心，也可以增加企業的市場價值（股票市值）。增值可以是年度稅後利潤的增加、淨資產收益率的提高，也可以是市場佔有率的擴大和企業品牌價值的提升。

3. 卓越能力和競爭優勢

戰略規劃並不是直接產生增值的工具，但可以建立卓越能力和競爭優勢。卓越能力（distinctive competence）是一些競爭對手不能在短期內模仿的專長，如強大的研究開發能力，而這些獨有的卓越能力符合市場需求，便可以為企業創造競爭優勢。如果維持這種競爭優勢的成本低於收入時，就可以使企業增值。

4. 配置資源

戰略規劃應包括組織設計的資源部署，即如何在組織的各個領域內分配其有限資源的問題。從某種意義上說，戰略規劃的過程就是配置組織資源的過程，這需要在戰略規劃中分清主次，以充分地利用組織有限的資源。

5. 協同增益

協同增益是戰略規劃需要重點解決的問題。這要求戰略規劃要考慮整體效用大於各個單位部分之和。應在規劃中考慮預期的協同增益作用、有關的範圍和資源配置的決策等的綜合作用。

在戰略規劃的制定過程中，卓越能力和競爭優勢、增值、配置資源和協同增益都是戰略規劃制定者心中最重要的概念。

三、戰略規劃的制定

戰略規劃的制定過程主要包括檢視企業或經營業務的運作目的和環境的需要，然後提出可供選擇的戰略規劃方案以及選擇一個合適的戰略規劃方案。毋庸置疑，工商企業戰

規劃的目的都是增加投資者或股東的財富，但組織也可同時增加各個與組織運作有關的群體（政府、顧客和職工）的利益。因此，瞭解組織的外部環境的需要尤為重要。如果組織的運作與環境需要脫節的話，其產品或服務的銷售量便會出現問題，那就談不上增值了。所以，環境的分析一直都是戰略規劃制定的核心問題。

1. 組織的環境分析

本書第三章已說明，組織的環境可以分為外部環境和內部環境。外部環境主要研究企業或組織經營業務所處的宏觀環境和產業環境所帶來的影響；而內部環境則涉及組織內部組織和狀況。

（1）外部環境

外部環境的分析可以讓組織瞭解其經營業務的外部環境的狀況和將來可能出現的變化，從而找出組織面臨的機會和威脅。宏觀環境的分析包括考慮社會、經濟、文化、政治、法律、技術等因素的個別或共同性的影響。而產業環境分析則主要研究各個經營業務所處的產業對組織該經營業務的影響，如壟斷情況、產品生命週期、市場供求情況、競爭對手的數量與實力、顧客消費習性、供應商的特性、新競爭對手出現的可能性、替代品出現的可能性等。

（2）內部環境

內部環境的分析主要包括資源和能力分析，旨在考察組織運作的優勢和劣勢。優秀的組織運作可以為組織帶來卓越能力。如果這種運作符合組織外部環境的要求，則會使組織取得競爭優勢和使企業價值增加。因此，組織必須充分瞭解自己具有的長處，創造出一些合適的能力，才能夠掌握外部環境出現的機會或對抗外部環境的威脅。

2. 企業性戰略規劃

企業性戰略規劃考慮的是，組織經營業務組合、經營地域和組織的發展方向。經營業務組合主要有專一的經營業務和多元化發展。地域上的考慮大致上可以分為本地性、地區性、全國性和全球性。而發展方向可以是擴展型、收縮型和穩定型。

專一的經營業務即專注發展，其好處是在資源運用上比較集中，對產品開發和顧客服務方面都有好處。但是，其風險也大。當這個行業進入經營業務衰退期時，組織不一定能渡過需求萎縮的困境，順利地生存下來。

多元化發展無疑可以在某種程度上分散風險，但如跨越不同的行業或領域進行經營，可能會因經驗不足而冒更大的風險。

從靜態的角度來看，上述不同的戰略規劃都是每一個組織在某一個時期對其經營業務和資源運用做出的不同選擇。但從動態角度上看，可以比較一個組織在不同時期的不同選擇，如由專注發展某一經營業務向多元化業務發展，由本地發展向其他地區發展等。

3. 經營性戰略規劃

經營性戰略規劃有兩種不同的模式：波特競爭戰略規劃模式和通用經營戰略規劃

模式。

（1）波特競爭戰略規劃模式

哈佛大學教授波特所提出的競爭戰略模式主要考慮企業的競爭優勢和目標市場，它指出平常運用的經營競爭戰略主要有三個：成本領先（cost leadership）、差異性（differentiation）和集中性（focus）。每一種戰略都有其先決條件。

成本領先戰略必須有一個高效率的生產或運作系統作為後盾，才可以用低於競爭對手成本的產品在市場上進行競爭；差異性戰略則有所不同，規劃的首要目標是產品的獨特性。因此，有創意的設計和品質管理是不可或缺的。集中性戰略是尋找一個較為狹窄的顧客類別，以滿足這一獨特類別為目標。所以，掌握顧客需求和有能力去滿足顧客需求是戰略規劃的必備條件。

現實生活中，這三種不同的戰略都可以是成功的競爭戰略，如果一個企業在競爭中沒有一定的戰略，或在不同的戰略之間遊離，其表現必然比適當地運用上述任何一個戰略規劃的企業遜色。

（2）通用經營戰略規劃模式

該模式較多考慮企業如何適應其所處的經營環境，包括經營對手的情況和顧客的需求。它提議的戰略有四種：開發型（prospector）、防守型（defender）、分析型（analyzer）和被動型（reactor）。

開發型戰略的運作焦點是放在產品的研究與開發上，戰略規劃要突出不斷地推出新產品，以領導時代潮流作為競爭的手段。

防守型的企業會清楚界定其市場或顧客，規劃重點會突出通過商譽、高生產力和低生產成本（包括價格手段）來鞏固已占據的市場份額，阻止外來者加入競爭。

分析型的企業往往是開發型企業的追隨者，因為它們雖然不會主動去開發新的產品，但卻會對新產品進行評估，在短時間內生產已確認受市場歡迎的產品。

大體上，開發型、防守型和分析型企業對產品和市場都是極度敏感的，屬於一種先覺型戰略。而第四種戰略則是另一個極端。

被動型的企業，顧名思義，若不是因為強大的競爭壓力已經影響到它們的生存，它們對產品和市場都不會主動作任何的探討。所以，被動型企業在一個保守的社會環境中還勉強能生存，但在一個轉變急促的社會環境中，就很容易遭到淘汰。

四、戰略規劃的執行

戰略規劃的執行涉及組織及管理的多方面，管理人員的意識、領導的才干、組織設計的組織結構、組織文化、職工的士氣、各項管理制度（特別是激勵制度）、組織的基礎工作等，都與戰略規劃的執行有重大的關系。但是，在實踐中人們往往對這些內在因素產生輕視，甚至認為這些因素與戰略規劃的執行無關。不少企業常常把失敗的原因歸結為外部

環境因素，如競爭的激烈、顧客需求的變化等，而不願檢查自己本身的問題，這是不正確的。

因此，戰略規劃執行本身就是企業組織對內在因素不斷進行完善的過程。組織領導者應該不斷地檢查組織存在的問題，提高自己的管理意識和思維，改進領導的技巧和風格，對組織結構進行調整，塑造新型的組織文化和提高職工的士氣，完善各項管理制度和加強組織的管理基礎工作，才能使組織戰略規劃順利地實施下去。這方面的工作量可能遠遠大於戰略規劃制定本身，這對組織而言，可以說是任重道遠。

復習討論題

1. 試說明計劃的重要性。
2. 計劃的任務是什麼？
3. 如何確定目標及其次序？
4. 組織目標體系有什麼重要作用？
5. 如何理解目標管理的概念？
6. 目標管理有什麼作用？
7. 試說明戰略規劃的三個層次。

案例

眉山工程機械有限公司的目標管理

眉山工程機械有限公司是一家民營企業，它生產的小型挖掘機在工程機械行業內小有名氣。這家公司從1998年開始推行目標管理：為了充分發揮各職能部門的作用，首先在公司本部和科室實施。經過一段時間的試點後，逐步推廣到全公司各車間、工段和班組。多年的實踐表明，目標管理改善了企業經營管理，挖掘了企業內部潛力，增強了企業應變能力，提高了企業素質，取得了較好的經濟效益。

按照目標管理的原則，該公司把目標管理分為三個階段進行。

第一階段：目標制定階段

1. 總目標的制定

以最近五年為例，公司通過對國內外市場工程機械供求狀況的調查，結合國家提出的「四萬億計劃」和企業長遠規劃的要求，並根據企業的具體生產能力，於2009年提出了「三提高」「三突破」的總方針。「三提高」就是提高經濟效益、提高管理水平和提高競爭能力；「三突破」是指在新產品數目、創匯和增收節支方面要有較大的突破。在此基礎上，該公司把總方針具體化、數量化，初步制訂出年度總目標方案，並發動全公司員工反

覆討論、送職工代表大會審議通過，正式制定出全公司 2009 年的總目標。

2. 部門目標的制定

企業總目標由公司總經理宣布後，全公司就對總目標進行層層落實。各部門的分目標由各部門和公司企業管理委員會共同商定，先確定項目，再制定各項目的指標標準；其制定依據是公司總目標和有關部門負責擬訂、經公司本部批准下達的各項計劃任務，原則是各部門的工作目標值只能高於總目標中的定量目標值；同時，為了集中精力抓好目標的完成，目標的數量不可太多。為此，各部門的目標分為必考目標和參考目標兩種。必考目標包括公司本部明確下達項目和部門主要的經濟技術指標；參考目標包括部門的日常工作目標或主要協作項目。其中，必考目標一般控制在 2～4 項，參考目標項目可以多一些。目標完成標準由各部門以目標卡片的形式填報公司本部，通過協調和討論最後由公司批准。

3. 目標的進一步分解和落實

部門的目標確定後，就將目標進一步分解和層層落實到每個人。

（1）部門內部小組（個人）目標的制定，其形式和要求與部門目標制定相類似、擬定的目標也採用目標卡片，由部門自行負責實施和考核。要求保證部門目標的如期完成。

（2）該公司車間目標的分解採用流程圖方式進行，即先把車間目標分解落實到工段，工段分解落實到小組，小組再下達給個人。

第二階段：目標實施階段

該公司在目標實施過程中，主要抓了以下三項工作：

1. 自我檢查、自我控制和自我管理

目標卡片經主管批准後，一份存企業管理委員會，一份由制定單位自存。由於每一個部門、每個人都有了具體的、定量的目標，所以在目標實施過程中，人們會自覺努力地實現這些目標，並對照目標進行自我檢查、自我控制和自我管理。這種「自我管理」，能充分調動各部門及每一個人的主觀能動性和工作熱情，充分挖掘自己的潛力。因此，完全改變了過去那種上級只管下達任務、下級只管匯報完成情況，並由上級不斷檢查、監督的傳統管理辦法。

2. 加強季度考核

雖然該公司目標管理的循環週期為一年。但為了進一步落實經濟責任制，及時糾正目標實施過程中與原目標之間的偏差，該公司打破了目標管理的一個循環週期只能考核一次、評定一次的束縛，堅持每一季度考核一次和年終總評定。這就進一步調動了廣大職工的積極性，有力地促進了經濟責任制的落實。

3. 重視信息反饋工作

為了隨時瞭解目標實施過程中的動態情況，以便採取措施、及時協調，使目標能順利實現，該公司十分重視目標實施過程中的信息反饋工作，採用了兩種信息反饋方法：

（1）建立「工作質量聯繫單」來及時反應工作質量和服務協作方面的情況，尤其當兩

個部門發生工作糾紛時，公司管理部門就能從「工作質量聯繫單」中及時瞭解情況，經過深入調查，盡快加以解決。這樣就大大提高了工作效率、減少了部門之間不協調現象。

（2）通過「修正目標方案」來調整目標，內容包括目標項目、原定目標、修正目標以及修正原因等，並規定在工作條件發生重大變化需修改目標時，責任部門必須填寫「擬修正目標方案」提交企業管理委員會，由該委員會提出意見交主管副總經理批准後方能修正目標。

該公司在實施過程中由於狠抓了以上三項工作，不僅大大加強了對目標實施動態的瞭解，更重要的是加強了各部門的責任心和主動性，使全公司各部門從過去等待問題找上門的被動局面，轉變為積極尋找和解決問題的主動局面。

第三階段：目標成果評定階段

目標管理實際上就是根據成果來進行管理的，故成果評定階段十分重要。該公司採用了「自我評價」和上級主管部門評價相結合的做法，即在下一個季度第一個月的10日之前，每一部門必須把一份季度工作目標完成情況表報送企業管理委員會（在這份報表上，要求每一部門自己對上一階段的工作做一恰如其分的評價）；企業管理委員會核實後，也給予恰當的評分。如必考目標為30分，一般目標為15分。每一項目標超過指標3%加1分，以後每增加3%再加1分。一般目標有一項未完成但未影響其他部門目標完成的，扣一般項目中的3分，影響其他部門目標完成的則扣分增加到5分；加1分相當於增加該部門基本獎金的1%，減1分則扣該部門獎金的1%。如果有一項必考目標未完成則至少扣10%的獎金。

該公司在目標成果評定工作中深深體會到：目標管理的基礎是經濟責任制，目標管理只有與明確的責任劃分結合起來，才能深入持久，才能具有生命力，從而獲得最終的成功。

眉山工程機械有限公司推行目標管理的成功經驗引起了理論工作者與實際工作者的重視，大家紛紛到該公司學習取經。西南財經大學企業管理系組織教師與學生到該公司考察，採訪了該公司王總經理。當有同學問是什麼原因使公司目標管理獲得成功時，王總經理的回答語驚四座：目標管理在眉山工程機械有限公司的成功，與中國傳統文化的基因有密切的關係，我們正是以此為出發點來設計公司的目標管理的。

討論題：

1. 你是否讚同王總經理的回答：目標管理在中國企業的成功，與中國傳統文化的基因有密切的關係？

2. 中國傳統文化具有強烈的人本主義色彩，與目標管理隱含的「有責任心的工人」的假設有無相通之處？

3. 王總經理認為，眉山工程機械有限公司的目標管理強調目標分解與自我控制，可以使人們圍繞目標來構建一個擬似的「家」，這樣的基層組織和團隊具有強烈的集體主義的榮譽感和歸屬感，會產生較高的工作績效。你是否讚同王總經理的說法？為什麼？

第七章
組織

　　組織（organizing）是管理的一項重要職能。在有了共同的目標和計劃之後，必須把實現目標和計劃所不可缺少的業務活動進行分類，設計出眾多的職務或崗位，再將職務或崗位適當組合，建立組織機構，明確它們相互間的分工協作關係及各自的職責和職權，形成合理的規章制度。這些就是組織職能的內容。本章將依次討論組織原則、組織結構的設計、組織結構的運行等問題。

第一節　組織原則

一、組織的概念和內容

　　「組織」一詞使用甚廣，含義很多，但大致可將其分為兩類：一作為名詞，意指組織體；一作為動詞，意指組織工作或活動。

　　作為名詞使用的「組織」（organization）是常見的。如人們將企業、學校、醫院或政府機關都稱為組織，又如將組織劃分為營利性組織與非營利性組織、正式組織與非正式組織等。

　　作為動詞使用的「組織」（to organize, organizing），也極為常見。如人們說「組織一次旅遊活動」「把公司組織起來」等。作為管理職能的「組織」，正是一個動詞。法約爾最早提出組織是管理的重要職能之一。他說：「組織一個企業，就是為企業的經營提供所有必要的原料、設備、資本、人員。」他又說，組織又分為物質組織與社會組織，「這裡談到的只是後一個問題」。[1] 從法約爾列舉的社會組織應完成的16項管理任務來看，他將用人、激勵等納入了組織職能。[2]

　　孔茨和奧唐奈說：「高明的人和願意合作的人一定會非常有效地在一起工作的，因為他們知道自己在相互協作中所起的作用，知道彼此職務之間的聯繫……設計和保持這種職務系統基本上就是管理人員的組織工作的職能。」[3] 他們理解的管理的組織職能的內容較

---

[1] 法約爾 H. 工業管理與一般管理 [M]. 周安華，等，譯. 北京：中國社會科學出版社，1982.
[2] 法約爾 H. 工業管理與一般管理 [M]. 周安華，等，譯. 北京：中國社會科學出版社，1982.
[3] 孔茨 H，奧唐奈 C. 管理學 [M]. 中國人民大學外國工業管理教研室，譯. 貴陽：貴州人民出版社，1982.

窄，將用人、激勵等排除在組織職能之外。本書也是這樣來理解組織職能的。①

在中國，人們將組織職能解釋為：「為了實現企業的共同任務和目標，對人們的生產經營活動進行合理的分工和協作，合理配備和使用企業的資源，正確處理人們相互關係的管理活動。」② 或者說：「組織是為了實現企業經營目標，把構成企業生產經營活動的基本因素、生產經營活動過程的主要環節，以有秩序、有成效的方式組合起來的工作。」③ 這些解釋是針對企業而言的，包括了企業的生產組織、勞動組織、管理組織等，類似於法約爾所說的物質組織與社會組織。不過，像法約爾側重研究社會組織一樣，我們所討論的組織職能將局限於各類組織都適用的管理組織工作，而不包括生產組織、勞動組織等。

關於組織工作的內容，孔茨和奧唐奈的看法是，組織工作是一個過程，其步驟是：「①確定企業目標；②擬訂派生的目標、政策和計劃；③對實現目標所必需的業務工作加以確認和分類；④根據可用的人力與物力和利用這些資源的最優方法來劃分各種業務工作；⑤授予各單位的負責人執行這些業務工作所必要的職權；⑥通過授權關係和信息系統把這些單位緊密地聯成一體。」④ 在這裡，他們所列的第 1 和第 2 步驟實際是計劃職能的內容，只能視為組織工作的前提。

我們認為，組織職能的內容一般包括：

（1）按照組織體既定目標和計劃任務的要求，將一切必須進行的業務活動進行分類。

（2）對各類業務活動實行科學的勞動分工，設計出工作職務或崗位。

（3）將職務或崗位適當組合，建立合理的組織機構，包括各個管理層次和部門、單位。

（4）按照組織體既定目標和計劃任務的要求，規定各個管理層次和部門、單位應承擔的職責範圍，並根據履行職責的需要，分別賦予應有的職權。

（5）明確各層次、部門、單位相互間的分工協作關係，建立通暢的信息溝通渠道。

（6）逐步使上述權責劃分、協作關係和溝通渠道正規化，形成合理的規章制度並嚴格執行。

（7）根據組織外部環境和內部條件的變化，適時地改革組織結構和規章制度，促進組織持續發展。

二、組織工作的原則

西方的管理學者在組織工作原則方面有許多研究成果。法約爾從親身實踐中總結出

---

① 本書同孔茨與奧唐奈一樣，將人事列為管理的單獨職能，將激勵列入領導職能之內。
② 中國企業管理百科全書編輯委員會，中國企業管理百科全書編輯部．中國企業管理百科全書：上冊．北京：企業管理出版社，1984.
③ 中國工業企業管理教育研究會《工業企業管理》編寫組．工業企業管理總論［M］．北京：中國財政經濟出版社，1986.
④ 孔茨 H，奧唐奈 C．管理學［M］．中國人民大學外國工業管理教研室，譯．貴陽：貴州人民出版社，1982.

「管理的一般原則」，其中的勞動分工、權利與責任、紀律、統一指揮、統一領導、集中、等級制度等①組織工作的原則，至今仍然適用於各類組織。不過，對這些組織原則，過去的理解比較絕對化，現在則趨向於相對靈活。例如勞動分工，過去往往認為分工愈細，愈能提高生產率；現在則認為分工不能過細，過細將降低生產率。又如統一指揮，這是在一般情況下必須遵循的原則；如遇到特殊情況，採取了適當措施，則指揮不統一也無大礙。

韋伯在行政組織理論中闡述了理性原則，設計了職位等級制結構。他提出的每個職位的權利和責任應有明確規定，人們只服從在規定的權責範圍內行使的、與個人無關的權利和命令，組織應有高度的準確性、穩定性、嚴格的紀律性和可靠性等也具有現實的指導意義。② 現代管理理論中出現的「非理性傾向」，只是反對迷信和濫用理性，並不是完全否定理性，即不可將組織原則絕對化，而應靈活運用。

孔茨和奧唐奈概括了建立正式組織的兩條指導原則：①目標一致原則，即組織工作必須以既定的明確的組織目標為依據，必須以有利於實現這些目標的有效性標準來衡量其成效。因此，也可稱為有效性原則。②效率原則，即組織工作應當以最小的失誤或代價來實現組織目標。這裡所說的失誤或代價不僅指通常的費用，還包括是否使組織成員滿意等問題。③

現代管理理論中的權變學派理論對組織結構問題的研究，批判了古典管理理論的形而上學觀點，明確提出世間根本不存在適用於一切組織和一切情況的最好的組織形式；在設計組織形式時，必須從實際情況出發，認真分析外部環境和自身條件，服從於組織的目標和計劃，靈活選用某一種或幾種組織形式。他們在此提出的靈活性，可視為組織工作的又一重要原則。

在中國，根據長期革命和建設的實踐，已經總結出適用於一切社會主義公有制組織的組織工作原則。這些原則主要有：

(一) 民主集中制原則

民主集中制是工人階級的組織原則，意指民主基礎上的集中和集中指導下的民主相結合。在社會主義公有制的組織中，應當貫徹執行這一組織原則。

毛澤東曾經說：「在人民內部，民主是對集中而言，自由是對紀律而言。這些都是一個統一體的兩個矛盾著的側面，它們是矛盾的，又是統一的，我們不應當片面地強調某一個側面而否定另一個側面。在人民內部，不可以沒有自由，也不可以沒有紀律；不可以沒有民主，也不可以沒有集中。這種民主和集中的統一，自由和紀律的統一，就是我們的民主集中制。在這個制度下，人民享受著廣泛的民主和自由，同時又必須用社會主義的紀律

---

① 見本書第二章第一節。
② 見本書第二章第一節。
③ 孔茨 H，奧唐奈 C. 管理學 [M]. 中國人民大學外國工業管理教研室，譯. 貴陽：貴州人民出版社，1982. 後來在此書第 9 版中將統一指揮、權責對等、等級制度、管理幅度等都納入指導原則，見 McGraw Hill 出版公司 1988 年版，第 289~291 頁。

約束自己，這些道理，廣大人民群眾是懂得的。」①

鄧小平從各種利益之間的關係來分析民主集中制。他說：「在社會主義制度之下，個人利益要服從集體利益，局部利益要服從整體利益，暫時利益要服從長遠利益，或者叫作小局服從大局，小道理服從大道理。……民主和集中的關係，權利和義務的關係，歸根究柢，就是以上所說的各種利益的相互關係在政治上和法律上的表現。」②

在各類組織的管理工作中運用民主集中制這一組織原則，要求處理好兩個關係：一是民主管理與集中指揮，二是統一領導與分級管理。

民主管理與集中指揮是相輔相成的關係。前者主要指決策尤其是重大問題的決策（即實行決策的民主化和科學化），後者則指按既定決策對其實施過程進行組織領導。社會主義公有制組織必須實行民主管理，各級管理者都要牢固樹立群眾觀點，善於走群眾路線，在作決策尤其是重大問題的決策時充分發揚民主，集思廣益。決策既定之後，在其貫徹實施的過程中，則必須執行統一指揮原則，反對多頭指揮或各行其是。集中指揮應當以民主管理為基礎，否則就會變成個人獨斷專行，群眾離心離德，指揮不靈，謬誤百出。如片面強調民主管理而指揮不集中，就會出現政出多門、無人負責的現象，日常活動不能順利進行，既定決策也無法實現。

統一領導與分級管理是處理組織內部上下級關係的準則，前者體現集中，後者體現民主，所以是民主集中制的具體運用。組織劃分了管理層次，就要明確各層次的職權和職責，以充分調動各層次人員做好管理工作、實現各自目標的主動性和積極性。但分級管理必須服從統一領導，即局部服從全局，關係全局的重要的管理權限必須由高層管理者掌握而不能下放。集中過多或職權分散，都不利於日常活動的進行，不利於實現組織的目標。③

(二) 責任制原則

貫徹民主集中制原則，要求在組織內部建立各層次、各單位、各崗位的嚴格的責任制，任何人必須對所擔負的工作切實負責，不容許出現職責不明、不負責任或無人負責的現象。責任制是一類規章制度，又是組織工作的原則之一。

毛澤東主張推行黨委集體領導制度，但他同時強調黨委成員的個人分工負責。他說：「黨委制是保證集體領導、防止個人包辦的黨的重要制度。……還須注意，集體領導和個人負責，二者不可偏廢。」④

鄧小平在黨的十一屆三中全會召開前夕，曾特別強調了責任制的重要性。他指出：「一個很大的問題就是無人負責。名曰集體負責，實際上等於無人負責。一項工作布置之

---

① 毛澤東著作選讀 [M]. 甲種本. 北京：人民出版社，1964.
② 鄧小平文選 (1975—1982) [M]. 北京：人民出版社，1983.
③ 關於集權和分權的問題，在本章第二節中還將詳細研究。
④ 毛澤東選集：第4卷 [M]. 北京：人民出版社，1966.

後，落實了沒有，無人過問；結果好壞，誰也不管。所以急需建立嚴格的責任制。列寧說過：『借口集體領導而無人負責，是最危險的禍害』，『這種禍害無論如何要不顧一切地盡量迅速地予以根除』。」①

鄧小平接著還提出使責任制真正發揮作用所必需的措施：一是擴大管理人員的權限；二要善於選用人員，量才授予職責；三要嚴格考核，賞罰分明。他希望通過加強責任制，在各條戰線上形成你追我趕、爭當先進、奮發向上的風氣。②

（三）紀律原則

西方管理學者提出了紀律原則，我們為貫徹民主集中制原則，也必須加強組織紀律性，嚴肅勞動紀律。

毛澤東多次強調紀律的重要性，反對極端民主化和無組織、無紀律傾向。他說：「人民為了有效地進行生產、進行學習和有秩序地生活，要求自己的政府、生產的領導者、文化教育機關的領導者發布各種適當的帶強制性的行政命令。沒有這種行政命令，社會秩序就無法維持，這是人們的常識所瞭解的。」③ 而遵守這些行政命令以及各項規章制度，就是加強紀律性原則的要求。

社會主義的勞動紀律是自覺性和強制性相統一的紀律。紀律的執行伴隨著思想政治教育，經過教育，可以使人們自覺地遵守紀律，進一步養成生活習慣，毫無拘束感。但是對於那些一時不遵守紀律、甚至肆意破壞紀律的少數人來說，紀律又具有強制性。要給予那些人批評、警告、罰款、停職直至開除等處分，絕不可對違犯紀律的不良現象聽之任之。紀律渙散必然會損害集體利益，甚至導致組織瓦解。

嚴肅勞動紀律，要堅持「在紀律面前人人平等」的原則。高層管理者應同下屬人員一樣，接受紀律的約束，並成為下屬人員遵守紀律的榜樣；不能容許各級管理者或其他任何人在執行紀律方面有任何特殊化。

加強紀律性主要靠：①領導人素質高，能夠以身作則；②規定的紀律明確而又公平；③經常進行紀律教育；④按照紀律執行情況合理地實施獎懲。

（四）精簡高效——建立組織機構的原則

毛澤東在抗日戰爭期間解放區最困難的1942年提出了一個極其重要的政策——精兵簡政，要求各解放區精簡各級黨政機構，以克服面臨的物質困難。他指出：「在這次精兵簡政中，必須達到精簡、統一、效能、節約和反對官僚主義五項目的。這五項，對於我們的經濟工作和財政工作，關系極大。」④ 精簡高效應該成為建立組織機構必須遵循的原則。

鄧小平在1982年曾經多次講到精簡機構的問題，而且是同幹部的新老更替問題相聯

---

① 鄧小平文選（1975—1982）[M]. 北京：人民出版社，1983.
② 鄧小平文選（1975—1982）[M]. 北京：人民出版社，1983.
③ 毛澤東著作選讀 [M]. 甲種本. 北京：人民出版社，1964.
④ 毛澤東選集：第3卷 [M]. 北京：人民出版社，1966.

繫的。他說：「精簡機構是一場革命。精簡這個事可大啊！如果不搞這場革命，讓黨和國家的組織繼續目前這樣機構臃腫重疊、職責不清，許多人員不稱職、不負責，工作缺乏精力、知識和效率的狀況，這是不可能得到人民讚同的，包括我們自己和我們下面的干部……當然，這不是對人的革命，而是對體制的革命。」①

後來在黨的幾次全國代表大會的報告中，都著重提出了政府機構改革的問題；要求在精簡機構時，要抓住轉變政府職能這個關鍵，貫徹精簡、統一、效能的原則，作好機構變動中的人員調整，還要加強行政立法，利用法律手段和預算手段控制機構設置和人員編製，提高政府工作效率。②

以上論述雖然都是針對政府機構，但是其原則精神對其他組織的機構設置同樣適用。

第二節　組織結構的設計

一、組織結構設計概述

為了便於管理，實現組織的目標和計劃，每個組織（極小的、極為簡單的組織除外）都要設置若干管理層次和組織機構，明確規定它們各自的職責和職權，以及它們相互間的分工協作關係和信息溝通方式。這樣組織起來的上下左右協作配合的框架結構，就稱為組織結構（organization structure）。在中國，組織結構常包括管理體制、組織機構、權責界定、分工協作等內容。管理的組織職能主要就是要設計好組織結構並使之能良好地運行。組織結構的設計往往簡稱為組織設計（organization design）。

組織結構通常用圖表的形式來表示，稱為組織圖（organization chart），如圖 7-1 所示。組織圖的作用在於它能醒目地顯示出組織的框架結構，包括該組織的管理層次、組織機構、機構之間的分工及上下級關係等。但是它並不能反應組織結構的全部內容，例如各管理層次和機構的職責和職權、它們各自的地位或重要性、它們相互間的協作關係和信息溝通方式等，就未能在圖中顯示出來。這些就需要用職務說明書和規章制度加以補充說明。

組織結構的設計應當遵循前述組織工作的原則，還要充分考慮以下諸影響因素：

（1）組織性質和使命。政府機關、工商企業、學校、醫院等社會組織，因性質和使命不同，其組織結構自然各不相同。組織結構是為完成組織的使命和任務服務的。

（2）組織規模。例如，同是工商企業，小型企業的組織結構顯然不同於大型企業和企業集團。一般企業在初創時因規模很小、業務簡單，往往無正式的組織結構；隨著規模

---

① 鄧小平文選（1975—1982）[M]．北京：人民出版社，1983．
② 參閱《中國共產黨第十三次全國代表大會文件匯編》和《江澤民在黨的第十四次全國代表大會上的報告》。

的擴大，才會建立組織結構並逐步發展完善。

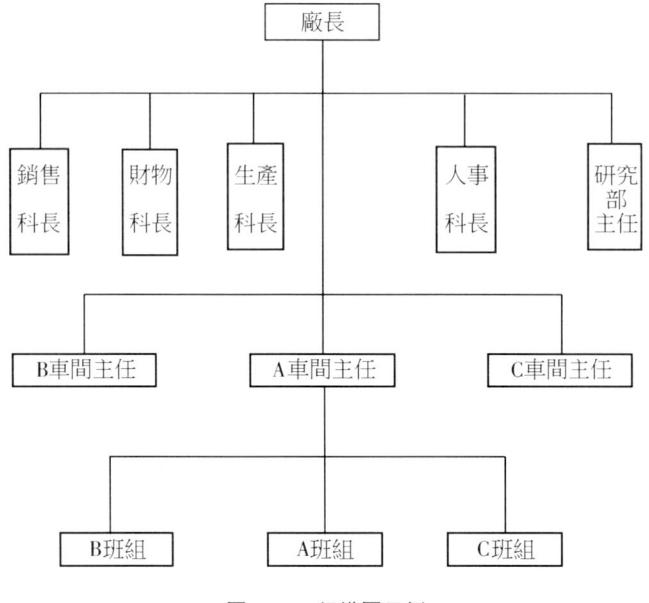

```
                            廠長
        ┌──────┬──────┬──────┼──────┬──────┐
       銷售   財物   生產   人事   研究部
       科長   科長   科長   科長   主任
              ┌──────────┼──────────┐
           B車間主任   A車間主任   C車間主任
                    ┌──────┼──────┐
                  B班組   A班組   C班組
```

圖 7-1　組織圖示例

（3）組織的生產技術特點。例如同是工業企業，但分屬不同部門，採用不同的生產技術，它們的組織結構就有差別。法約爾就曾指出，規模相同的煤礦和冶金工廠的組織機構設置是不同的。[①]

（4）組織的人員素質。這裡包括各級管理者及其下屬人員的素質。它對組織結構的各要素（層次、機構、權責分工、協作配合等）都有影響，從而帶來組織結構的差別和變化。

（5）組織的目標和計劃。前已說明，組織結構是為實現組織的目標和計劃任務服務的，其設計應以組織的目標和計劃任務作為基本的依據。如果目標和計劃發生變化，則組織結構將相應地作必要的調整。

（6）組織的戰略。在計劃那一章已說明，戰略是組織為持續、健康發展而做出的全局性、長期性的謀略或方案。管理者的戰略選擇規範著組織結構的內容。組織結構要配合戰略需要，即每當組織實行一項新戰略時，就需要對原有組織結構實施一些改革或調整。

（7）組織所處的環境。傳統產業企業由於外部環境較穩定，其機構設置、權責分工等就可能穩定些，規定可以細緻些。新興產業的企業由於外部環境變化快，其組織結構就不穩定，職責分工不嚴格，重在臨時協調和發揮職工的主動性。

---

① 法約爾 H. 工業管理與一般管理 [M]. 周安華，等，譯. 北京：中國社會科學出版社，1982.

組織結構的設計一般可按下述程序進行：

（1）確定設計的目標。即根據組織的性質、規模、目標、計劃或戰略，提出新組織結構或改革原有組織結構的設計要求。

（2）收集和分析資料。除組織自身資料外，還可調查研究同類型組織的組織結構，結合上述設計目標分析它們的優缺點，為以下步驟的設計工作提供參考借鑑。

（3）在設計新組織結構時，要從組織的目標、計劃任務出發，將必須從事的業務加以確認和分類，明確各類活動的範圍和大概的工作量。

（4）對各類業務活動進行合理的勞動分工，設計出眾多的工作職務或崗位。

（5）將職務或崗位加以組合，建立組織機構，形成層次化、部門化的結構，繪製組織圖。這是組織結構設計中的關鍵性步驟。

（6）根據組織目標和計劃任務的要求，規定各層次、機構、職務、崗位的職責和相應的職權，明確它們之間的分工協作關系和信息溝通方式。

（7）建立有關組織設計的規章制度。

（8）評價、修改和批准組織結構設計方案，然後付諸實施，或對原有組織結構進行改革。

組織結構受到組織內外諸多因素的影響，絕非一成不變。在影響因素發生重大變化時，組織結構應及時改革。不過，對組織結構改革，應採取嚴肅態度，有領導、有計劃地進行。[1]

二、職務設計

一個組織在設計其組織結構時，必須將為完成其目標和計劃任務不可缺少的業務活動進行分類，然後對每類活動實行勞動分工，劃分成許多的職務或崗位，並對每個職務或崗位所承擔的工作任務作出規定，這一工作就稱為職務設計（job design）。職務設計工作是重要的：①它是組織結構設計的基礎，是實現層次、部門化結構的前提；②通過勞動分工，實現工作專業化，才能使組織的成員提高效率，各項業務活動順利進行；③為各職務規定出合理的工作任務，對職務的承擔者努力完成任務有激勵作用。

職務設計要做到科學合理，有以下三條要求：

（1）因事設職而不能因人設職。因事設職是指所設計的職務都來自為完成目標和計劃任務所不可缺少的業務活動，如不設此職務，無人從事此項活動，就將影響組織目標和計劃的實現。相反，因人設職是指根據現有人員的需要來設置職務，有人就得有職，而不問此職是否是完成目標和計劃任務所不可或缺的。按照前述目標一致、精簡高效等組織原則，我們顯然應當因事設職、因職設人，而不能因人設職。在組織機構臃腫、人浮於事、

---

[1] 本書第十二章將再次討論組織結構的改革過程。

擬改革組織結構時，尤其應該如此。

（2）勞動分工要科學。勞動分工是組織工作的重要原則，又是職務設計的主要工作內容。前已提及，過去對勞動分工的理解有些絕對化，認為分工越細越好，越能提高生產率，於是將各種業務活動劃分成許多極小、極為簡單的部分。這樣職工容易掌握，而且長期重複操作，易於熟練，確實收到了較好的效果。但這樣做的負面效應也逐漸暴露，那就是職工會產生厭倦感，對工作不滿，導致怠工、缺勤和跳槽現象增加，生產率下降。這就使人們對分工的理解趨於靈活，即分工不宜過細，必要時還得擴大或豐富工作內容。如何使分工科學化，留待下面討論。

（3）編製出完善的職務說明書。職務設計的成果表現為職務說明書。它是一種書面文件，其主要作用是簡要說明該職務的工作內容、職責與職權、與組織的其他部門或職務之間的關係、擔任此職務者需具備的條件（如基本素質、技術業務知識、處理問題的能力、工作經驗）等。很明顯，在職務設計階段，說明書中的有些內容如職責與職權、與其他部門或職務的關係等，暫時尚無法填寫，需等待組織設計工作基本完成後再行補充。

勞動分工的方法較多，過去一般按下列三條件進行：

（1）按照活動的技術業務內容來分工。即根據業務活動的具體內容、所採用的機器設備和操作方法、所需要的技術業務熟練程度等的不同，將整個活動劃分成若干部分，定為若干職務或崗位，以便由不同專長、不同熟練程度的職工來分擔，充分發揮他們各自的作用。

（2）按照工作量的大小來分工。按上一條分工的結果，可能將業務活動劃分得很細，每個職務或崗位的工作量不大，這樣容易造成職工的負荷不足。因此，還需考慮劃分後各部分的工作量大小，分工的粗細程度應以保證每個職工的工作日負荷都比較飽滿為準。

（3）按照一個職工單獨擔任工作的可能性來分工。考慮這一點是為了盡可能使每個職工的責任明確，便於建立責任制，消除無人負責現象，也便於單獨衡量他們的勞動成果，同勞動報酬保持緊密聯繫。所以在實際工作中應爭取盡可能讓職工單獨擔任工作。

按上述三條件進行分工，並無原則錯誤，但由於過去對勞動分工的理解比較絕對化，以致出現分工過細的現象。為了克服這一缺點，許多組織採用了下列方法：工作輪換、工作擴大化和工作豐富化。

（1）工作輪換（job rotation），是指讓職工每隔一段時期就換一種工作或職務，以免因長期干一種簡單工作而產生厭倦情緒，同時可讓職工學會多種技能，為日後任務安排增添靈活性。實踐表明，此法作為培訓職工的一種手段是成功的，但消除厭倦感的作用不太大，因為工作雖有變化，但新工作仍然簡單，能很快掌握，會讓人產生厭倦情緒。

（2）工作擴大化（job enlargement），是指擴大工作的範圍（scope），將幾種工作納入一個職務中，使職務具有挑戰性。例如讓職工在裝配線上接插更多的元器件或焊接更多的焊點，又如讓職工兼職（在一個工作日內不同的時間干不同的工作）或看管多臺設備

（在同一時間操作若干臺設備）。這樣既增加了工作量，又提高了生產率。應注意的是，納入一個職務的工作數不宜太多，而且那些工作應具有相似性。

（3）工作豐富化（job enrichment），是指加深工作的深度（depth），讓職工除完成職務規定的工作以外，還擔負一些通常由管理者完成的任務，如計劃和評價他們或自己的工作。這樣，職工們會以更大的自主性、獨立性和責任感去從事一項比較完整的活動，並從完成職務規定的任務中獲得成就感。工作豐富化的概念是美國心理學者 F. 赫茨伯格（Frederick Herzberg）提出的，他竭力強調工作的內容作為一個激勵因素的重要性。[①]

採用工作擴大化和工作豐富化的方法，有助於克服勞動分工過細的缺點，使職務設計做到較為科學合理。但是，對上述分工的第三條，即盡可能讓職工單獨承擔工作，也不能理解絕對化。現實的情況是，許多組織廣泛採用了職務圍繞小組而不是個人來設計的做法，取得了較好的效果。這樣就形成了工作組的職務。

工作組（work team）是在勞動分工時，把為完成某項工作而相互協作的有關職工組織起來的勞動集體。在下述幾種情況下，應組織工作組：

（1）某項工作不能由一個人單獨進行，而必須有幾個人密切配合，共同進行。例如大型機器設備的裝配工作、維修工作等。

（2）看管大型的、複雜的機器設備。例如鋼鐵廠的高爐、轉爐、電爐，機械廠的化鐵爐、大型鍛壓機、大型切削機床等，就都需要多人看管。

（3）生產前的準備工作、輔助工作和基本工作需要密切聯繫和相互協作，例如把機床調整工、修理工、運輸工與機床切削工人組成一個工作組。

（4）某些職工無固定的工作地，或無固定的工作任務，需要臨時分配任務或進行調配。例如工廠的電工組、廠內運輸工作組等。

（5）為了實行工作豐富化而有意識地組織成工作組，賦予一定的自主權，使其能自我管理。這類工作組在 20 世紀 90 年代發展很快，效果明顯。

當以工作組為單位設計職務時，應以組的職責職權為依據，明確組內每個成員的職責和職權，並認真記錄和考核每個成員的職責履行情況，防止出現職責不清、無人負責現象。

三、組織結構形式

在職務設計的基礎上，應將職務組合，建立機構，形成層次化、部門化的結構。我們在此擬先介紹組織結構的多種形式，說明它們各自的優缺點和適用範圍，然後再分別研究形成組織結構中的幾個問題（見本節後續幾目），只有把這些問題都解決好，才能得到合理的組織結構。

---

① F. 赫茨伯格在 20 世紀 60 年代後期提出了人員激勵的「雙因素理論」，詳見第九章。

組織結構有多種形式，傳統的有直線制、直線—參謀制、分部制、混合制等，新型的有矩陣制、網絡制等。下面依次介紹。

(一) 直線制組織結構形式

直線制（line system）是早期的組織結構形式，但至今仍有人採用。其特點是各層次的管理者負責行使該層次的全部管理工作，沒有參謀機構或人員充當他們的助手，如圖7－2所示。

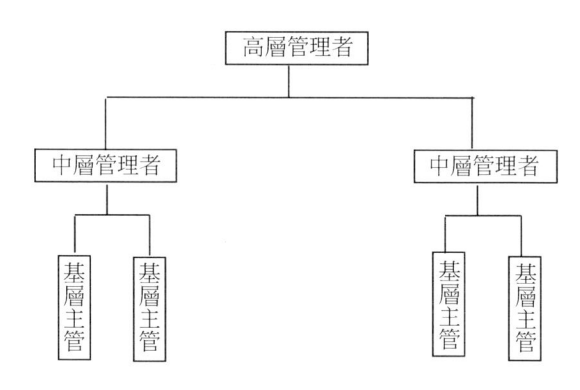

圖7－2 直線制組織結構形式示意

這種結構比較簡單，優點是權責分明，指揮統一，人員精幹，信息溝通方便，反應快速靈活；缺點是對各層次管理者尤其是高層管理者要求很高，他們要承擔有關層次的各類管理工作，難免顧此失彼，出現失誤；而且決策都集中於高層管理者一人，高度集權，風險極大。因此，這種形式僅適合於小型組織或創業初期的組織，隨著組織規模擴大，就必須改用更複雜些的形式。

(二) 直線—參謀制組織結構形式

直線—參謀制（line and staff system）亦稱直線—職能制（line and function system），是在直線制基礎上發展起來、已被廣泛採用的一種組織結構形式。其特點是為各層次管理者配備參謀機構或人員，充當同級管理者的參謀和助手，分擔一部分管理工作，但這些參謀機構或人員對下級管理者和作業人員無指揮權。如圖7－3所示。

這種結構形式的參謀機構和人員一般是按管理業務的性質（如銷售、生產、財務、人事等）分工，分別從事專業化管理，這就可以聘用專家，發揮他們的專長，彌補管理者之不足，且減輕管理者的負擔，從而克服直線制形式的缺點。同時，這些機構和人員只是同級管理者的參謀和助手，不能直接對下級發號施令，又保證了管理者的統一指揮，避免了多頭領導。這種形式的缺點是：①高層管理者高度集權，難免決策遲緩，對環境變化的適應能力差；②只有高層管理者對組織目標的實現負責，各參謀機構都只有專業管理的目標要求；③參謀機構和人員相互間的溝通協調差，各自的觀點有局限性；④不利於培養高層管理者的後備人才。儘管如此，這種結構形式仍適用於為數眾多的大、中型組織，只

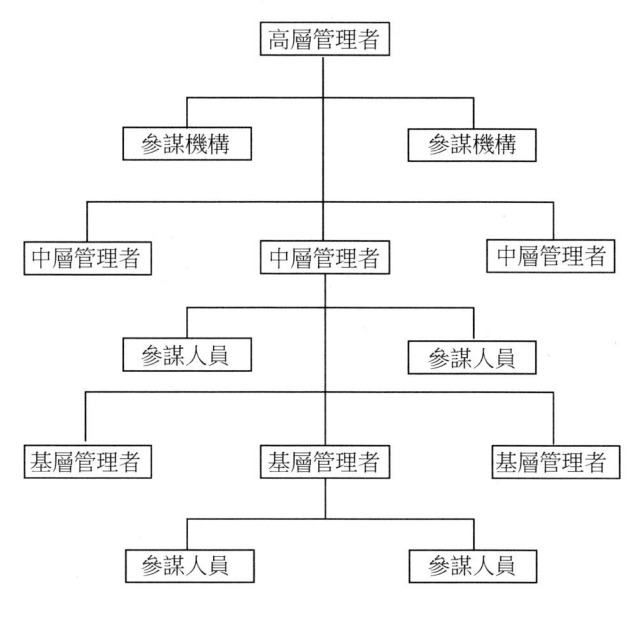

圖 7-3　直線—參謀制組織結構形式示意

是要設法揚其長而避其短，特別應注意處理好直線人員和參謀人員之間的關系。①

（三）分部制組織結構形式

特大型組織由於規模很大，業務很繁雜，不適於採用高層管理者高度集權的直線—參謀制形式，而需要採用分部制或事業部制形式（division system）。這種形式最早是在 20 世紀 20 年代由 A. 斯隆（Alfred P. Sloan）在美國通用汽車公司採用，收效很大，後來推廣到其他許多特大型組織，特別是跨國公司。

這一形式的特點是在高層管理者之下按產品、地區或顧客群體設置若干分部或事業部，由高層管理者授予分部處理日常業務活動的權力，每個分部近似於一個小組織，可按直線—參謀制形式建立結構。高層管理者仍然要負責制定整個組織的方針、目標、計劃或戰略，並落實到各分部。在他下面仍可按管理業務性質分設非常精干的參謀機構或人員，對各分部的業務活動實行重點監督。分部制形式如圖 7-4 所示。

這種結構形式的優點是：①各分部有較大的自主經營權，有利於發揮分部管理者的積極性和主動性，增強適應環境變化的能力；②有利於高層管理者擺脫日常事務，集中精力抓全局性、長遠性的戰略決策；③有利於加強管理，實現管理的有效性和高效率；④有利於培養高層管理者的後備人才。但它也有缺點：①參謀機構重疊，管理人員增多，費用開支大；②如分權不當，容易導致各分部鬧獨立，損害組織整體目標和利益；③各分部之間

---

① 本章下節將討論直線與參謀的關系問題。

图 7-4　分部制组织结构形式示意

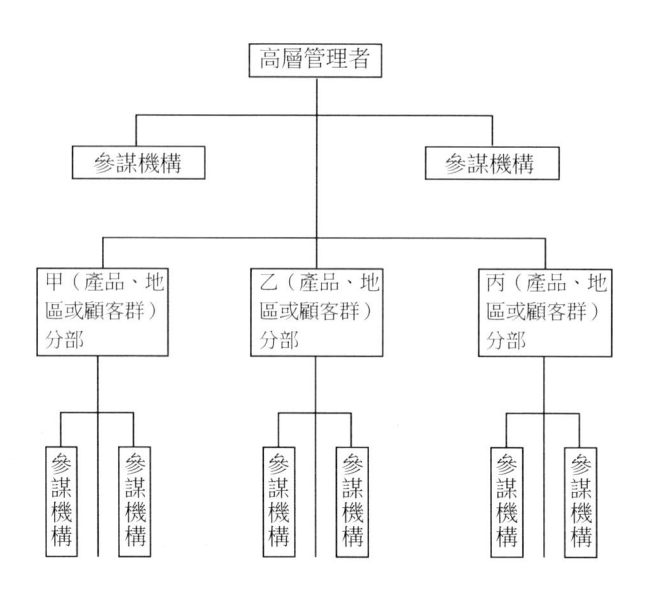

的横向联系和协调较难。这种形式适用于特大型组织，在采用时也应注意扬长避短。

（四）混合制组织结构形式

所谓混合制（hybrid system），是指多种形式的混合运用。如美国的道—科宁公司（DowCorning）于 1967 年首先建立的「多维立体型结构」，就是混合制形式。[①] 这一形式由三方面的管理系统组成：①按产品划分的事业部，即产品利润中心；②按地区划分的管理部，即地区利润中心；③按职能（市场研究、生产、销售、技术服务等）划分的专业参谋机构，即专业成本中心。由三方面的领导者或代表组成产品事业委员会，对各类产品的产销进行领导，产品事业部不能单独作出决策。

这种形式的优点是把产品事业部经理和地区管理部经理以利润为中心的管理同专业参谋部以成本为中心的管理较好地结合起来，协调了各方面的矛盾，能及时互通信息，共同决策。但其缺点也较明显：①事业部、管理部和参谋机构间的矛盾和冲突时常出现；②管理人员多、费用高；③对例外情况的反应迟缓。这种形式与分部制形式一样，适用于特大型组织。

（五）矩阵制组织结构形式

前已提及，在实行直线—参谋制形式的组织中，参谋机构按管理业务性质分设，横向沟通协调较为困难。当组织的产品品种增多时或当组织出现某些主要的工作（如一定时

---

① 戈金 W C. 道—科宁公司的多维结构是如何经营的 [C]// 哈佛管理论文集. 北京：中国社会科学出版社，1987.

期內的中心工作，企業的新產品開發、技術改造或基本建設等）時，只有各參謀部門通力協作才能保證任務的完成，這就有必要按產品或重要工作項目設置臨時性或常設性的機構，由有關參謀部門派員參加。這樣就誕生了矩陣制（matrix system）的組織結構形式，如圖7-5所示。

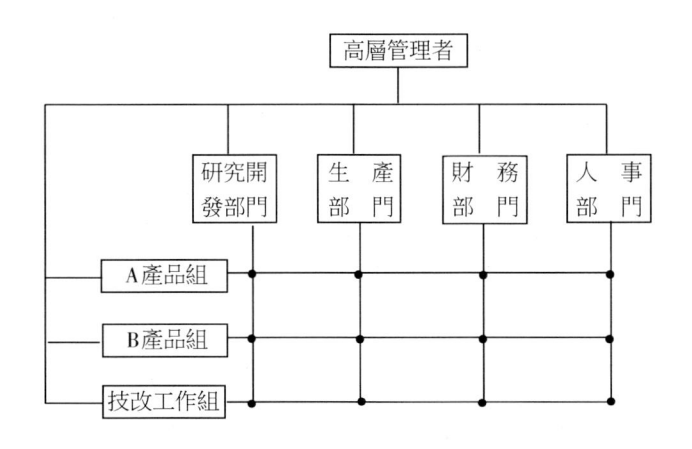

圖7-5 矩陣制組織結構形式示意

採用這種形式時，由參謀機構派出參加橫向機構（如產品組）的人員，既受所屬參謀機構領導，又接受橫向機構領導。這就有利於加強橫向機構內部各參謀人員之間的聯繫，溝通信息，協作完成橫向機構的任務。事實上，矩陣制是介於直線—參謀制與產品分部制之間的一種過渡形態，它可以吸收兩種形式的主要優點而克服其缺點。但是矩陣制的雙重領導違反了統一指揮原則，又會引起一些矛盾，導致職責不清、機構間相互扯皮的現象，所以有些管理學者對它提出了質疑。不過，從採用這種形式的航天航空企業、機械企業的實踐來看，其效果應當被肯定，只是高層管理者要注意協調參謀機構與橫向機構間出現的矛盾和問題。

（六）網絡制組織結構形式

網絡制（network system）是最新的組織結構形式。公司總部只保留精干的機構，而將原有的一些基本職能，如市場營銷、生產、研究開發等，都分包出去，由自己的附屬企業和其他獨立企業去完成。公司形同經紀人，長期依靠分包合同和電子信息系統同有關各方建立緊密聯繫。[1] 這一形式如圖7-6所示。

美國著名的運動鞋製造商耐克公司（Nike）從1964年創立之日起就採用網絡制結構，公司本身只搞研究開發和營銷，而由遍布全球的製造商根據訂貨合同為公司生產產品。美國最成功的玩具商劉易斯·加盧公司（Lewis Galcob）僅有115名雇員，其產品的研究開

---

[1] 採用這一組織形式的公司被稱為虛擬公司（virtual corporation）。

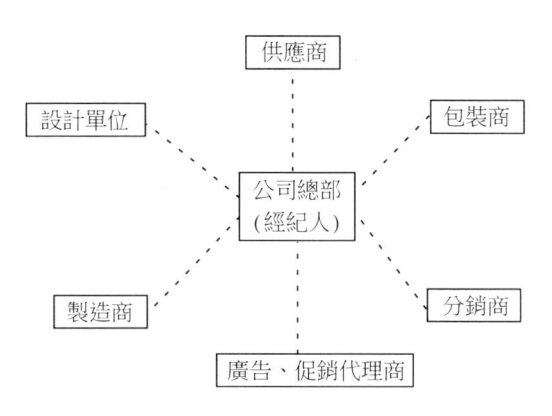

```
                    供應商
    設計單位                    包裝商
              公司總部
              (經紀人)
    製造商                      分銷商
              廣告、促銷代理商
```

圖 7-6　網絡制組織結構形式示意

發、製造、銷售乃至收款都由其他獨立的公司分別承擔，公司僅起組織、聯絡作用。某些組織將一些職能活動外包出去，如原美孚石油公司（Mobil）將其煉油廠的維修服務外包，許多圖書出版公司依靠外包進行編輯、設計、印刷和裝訂等，可視為網絡制結構的變種。

這種形式給予組織高度的靈活性和適應性，特別適合科技進步快、消費時尚變化快的外部環境，組織可集中力量從事自己具有競爭優勢的那些專業化活動。它的缺點是：將某些基本職能外包，必然會增加控制上的困難。例如將生產外包，對質量、交貨期等就較難控制，新產品設計上的創新也難於保密；同時組織協調的工作量很大，矛盾也不會少。

以上介紹了六種組織結構形式，它們各有優缺點和適用範圍。在現實生活中，幾種形式都在採用，而且在一個組織中也可能是幾種形式並存。因此，正如權變學派的理論所言，找不出一種能適用於一切組織的唯一的、最好的形式。在設計組織結構形式時，要從組織的實際情況出發，認真分析研究前面提到的影響組織設計的因素，服從於組織的目標、計劃和戰略，靈活運用一種或幾種結構形式，絕不可照抄照搬其他組織的形式，不能要求在機構設置上的「上下對口」。

不過，在任何情況下，設計組織結構形式都必須堅持精簡高效的原則。管理層次過多，部門林立，因人設職，人浮於事，無論何時都應該反對。選用組織結構形式本身並非目的，而是為了實現組織的使命、目標和計劃。德魯克說過：「能夠完成工作任務的最簡單的組織結構，就是最優的結構。」[1] 下面將依次研究如何確定管理層次、設置職能部門、確定集權和分權等問題。

四、管理層次和管理幅度

在設計組織結構形式時，首先要考慮建立縱向管理系統，確定管理層次。人們通常將

---

[1] 拜亞斯 L.L. 戰略管理［M］. 王德中，等，譯. 北京：機械工業出版社，1988.

管理層次分為最高管理層、中間管理層和基層管理層，但這只是理論上的抽象概括，實際情況要複雜得多。中國工業企業的管理層一般是三級，即廠部、車間和班組，規模較大、生產技術較複雜的企業則分為四級（工廠、車間、工段、班組）或五級（公司、分廠、車間、工段、班組），小型企業則可實行兩級管理，廠部直接領導班組。此外，還有三、四級相結合，二、三級相結合的形式。

管理層次多的結構，稱為高聳（tall）結構，優點是每個層次的單位管理的範圍較小，便於指揮和控制；其缺點是管理人員增多，費用增大，信息溝通不易，且不利於發揮下層管理者和作業人員的積極性。管理層次少些的結構，稱為扁平（flat）結構，其優缺點正好與高聳結構相反。從精簡高效原則要求看，人們多主張採用扁平結構，但究竟應扁平到何種程度，即管理層次多少為適當，仍然值得認真研究。這一問題是同管理幅度問題緊密相連的。

管理幅度（span of management）又稱控制幅度（span of control），是指一名管理者（如廠長、經理、校長、市長）可能直接管理或領導的下屬人數。在組織規模一定的情況下，管理層次與管理幅度成反比關系，即擴大管理幅度可以減少管理層次；反之，縮小管理幅度則需增加管理層次。研究管理幅度就能解決管理層次問題。

西方管理學者對管理幅度的研究始於法約爾。他曾指出：「不管領導處於哪個級別，他從來只能直接指揮極少的部下（一般少於6人）。當工序比較簡單時，只有工長有時直接指揮20～30個人。」[1] 他按一個工長指揮15名工人、其他各級領導者都只指揮4人來計算，得出結論：最大的工廠不會超過8、9級管理層次。[2] 後續的研究者又各自提出不同的人數，如有人說，對於高、中層領導者來說，理想的下屬人數為4人，而對於基層領導者來說，則可能是8～12人；又有人說，適宜的人數為3～6人，接近高層的最好為3人，接近基層的則為6人。這些人的共同看法是，越是上層的領導者，其管理幅度應越小。實際情況卻不一定是這樣，許多組織的中層領導者的管理幅度比他們的上司——高層領導者的管理幅度要小得多。

實踐證明，企圖從理論上來論證或者從調查中來歸納管理幅度的適當數量，那是非常困難的，因為各類組織的情況很複雜，影響管理幅度的因素又很多。較好的辦法是研究影響管理幅度的諸因素，然後根據實際情況靈活確定其數量；各組織可以不同，同一組織的各層次、各單位也可以不同，然後根據其結果來確定管理層次。

這方面的研究成果主要由孔茨和奧唐奈完成。他們二人列舉出8個影響因素：[3]

領導者個人的能力，最主要的是他減少相互關系出現的頻率和所需時間的能力；

下屬的訓練，即下屬的素質和能力；

---

[1] 法約爾 H. 工業管理與一般管理［M］. 周安華，等，譯. 北京：中國社會科學出版社，1982.
[2] 法約爾 H. 工業管理與一般管理［M］. 周安華，等，譯. 北京：中國社會科學出版社，1982.
[3] 孔茨 H，奧唐奈 C. 管理學［M］. 中國人民大學外國工業管理教研室，譯. 貴陽：貴州人民出版社，1982.

領導者給下屬授權的明確度和適宜度；

計劃工作水平，即計劃制定的質量和組織計劃實施時授權的適宜度；

外部環境和內部條件的穩定性；

控制標準的利用和控制的有效性；

信息溝通的方法及其效能；

個別接觸的數量，即必須由領導者與其下屬面對面地交換意見的次數。

我們可將上述因素歸納為三類：①人的因素，包括領導者及其下屬的素質和能力。如素質高、能力強，相互關系出現的頻率和所需時間就少些，管理幅度可以大些。②管理工作水平，包括上列第 3、4、6、7、8 個因素。如管理水平高，管理幅度可以大些。③外部環境和自身的變化速度。如環境和自身都較穩定，新出現的情況和問題不太多，則管理幅度可以大些。我們認為，孔茨和奧唐奈列舉的這些因素雖不算很全面，但已抓住了重要的部分，便於在實踐中運用。

五、職能機構設置[①]

任何組織（採用直線制式的小型組織除外）在設計組織結構形式時，在確定了管理層次、建立起縱向管理系統之後，還必須為各層次設計若干職能機構或人員，建立橫向管理系統。縱向管理和橫向管理兩個系統構成了緊密聯繫的有機整體。

職能機構一般都是按管理業務性質來分設的。例如工業企業有市場營銷、生產作業、財務會計、勞動人事、研究開發、思想政治工作、生活後勤等管理子系統，高等學校有教學、科學研究、生活後勤等管理子系統，它們的業務性質各不相同，就需要分別設置職能機構。為此，我們應該將完成組織目標和計劃所不可缺少的業務工作按照其性質分類歸組、設置職能機構，實行管理業務專業化，然後進一步明確這些機構的權責。

在實際分類歸組時，會遇到難以確定業務性質等具體的問題。對這些問題應當區別對待，妥善處理。經常可能遇到的問題有以下這些：

（1）有些管理業務涉及面廣，難以確定其性質，這時就需要按業務聯繫密切程度來歸組，將其歸入聯繫最密切、對那部分業務管理者最有用因而他會最關心的那一組業務中去。例如工業企業的原材料採購和交通運輸職能即可劃歸生產管理子系統，因為它們的聯繫最密切，劃歸生產系統後，其管理者會盡力關心。又如勞動定額的制定和管理，同勞資、工藝、計劃、財務、生產等職能部門都有關，但與其聯繫最密切、部門管理者可能最關心的當推勞資部門，所以應將它劃歸勞資部門。

（2）有些業務範圍廣，工作量大，需要分設幾個職能機構。這時既要鼓勵各機構之

[①] 在此之前，我們常提到參謀機構而未提職能機構。在此處討論橫向部門的設置時，以使用「職能機構」為宜，因為橫向部門中既有參謀機構，又有直線機構（如企業的市場營銷部門）。關於直線機構與參謀機構的劃分見下節。

間的競爭，又要注意合作與協調。例如企業的營銷工作量大，可能按產品類別分設銷售機構，並鼓勵它們相互競爭，提高效率。但如發現它們相互競爭已不符合企業整體利益時，就得迅速採取措施（例如將它們適當合併或重新按地域分設機構），加以制止，增強合作與協調。

（3）有些業務如帶有監督、檢查性質的質量控制、財務監督等，就應執行獨立性原則，即單獨設立機構，使其不從屬於其他機構或與其他機構合併。負有檢查任務的人絕不可隸屬於被檢查的那個部門，例如車間裡的質量檢驗人員就不宜隸屬於車間。

（4）有些業務按其性質是可以分開的，但在特殊情況下由於某些原因而不便明確劃分時，正確的原則就是避免強行割分。例如工業企業的產品銷售和原材料採購是明確分開的，但在百貨公司，人們常發現負責銷售商品的主管同時又負責同類商品的採購，原因是這裡的銷售同採購有著密切聯繫，把它們委派給一個主管更便於確定經營成果的責任。

（5）有些業務涉及若干職能機構，非某個機構所能單獨承擔，則可採用任務小組（task force）形式或委員會（committee）形式。任務小組是一種跨職能部門的臨時性機構，它吸收有關部門的人員參加，來完成特定的複雜或緊急任務，任務完成即宣告解散。它可以看成矩陣制形式的簡化版。委員會是一種集體管理形式，將在下節中討論。

六、集權與分權

在縱向管理系統和橫向管理系統確定後，就要進一步研究各機構特別是各管理層次之間的權責劃分問題，即集權（centralization）和分權（decentralization）問題。法約爾提出的14條管理原則中的「集中」原則，就是指要解決好這個問題。

集權是表示管理權力或職權（主要是決策權）保留在高層次管理者手中，分權則表示權力或職權更多地分散給低層次的管理者。從前面對組織結構形式的分析中，已可瞭解它們二者各有優缺點。絕對的集權即一切管理權集中於最高管理者一人之手是可能的，但僅限於規模極小的組織；一般說來，一定程度的分權乃是一切組織共同的特徵。絕對的分權是不可能的，因為如最高領導人不再掌握任何職權，就不再是領導者，也就不存在完整的組織。研究集權與分權，並非鑑別它們的優劣而取此舍彼，而是求得二者的正確結合，即確定權力集中化或分散化的適宜度。第一節中提到的「統一領導、分級管理」的組織原則，就要求把集權和分權結合起來。

為了確定集權或分權的適宜度，需要研究它的影響因素。這些影響因素可概括為四大類：

（一）組織自身狀況

（1）組織的歷史狀況是從內部逐步擴充形成還是由合併或聯合組成。如系後者，分權的程度會大些。

（2）組織的規模。大型組織的分權程度一般大於小型組織。

（3）組織的部門、行業特點，主要指地域分散的程度。如採掘工業企業、交通運輸企業就因地域分散，其分權程度要比集中於一地的企業更大些。技術複雜的企業，其分權程度也大些。

（4）組織的動態特徵是穩定發展還是迅速發展。如系後者，則分權程度宜大些。

（二）組織的管理特點

（1）職權的重要程度，也即職責的重要程度。例如重大的決策權就必須由高層管理者掌握。

（2）方針政策連貫性的要求。涉及貫徹重大方針政策的事項，其分權程度應保持連貫性。

（3）控制技術和手段的運用。如控制效率高，則分權程度可大些。

（三）人事因素

（1）領導人的人性觀是信奉「X理論」還是「Y理論」[①]，是讚成專制還是讚成民主。如屬後者，則分權程度可大些。

（2）下級人員的素質和能力。下級人員有無獨立工作的願望和要求，能否獨立工作。如答案是肯定的，則分權程度可大些。

（四）組織的外部環境

企業的外部環境包括政治、經濟、科技、社會諸因素，如這些因素的變化速度如何，政局是否穩定，經濟是在順利發展還是出現衰退或危機等。一般說來，如環境比較穩定，則分權程度可大些。

綜合上述，影響集權或分權程度的因素是相當多的，要作決策時，必須從實際出發，對這些因素進行具體的綜合分析。還應看到，不同管理業務的職權分散程度有所不同，以企業為例：

生產——只要規模較大，應首先實行分權。

營銷——同樣經常需要分權。

財務——指資金的籌措和運用，這是需要高度集權而不可分散的。

人事——有些職權如高級管理人員的任免、工資制度和形式的選擇、工資總額的控制等，需要高度集中，其他職權則可分散。

物資採購——一般應當集中，但在採用分部制結構形式的特大型組織中也可以分散。

運輸服務——明顯的趨勢是集中。

由此可見，要確定集權與分權的適宜度，是一件複雜而困難的事情。我們認為，較好的辦法是在認真分析諸影響因素和管理業務特點的基礎上，開始時分權少一些，以後可根據實際需要逐步擴大，並隨著情況變化適時調整。這是因為下級管理者一般對職權的擴大

---

① 這是關於人性的理論，見第九章。

感興趣，不太樂意放棄已有的權力。如開始時就分權過多，日後想收回一些權力，往往會遭到下級的反對而難以實現。

還需說明，按照權利和責任對等的組織原則，在確定各級管理者應有的職權時，必須相應地規定其職責，使其職權成為履行其職責的必要保證。要反對有權無責、有責無權、權大責小、權小責大等不良現象。這些職權和職責都應記入管理者的職務說明書中。

以上我們所研究的都是在組織結構設計中的權力分配問題，可以稱為制度分權，但分權還可通過另一途徑即授權來實現。所謂授權（delegation of authority），就是上級管理者將自己的部分權力（主要是決策權）授予下級管理者去行使。授權與制度分權從結果看是相同的，都是使較低層次的管理者掌握較多的權力，即權力的分散化。但我們有意加以區分，制度分權是在組織設計或組織結構改革中進行的，帶有全面性和穩定性；而授權則是管理者在工作中遇到新情況、新問題時採用的，帶有局部性和相當的隨機性。由於組織設計時難以完全預料組織結構運行中會出現的問題，加之在開始時分權宜少一些，以後根據需要再逐步擴大，這就要求各級管理者用授權作為制度分權的補充。

授權應當遵循下列原則：

（1）以責定權，權責對等；

（2）分層次授權，不破壞等級界限；

（3）統一指揮，但不能越級指揮，即不直接處理屬於下級職權範圍、應由下級處理的事務；

（4）授權不授責，即授權後下級有相對等的執行責任，而上級仍應對下級工作成績承擔最終的領導責任；

（5）主要權力不能下放，實行統一領導、分級管理的原則；

（6）授權是動態的，可視主客觀條件變化而調整，可授予可收回。

授權又是一種藝術。要使授權適當，管理者需有正確的態度：

（1）要信任自己的下級，願放手讓他們去干，並給予鼓勵和支持；

（2）善於聽取下級的意見，發揮他們的主動性和創造性；

（3）允許下級犯錯誤，主動承擔責任，並耐心幫助總結經驗教訓，避免重犯；

（4）建立和利用廣泛的控制，促使下級運用好所獲得的職權，完成預定的目標和計劃任務。

授權是組織中分權的一種有效方法，如運用得當，將給組織帶來更多的活力。

七、組織設計的權變理論

在第二章第二節介紹權變學派的管理理論時，曾經提出這個學派有關於組織結構的理論，其代表人物有湯姆·伯恩斯、瓊·伍德沃德、保羅·勞倫斯和杰伊·洛希等。他們的理論是在組織結構設計時必須參考借鑑的。

伯恩斯是英國管理學者，他結合工業發展過程研究企業組織結構的變化，提出組織有兩種類型：①機械型（mechanistic）。其特點是按專業細分化設置職位，每個職位的職責、權力和工作方法都有明確規定並嚴格執行，按等級制度實行嚴密的控制和溝通，強調指揮和服從，權力傾向於集中，規章制度制定得詳細具體。②有機型（organic）。其特點是職位有分工但強調對組織的共同目標和任務做出貢獻，只在有限範圍內規定各職位的權責和工作方法，控制和溝通多採用網絡式，強調發揮每人的主動性和創造性，權力傾向於分散，規章制度的執行有較大的靈活性。

伯恩斯認為，過去按古典管理理論提出的組織原則設計的組織結構都是機械型，只是在20世紀30年代以後才出現了一些有機型組織。兩種類型適用於不同的條件：如企業內外部條件比較穩定，應採用機械型；反之，如企業內外部條件多變（例如技術進步快、市場波動大），則應採用有機型結構。

伍德沃德也是英國管理學者，她對英國南部近100戶企業進行了調研，發現了組織結構同生產技術複雜程度之間的關係。她按技術複雜程度將所調查的企業分為三組：①按顧客訂貨組織單件或小批量生產，其技術不複雜；②組織大批量或大量重複生產，其技術複雜程度居中；③連續流水性生產或與大量大批生產相結合，其技術最複雜。她根據調查材料的分析得出的結果見表7-1，其主要內容為企業組織結構的特點因生產技術複雜程度而異，成功的企業要根據其生產技術要求來選用適當的組織結構。按照她的分析，在第2組企業中採用機械型結構最有效，而在其餘兩組企業中則適於採用有機型結構。[1]

表7-1　　　　　　　　　技術與某些組織結構特點的關係

項　　目	第一組企業	第二組企業	第三組企業
1. 管理層次的中位數	3	4	6
2. 領導人管理幅度的中位數	4	7	10
3. 監工的管理幅度的中位數	23	48	15
4. 直接生產工人與間接生產工人之比（中位數）	9∶1	4∶1	1∶1
5. 工人與管理人員之比（中位數）	8∶1	5.5∶1	2∶1

兩位美國學者勞倫斯和洛希共同提出的權變理論則是在外部環境與組織結構的關係方面的更深入地研究。他們選擇的調研對象是外部環境很不相同的三個產業的企業：環境最不穩定的塑料製品企業、環境最穩定的包裝容器製造企業、環境穩定程度居中的食品加工企業。然後分別考察這些企業內部的三個部門：銷售部門、生產部門、研究和開發部門。

他們的研究首先集中於差別化（differentiation），因為一個組織內部的各單位在其成員的行為和努力方向上是不相同的。例如研究開發部門總是關注新發展，工作不規範，重

---

[1] 羅賓斯 S P. 管理學［M］. 7版. 北京：中國人民大學出版社，1997：245.

視長期的成績；銷售部門主要考慮直接讓顧客滿意，工作規範化，重視近期的銷售業績；生產部門則處於中間狀態，主要關注效率，工作比研究和開發部門要正規些但又不及銷售部門，較重視中期成績。更有趣的是，外部環境愈不穩定，組織內部各單位的差別化程度就愈大。例如塑料企業內部的差別化程度最大，包裝容器企業最小，而食品加工企業則居中。鑒於差別化的影響，一個企業內部各單位可選用不同的組織結構，例如研究開發部門適於有機型，而銷售和生產部門則適於機械型。

他們還提出另一概念：一體化（integration），即組織內部各單位之間協調配合，以實現組織的總體目標。既有差別化，就必然需要一體化，而且差別化程度越大，一體化的努力程度就應當越大。例如環境穩定的包裝容器企業因差別化程度不大，有了直線—職能制結構和規章制度就能達到所需的一體化程度；反之，環境最不穩定的塑料企業因差別化程度大，就需更多地利用縱向和橫向的協調機制，如採用工作組、任務小組等形式。

加拿大著名管理學者亨利·明茨伯格列舉了五種組織結構形式，並註明了它們各自適應的權變因素，見表7-2。他的研究對各類組織選擇適用的結構形式是有幫助的。例如簡單型結構非常適應簡單而不斷變化的環境，卻不能適應複雜環境。又如特殊型結構，如被置於簡單、不斷變化的環境中，就顯得過於複雜和費用過高；如讓它去管理需要更多標準化的大批量生產流程，它也會因太靈活而管不好。

表7-2　　　　　　　　　　明茨伯格五種組織結構形式的特徵

	結構形式 特　徵	簡單型	機械① 官僚型	專業② 官僚型	分部型	特殊型③
基本參數	權力集中點	最高管理者	首席執行官和工作流程的設計人員	專業人員	分部的管理者	科學家、技術人員和中層管理者
	關鍵的協調機制	直接監督	工作標準化	技能標準化	產出標準化	相互調整
權變因素	年齡和規模	年輕、規模小	年長、規模大	不一	年長、規模很大	年輕、規模中小
	技術	簡單、顧客訂貨	大量、大批生產	複雜、使用標準化訓練	各不相同	複雜、自動化或顧客訂貨
	環境複雜性和動態性	簡單、不斷變化	簡單、穩定	複雜、穩定	分部級簡單、穩定	複雜、不斷變化
結構要素	部門化	職能型	職能型	職能或混合型	分部或混合型	矩陣型、使用整合人員
	正規化程度	低	高	低	在分部內高	低
	需要橫向協調的程度	低	低	專業人員之間高	分部之間低，分部內中等	高

資料來源：明茨伯格 H. 五種結構：設計有效的組織［M］. 普倫蒂斯：霍爾出版公司，1983.

註：①機械官僚型即湯姆·伯恩斯所說的機械型組織。②專業官僚型指學校、醫院、會計師事務所等，其特點是其工作人員大部分是專業人員。③特殊型指創新型組織，廣泛採用矩陣制，其結構富有彈性、權力分散。

第三節　組織結構的運行

設計好的組織結構還僅是一個框架，處於「靜態」，必須使它運行起來，發揮作用。要使組織結構運行起來，就得為它配備人員，對運行過程實施領導、控制和協調。這些工作將是以下各章所討論的內容。與此同時，還需繼續處理好組織工作中的一些關係，如直線與參謀的關係、委員會形式的運用、正式組織與非正式組織的關係等，本節就研究這幾個問題。

一、直線與參謀

前已提及，在組織結構中，經常有直線機構（人員）與參謀機構（人員）的劃分。傳統的劃分這兩類機構（人員）的標準是考察其在實現組織目標中的作用。凡是對實現組織的主要目標負有責任又享有職權的機構（人員）稱為直線機構（人員），而那些為直線機構（人員）提供專業性幫助的則稱為參謀機構（人員）。根據這個標準，人們通常把工業企業中的生產和市場營銷（有時還有財務）機構看作直線機構，而把採購、人事、研究與開發、法律事務等機構列為參謀機構；在百貨公司中，各商品銷售櫃組為直線機構，而人事、行政等機構則為參謀機構。

這種劃分法易於理解，但可能引起混亂。例如，在工業企業中，將採購、研究與開發等機構稱為參謀機構，似乎它們對實現企業的主要目標僅起輔助作用，就可能引起非議，甚至像人事、設備維修等機構也會提出同樣的問題。因此，現在許多管理學者傾向於將直線與參謀看作兩類不同的職權。凡是由等級制度形成的指揮鏈所帶來的職權稱為直線職權（line authority），反應上下級之間命令、指揮與服從的直線關係，享有直線職權的機構就是直線機構。參謀機構享有的是參謀職權（staff authority），即運用專業知識、技能和經驗去思考、運籌和建議的權力，這反應了參謀機構為直線機構提供協助和服務的參謀關係。

採用職權關係標準來劃分機構就比較靈活，只能說某機構主要是直線機構，另一機構主要是參謀機構。例如主管生產的副總裁直接指揮下屬工廠的廠長，享有直線職權，應屬直線人員，但是如果他向總裁就公司政策提出建議，那就是在行使參謀職權了。又如人事機構一般被認為是參謀機構，但在此機構內部，管理者對其下屬人員仍享有直線職權。

從理論上來說，在直線機構（人員）之外設置參謀機構（人員）為其提供參謀性服務，既可適應管理業務日趨複雜、需要多種專業知識技能的特點，又可滿足統一指揮原則的要求（參謀機構和人員無權直接指揮下級）。但在實踐活動中，直線與參謀的矛盾卻經常發生，導致管理效率下降。其主要表現是：直線人員認為參謀人員不瞭解全面情況，所提建議不符合實際；參謀人員不尊重領導，侵犯了自己的職權或錯誤地對下級發號施令。而參謀人員則認為直線人員對自己的建議不重視，未受到應有的尊重或感到自己權力太小

而沮喪等。

為了處理直線與參謀的矛盾，需要做好下列工作：

（1）明確職權關系。直線人員和參謀人員都應進一步弄清各自的職責和職權，切實行使好職權，擔負起職責，並加強協作，相互支持。兩類人員有分工，但並無高低貴賤之分，所以要自覺地尊重對方，處理好相互關系。

（2）可授予參謀人員一定的職能職權。職能職權（functional authority）是指直線人員將屬於自己的命令和指揮權分出一部分授予所屬的參謀機構（人員）去行使。在授權範圍內，參謀機構（人員）就代表該直線人員。這就擴大了參謀機構（人員）的權力，有利於調動其積極性；但此舉應僅限於非常必要的場合，以免削弱直線人員的地位或出現多頭指揮現象。

（3）為參謀人員工作提供必要條件。應有一些組織措施，鼓勵和約束直線人員同其參謀人員共同商討問題，聽取他們的建議，再作出決策；並要隨時向參謀人員提供信息，介紹全面情況，或讓其參加有關會議，以便於他們研究問題，更好地發揮參謀作用。

（4）適時地輪換兩類人員。長期在一個崗位上，極易約束人們的思想和眼界，因此，對兩類人員加以輪換，可增進相互瞭解，共同搞好工作。

二、委員會形式的運用

委員會（committee）是一種集體管理形式，主要通過定期或不定期地召開會議來從事管理活動，其成員來自有關各方面。儘管我們將委員會問題列入本節，實際上在組織結構的設計中就已可能考慮甚至必須考慮這一問題。

組織中存在著多種多樣的委員會。就其性質來分，有決策性的、諮詢性的、協調仲裁性的、執行性的等；就其時限來分，有臨時性的，也有長期存在的；就其主管業務來分，有限於某項專門業務的，也有綜合性的；就其設置的管理層次來分，有設於組織的高層、最高層的，也有分佈於較低層次的。公司制企業的董事會就是企業最高的決策機構，它由股東會產生，對股東會負責，對公司許多重大問題作出決策，再交給它所聘任的總經理去執行。

委員會形式的運用有以下優點：

（1）集思廣益。委員會由一組人組成，可以集體討論、集體決策，利用群眾的智慧，克服個人知識、經驗和判斷能力的局限性。

（2）促進協作。將有關職能部門的代表組合在委員會中，共同研究和決定涉及各部門的問題，就可以相互溝通，取得一致意見，並通力協作去執行決定。這對於某些需要由幾個部門協作去完成而不能單獨分給某一部門的工作（即所謂「結合部」的工作），尤為必要。

（3）代表各方利益。委員會一般由各方面利益集團的代表組成，這樣使它作出的決

策能反應各利益集團的利益。例如董事會雖是由股東會產生，代表股東行使資本所有者權利，但往往有管理人員和職工的代表參加董事會，使之能代表各方利益。

（4）避免權力過於集中。由委員會集體討論和決策，不僅可集思廣益，還可防止權力過於集中、個人獨斷專行、以權謀私等弊端。

（5）有利於決定的執行。由於委員會的成員都參與了決策的制定過程，可以激發他們的積極性，並使他們透澈地瞭解決策的意義、內容和要求，從而更好地去執行委員會的決策。

但是如果運用不當，委員會的形式也會出現以下缺點：

（1）時間延誤。委員會主要通過會議來工作，而會議必然耗費時間。如掌握不當，會議時間過長或未取得預期成果，則會帶來時間上的延誤或浪費，讓組織付出極大的代價。

（2）妥協折中。委員會由不同部門、不同利益集團的代表所組成，他們的意見必然有分歧。當分歧較大時，往往因多種原因而採取妥協折中的方案，以求一致通過。這樣作出的決策就很難保證其質量。

（3）個人說了算。委員會的決定應當是群眾智慧的產物，但也可能出現少數人乃至個別人以自己的意見取代集體意見的現象，集體管理實際上掩蓋了個人的獨裁專制。

（4）權責分離。委員會既然享有一定的職權，就應當承擔相應的職責。集體作出的決定，只能由集體來對決定的後果負責；但集體負責往往導致無人負責，以致委員會的權責分離可能變為有權無責。這是委員會形式的一個主要缺點。

委員會的形式有其優點，但如運用不當，又會出現缺點，這就要求我們去研究如何妥善加以運用，做到揚長避短。要妥善地運用委員會形式，必須注意下列問題：

（1）審慎使用委員會形式，並明確其權責。在確實需要充分發揮委員會集思廣益、促進協作、協調各方利益等優點，而決策時間又不很緊迫的情況下，適宜採用委員會形式，例如企業最高決策機構的董事會、處理「結合部」工作的部門協作委員會等。對於那些瑣碎、繁雜的日常例行工作，僅涉及一個部門或一個利益群體的工作，以及時機緊迫、必須當機立斷的急務，就不必採用委員會形式去處理。

在決定設置委員會後，不僅要明確其性質、任務、職責和職權，還要依據其職責和職權進一步明確委員會各成員尤其是主席（主任）的責和權。要把集體管理同個人負責結合起來，消除權責分離和無人負責現象。

（2）合理確定委員會的規模。委員會應有足夠的規模，才能發揮其集思廣益、促進協作等優點，但又不能過大，這樣會人浮於事、浪費時間。有人認為，委員會的委員以10人左右為宜，最多不超過15～16人。

（3）挑選合格的委員會成員。應當根據設置委員會的目的和性質來挑選其成員。如決策性委員會，其成員就應具有必要的專業知識和經驗，能代表不同的利益群體，還要有

較強的決策能力和溝通能力。諮詢性委員會則要求其成員具有比較豐富的專業知識和經驗，善於思考和運籌。

（4）發揮委員會主席的作用。委員會主席的地位很重要，其人選是否恰當在很大程度上決定著委員會的成效。他應當有群眾觀點和民主作風，尊重每一位成員，公正地對待每一種意見，善於集中群眾智慧，引導委員會圓滿地完成任務。

（5）開好委員會的會議。這也是對委員會主席的要求，包括：預先計劃好會議的內容；選擇適當的會議主題；檢查提前向委員們提供的研究材料；有效地主持會議；綜合各種意見，形成合理的決定；會議結束前宣布作出的決定，再次徵求意見；會後檢查會議決定的執行情況等。

（6）考察委員會的工作效率。委員會主要通過開會來進行工作，因此，考察委員會的工作效率主要是檢查會議效率，即開會所獲得的成效與為獲此成效而付出的費用之比。開會的成效有許多是難以量化的，付出的費用（特別是開會的費用）也難於精確計算，所以會議效率不易考核。但我們應常保持效率觀念，促使委員會都能充分發揮其積極作用。

國內外的一些組織（包括企業、學校等）存在著一種趨勢，即組織的最高管理層正在逐步改變過去純粹由個人負責的做法，而採用委員會的形式。其主要原因是組織規模日益龐大，業務活動日益複雜，必須集思廣益，方能減少失誤。

三、正式組織與非正式組織

在經過以上的組織結構的設計和運行之後，所謂的正式組織（formal organization）形成了。它有明確規定的目標、結構、職位、職責和職權以及由此決定的分工協作關係，要求組織的一切成員為實現共同目標而努力。在正式組織運行過程中，還會產生非正式組織（informal organization），它對正式組織及其目標的實現會產生影響。因此，需要處理好兩類組織間的關係。

非正式組織是人際關係理論的創立者梅奧等人在霍桑試驗中首先發現的。他們揭示了這種組織產生的必然性，並認為不能把它看成一件壞事，但正式組織的管理者要善於引導。[1] 後來有許多管理學者繼續對非正式組織作了研究。如巴納德就指出，非正式組織是指人們的某些聯合行動，他們儘管會對共同的後果產生影響，但並無有意識的聯合目的。[2] 同正式組織相對比，非正式組織有不少特點，現將兩類組織的主要特點列入表 7–3。

---

[1] 見本書第二章第二節。
[2] 巴納德 C I. 經理人員的職能 [M]. 劍橋：哈佛大學出版社，1938.

表 7－3　　　　　　　　　　　正式組織和非正式組織的主要特點

項　目	正式組織	非正式組織
形成原因	為了實現共同目標而有意識地組織起來	因人們性格、愛好、交往、感情等逐漸形成，並無自覺的共同目標
表現形式	是有形的組織，其結構表現為組織圖、職務說明書等	是無形的組織，無任何成文的表現形式
成員範圍	按組織設計規定的層次、部門配備合格的人員，人數相對穩定	自願結合，不受正式組織規定的層次、部門、職務等的限制，人數不定
行為標準	以效率邏輯作標準，制定有明確的方針、程序、規章制度，要求嚴格執行	以感情邏輯作標準，只有不成文的約定；如有違反，則會受到疏遠或排斥
領導者的產生方式	按有關規定選拔產生	自然產生，領導者往往是團體中交際面最廣或威望最高者

非正式組織能對正式組織產生積極作用，對此巴納德早已指出。[1] 這些積極作用主要有：

（1）可滿足正式組織成員的需要。人是「社會人」，有社交、受人尊重和自我實現等需要。這些需要有相當一部分是在通過相互交往形成的非正式組織中得到滿足的。而這些需要的滿足，對激勵組織成員的工作熱情有著重要影響。

（2）增進正式組織成員的團結協作精神。人們經過相互交往，易於產生團結協作精神；有些不便由正式渠道提出的、容易引發爭議的意見和事情，可以在非正式組織成員間先行交換意見，然後再提出，更有助於團結協作。

（3）非正式組織也關心其成員的工作表現，不願看到某個成員掉隊。因此，對那些工作有困難的或技術不熟練的，其他成員會自覺地給予幫助，促使他提高技術水平，從而對正式組織的培訓工作起到補充作用。

（4）非正式組織也要考慮和維護自己在公眾、正式組織中的良好形象，往往會幫助正式組織建立正常的活動秩序，糾正自己成員違反正式組織紀律的行為，甚至按自己的方式對那些成員進行懲處。

但是，非正式組織也會對正式組織產生消極作用或帶來危害，這些消極作用是：

（1）當非正式組織的目標與正式組織的目標不一致甚至發生衝突時，就會對正式組織產生消極影響。如梅奧等人就曾發現，非正式組織有「自定的」、低於正式組織規定的生產定額，並運用團體壓力讓其成員遵守這一定額而限制日產量。

（2）非正式組織的信息溝通一般是秘密的，容易傳播「小道消息」。這些消息往往傳

---

[1] 孫耀君. 西方企業管理理論的發展 [M]. 北京：中國財政經濟出版社，1981.

播很快，對正式組織帶來消極影響，而要消除其影響並非易事。

（3）非正式組織加強了其內部成員的交往，但卻會對非組織成員和其他非正式組織加以排斥，甚至會同其他非正式組織鬧矛盾或比高低，這就會損害正式組織所需要的團結。如非正式組織的領導者行為不端，就很容易帶領成員干壞事。

（4）非正式組織經常表現出反對改革、革新的傾向，因為它的多數成員害怕改革或革新會威脅非正式組織的存在。這對於正式組織的發展顯然是不利的。

鑒於非正式組織既有積極作用，又有消極作用，正式組織的管理者應當對它採取正確態度，加強引導，以發揮其積極作用：

（1）接受非正式組織必然存在的現實，不把它看成壞事而加以禁止，也不提倡或鼓勵。應通過深入細緻的工作，去發現已形成的非正式組織及其領導者。

（2）對非正式組織進行引導。要做耐心的思想工作，說服非正式組織的成員特別是其領導者，把他們非自覺的目標同正式組織的目標統一起來，以支持正式組織方針目標的實現。

（3）當發現非正式組織的行為對正式組織不利時（如限制產量、反對改革等），要做耐心細緻的思想工作，用民主的說理的方法去糾正。當發現非正式組織有干壞事的傾向時，要及時制止，不可姑息。

處理好同非正式組織的關係，也是正式組織正常運作的重要條件。只要管理者的態度正確，工作得力，就可以使非正式組織成為正式組織的有益補充，促進正式組織目標的實現。

復習討論題

1. 如何理解民主集中制原則？組織在運用這個原則時，要處理好什麼關係？
2. 你能舉例說明責任制原則的重要性嗎？為什麼說它既是一個原則，又是一套制度？
3. 試述組織結構、組織機構、組織圖三個概念之間的關係。有了組織圖，是否就有良好的組織結構？
4. 組織結構的設計應考慮哪些影響因素，採取哪些步驟？
5. 在職務設計中，如何使勞動分工做到科學合理？
6. 試分別說明下列組織結構形式的概念、優缺點和各自適用的範圍。

    直線制　　　　　　混合制
    直線—參謀制　　　矩陣制
    分部制　　　　　　網絡制

7. 如何理解管理幅度及其與管理層次的關係？影響管理幅度的因素主要有哪些？
8. 職能機構的設置主要依據什麼原則？

9. 為了確定集權或分權的適宜度，需要考慮哪些影響因素？為什麼在開始分權時其範圍可小些，以後則可再根據需要逐步擴大？

10. 授權有哪些原則？為何又說它是一種藝術？

11. 請解釋機械型組織和有機型組織。西方的古典管理理論為何都推薦機械型組織？有機型組織是否優於機械型組織？

12. 企業的直線人員與參謀人員是否會出現矛盾？應如何加以正確處理？

13. 委員會的採用有哪些優缺點？如何才能妥善運用，做到揚長避短？

14. 正式組織中何以必然產生非正式組織？正式組織的管理者應當如何去對待非正式組織？

案例

A 公司的組織結構[①]

A 公司是一家民營高科技企業，成立於 1998 年，由某大學計算機系的王教授及幾位青年教師共同創辦，產品主要是各種應用軟件和網絡集成系統，主要的客戶為銀行、稅務、海關、民航等部門。公司創立初期僅有 20 名員工，王教授任董事長兼總經理，組織結構極為簡單，如圖 7-7 所示。

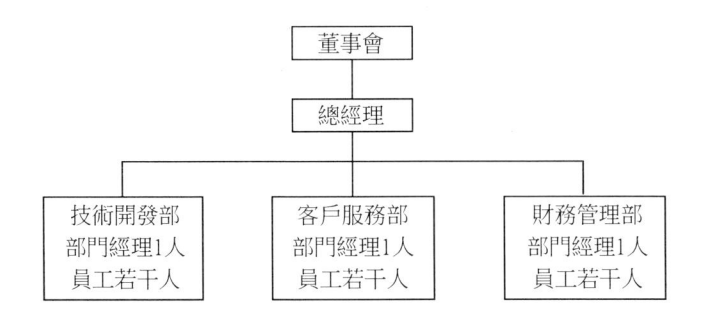

圖 7-7　A 公司創立初期的組織結構示意

公司的員工都是具有良好專業背景的科技人員，學習能力強，能獨當一面。他們工作很努力，與客戶加強溝通，充分瞭解其需求，使所開發的軟件及網絡系統能適應客戶需要，在系統調試運行中又能提供周到的技術服務。王教授更是事必躬親，不僅抓經營管理，有時還親自動手編寫應用程序。

憑藉全體員工的共同努力和優質的產品與服務，A 公司實現了超速發展。到 2002 年，銷售收入已近億元，員工增至 150 人。由於業務擴大，人員增多，需要進一步分工，公司

---

① 譚力文，等. 管理學 [M]. 2 版. 武漢：武漢大學出版社，2004：189-191.

於是對組織結構作了變革，新的結構如圖7-8所示。

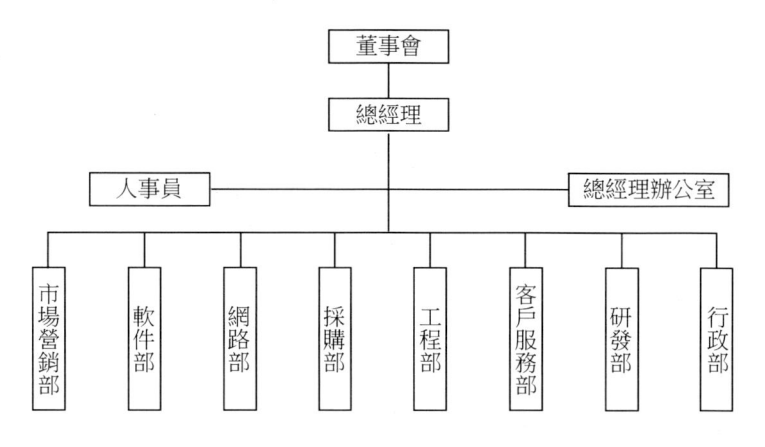

```
                        董事會
                          │
                        總經理
                          │
    人事員 ─────────────┼───────────── 總經理辦公室
        ┌────┬────┬────┼────┬────┬────┐
      市場  軟件 網路 採購 工程 客戶 研發 行政
      營銷  部   部   部   部   服務 部   部
      部                      部
```

圖7-8　A公司2002年的組織結構示意

A公司現在的業務流程是：市場營銷部負責開發客戶、簽訂合同，軟件部和網絡部負責按合同進行設計，採購部負責採購所需設備，工程部負責設備的安裝調試，客戶服務部負責提供售後服務和技術支持，研發部負責研製新產品和引進新技術，行政部則負責公司的內部管理。

組織結構的變革帶來了許多問題：各部門之間權責不明，溝通不暢；員工士氣降低，抱怨較多；常常不能按期交貨，售後服務質量下降；經營業績下滑。王教授在公司的各個場合總是反覆強調公司的使命和員工團結合作的重要性，但收效不大。

討論題：

1. A公司在創立初期的組織結構屬於何種類型？有哪些特點？
2. A公司2002年的組織結構屬於何種類型？有哪些特點？
3. 針對目前出現的問題，你認為組織結構是否需要改革？如何改革？

第八章
人事

人事（staffing）或稱用人，是管理的基本職能之一。它是指在組織確定了目標、計劃和設計好組織結構的基礎上，為各機構、職務（崗位）配備適當的人員，使他們能展其所長，實現所在機構、職務（崗位）以及全組織的目標，並不斷提高這些人員的素質。因此，人事職能包括組織所需各類人員的計劃、識別選拔、招聘錄用、使用安排、業績考評、報酬支付、培訓提高等。現代人事管理通常稱為人力資源的開發與管理，突出人力資源的重要地位，強調開發勞動者的潛能，以促進改革、創新和組織發展。本章將著重討論人員的配備、報酬、培養等問題。

第一節　人力資源開發與管理的意義

一、人力資源開發與管理的含義

人是生產力諸因素中最積極、最活躍的因素。人力資源是一切組織所擁有的資源中最寶貴的資源，其他資源如物力、財力、技術、信息等，都需要人力資源加以組合和利用，才能發揮作用。我們將人事列為管理的一項單獨職能，就是為了突出人力資源的重要地位。

所謂人力資源，也稱為勞動力資源，是指人口總體所具有的勞動能力的總和。它表現為勞動力數量和質量兩方面的內容。人力資源的數量，從宏觀上講，是指一個國家或地區範圍內具有勞動能力的人口數量；從微觀上講，則是指一個組織所擁有的員工數量。人力資源的質量，包括人員的思想素質、文化素質、專業素質、身體素質等多方面，它相對於數量往往更為重要。人力資源質量提高了，才能掌握現代科學技術，促進生產發展和社會進步，提高組織的勞動效率和經濟、社會效益。

一個組織的人力資源開發與管理，是指在兼顧社會、組織和勞動者個人三方面利益的基礎上，採取多種有效的措施和手段，獲取組織所必需的人力資源數量，挖掘人力資源潛力，提高人力資源質量，調整人力資源結構，改善人力資源組織和管理，從而取得盡可能好的效益，實現組織目標和計劃。如將人力資源的開發與其管理分開來理解，則二者既有區別，又有聯繫。人力資源開發強調人力是必須開發的一種資源，側重於人力資源質量的

開發，重視開發個人潛能以適應組織發展的需要。人力資源管理則是對人員的招聘、使用、考核、報酬、培養等各方面進行的計劃、組織、領導、控制等活動。開發與管理的聯繫表現在：開發需要管理，管理則處處都應考慮如何發揮個人潛能，即服務於開發。二者均重視人與事的配合、人與人之間關係的協調，共同為實現組織使命和目標服務。

人力資源開發與管理的主要任務可概括為下面幾方面：

（1）滿足組織需要。組織的業務活動要靠人員去執行，其使命、目標和計劃要靠人員去完成。這就要求以目標、計劃為依據，按其所需要人員的數量和質量予以滿足。如現有人員有不足，應及時補充；如現有人員有多餘，應妥善分流。如條件許可，還需保持一定的人才儲備，以適應組織日後發展的需要。

（2）調動人員積極性。有了人，還應盡力去調動他們的主動性和積極性。這就要求將適合的人放在適合的職務（崗位）上，要做好思想教育、民主管理、業績考評、報酬激勵、職務升遷等各項工作，激發人們的工作熱情，充分發揮他們的聰明才智。要增強組織的凝聚力，保持員工隊伍的相對穩定，特別要防止優秀、骨幹人員外流。

（3）提高人員素質。一切組織都有培訓其人員、提高他們素質的任務。這首先是增強組織競爭力、保證組織持續發展的需要，其次也是員工自身發展的需要。人都有上進心，希望得到較全面的發展，提高自己的素質和能力。有眼光的管理者既要重視招攬優秀人才，又要注意幫助他們繼續提高。

（4）提高勞動效率和效益。人力資源開發與管理的任務歸根到底是要提高組織的勞動效率和效益，效益的高低以實現組織使命、目標的程度來衡量。學校、醫院、政府機關等追求社會效益，靠的是提高工作效率和質量。工商企業追求經濟效益，兼顧社會效益，靠的是增強競爭能力和適應能力，而提高勞動效率正是增強這些能力的重要途徑之一。

二、人力資源開發與管理的重大意義

國內外管理領域歷來均重視人才的開發和使用問題。中國古代管理思想和管理實踐累積了極為豐富的用人之道。如在慧眼識才、發現人才方面，有孔子的「三人行必有我師」，墨子的「官無常貴，民無終賤」，即才能面前人人平等的思想，以及「伯樂和千里馬」之說。在掌握標準、選拔人才方面，有司馬光的「才者，德之資也；德者，才之帥也」，即「以德帥才」觀；管仲的「一年之主，莫如樹穀；十年之計，莫如樹木；終身之計，莫如樹人」。在唯才是舉、舉賢讓賢方面，有祁黃羊的「內舉不避親，外舉不避仇」的典故，龔自珍的「我勸天公重抖擻，不拘一格降人才」。在愛惜人才、知人善任方面，有「劉備三顧茅廬」的生動事例與「用人所長，避人之短」等論述。借鑑和吸取上述古代用人之道中的精華，對於搞好人才開發、使用是十分有益的。

西方許多國家在管理領域也相當重視人的作用，以人為中心的管理思想已逐漸形成。行為科學理論把協調人際關係，以人為中心進行管理作為主要研究內容。日本企業界已形

成共識：企業家必須善於做好人的工作，培養各種人才，提高職工積極性，這是事關企業生存的大問題。在日本大企業中，資格最老、最受尊敬的常務董事是負責人事工作的。[1] 美國企業界過去最受重視的是生產、財務、銷售等環節，而忽視了人事管理。但現在，人事經理的地位顯著提高，也進入了高層決策班子。一位美國大公司的董事長說：資本是工業發展的瓶頸，我覺得此話不再是對的了，公司不能招聘和保持一支高素質的勞動隊伍才真正構成生產的瓶頸。[2] 西方許多國家重視以人為中心進行管理的經驗，體現了現代管理發展的一大趨勢。

中國現階段，重視人力資源開發與管理意義重大。

首先，重視人力資源開發與管理，可以有效地降低人力資源的使用成本。中國的人力資源浪費情況比較嚴重，表現為大量的人才短缺與人才積壓浪費同時並存。中國教育基礎還較薄弱，人員素質較低，另一方面，人才浪費嚴重。人才能力發揮不足，其原因是人們所從事的工作是否符合個人志趣，專業是否對口，所處環境人際關系是否和諧等等，這些因素直接影響個人能力的發揮，而這些往往是我們過去所忽視的。因此，應注重人力資源的開發和管理，合理用人，根據人員的知識、能力、個性的不同，將其安排到適合的崗位，發揮其應有的作用。這樣可避免因用人不當，而造成人力資源的浪費。

其次，重視人力資源的開發與管理，是提高效率、促進中國現代化建設的迫切需要。中國現代化建設事業的發展，需要培養和造就一大批掌握現代管理知識和現代科學技術的人才。鄧小平曾指出，現在我們國家面臨的一個嚴重問題，不是四個現代化的路線、方針不對，而是缺少一大批實現這個路線、方針的人才。道理很簡單，任何事情都是人幹的，沒有大批的人才，我們的事業就不能成功。這充分說明人才的重要作用。因此，我們應重視人力資源的開發與管理，廣泛地發掘人才，積極地培養人才，合理地使用人才，充分發揮人才的積極作用，這是中國現階段經濟建設的當務之急。

再次，重視人力資源開發與管理，才能在日益激烈的國際競爭中贏得競爭優勢。目前，世界經濟逐步向高科技化方向發展，勞務成本低的優勢逐步減弱，優秀人才與高素質勞動力的優勢日益顯著。高科技產品與初級產品的巨大差價就是人才、知識含量、勞動力素質差別的反應。中國在對外貿易中要加強高科技產品、高附加值產品的生產與出口，以替代傳統初級產品的生產與出口。其中人力資源的開發與培養是關鍵。現在，人力資源素質也成為吸引外國投資的一個決定性因素。因此，中國必須強化人力資源的開發與管理，不斷提高人力資源的質量，才能在國際競爭中處於不敗之地。

由此可見，中國的經濟發展必須重視人力資源的開發與管理。開發人力資源應作為中國經濟長期發展的一項基本國策。

---

① 劉春勤、王德中. 管理學原理 [M]. 成都：西南財經大學出版社，1994.
② 黃津孚. 現代企業組織與人力資源管理 [M]. 北京：人民日報出版社，1994.

第二節　人員的配備

一、人員的識別和選拔

識別和選拔人才是人員配備的首要環節。中國在過去傳統的管理體制下，識別和選拔人才曾經存在重經驗印象、輕科學測評、重歷史表現、輕發展潛力、重個體評價、輕群眾分析等傾向。目前，我們繼承了過去的經驗，吸收了西方現代人才開發的理論和方法，在考察選拔人才方面有了改進和發展。如採用領導和群眾相結合、定量和定性相結合、靜態和動態相結合的方法，識別人才以「德才兼備」為基本標準，選拔幹部按照「革命化、年輕化、知識化、專業化」的要求，對選拔對象的德、智、體、能、績等多方面進行科學的考核，選拔和造就了一大批跨世紀的有用人才。

（一）西方識別和選拔人才的經驗

怎樣識別和選拔人才？西方一些國家的經驗和方法值得我們借鑑和參考。美國眾多公司開發人力資源首先是選擇適合公司各種工作需要的人員，其標準是既重學識，又重功效。一般認為，用人標準是：「能為公司獲取超過一般水平的利潤」，「為公司制定決策的人，必須是獲得碩士學位的人」。[1] 考慮到許多工作要依靠集體去完成，它們特別重視選用那些善於與他人合作共事、富於團隊精神的人，而少用性格孤僻、難於溝通的人。日本各級政府錄用公務員、各公司錄用職員均實行「能力主義」和「成績主義」原則，一律採用競爭考試、擇優錄用的辦法，並在考核、晉升、報酬等各環節，把人員的能力、成績和經驗作為主要條件。德國企業用人的標準是：要求嚴、才路寬，要求管理人才必須通曉業務，有廣闊的眼界，瞭解各種市場信息，年富力強，並具有協調能力。

（二）中國識別和選拔人才的基本標準

德才兼備是中國識別和選拔人才的基本標準，即既重視思想品德，又重視知識能力。在德與才的關係上，強調「以德帥才」，即首先要求有堅定的政治立場、良好的道德品質、堅強的意志，再看知識水平和工作能力。如果立場不堅定、意志薄弱、道德品質差、能力再強也難以發揮好作用。中國選拔幹部要求「革命化、年輕化、知識化、專業化」，培養接班人要求「有理想、有道德、有文化、有紀律」，就體現了德才兼備的具體內容。

（三）中國識別和選拔人才的程序和方法

綜合其他國家的經驗，並結合中國的實踐，識別和選拔人才的程序和方法一般如下：

1. 人才的推薦

對人才的識別和選擇，除了深入實際，在實踐中考察其言行外，離不開各種渠道的推

---

[1] 顧國祥，包秀鳴. 企業領導學 [M]. 上海：復旦大學出版社，1989.

薦。具體做法有：

（1）群眾推薦和自薦，即推薦、自薦再民主評議的方法。提倡廣大幹部、群眾薦賢，這是選才的基礎。還要提倡「讓賢」，幹部沒有讓賢的精神，沒有提攜後輩的胸襟，就沒有薦賢的可能。

（2）檔案審查。從檔案或成績記錄中識別和發現人才，必須注意與現實的表現相結合，並把工作實績作為選拔人才的主要依據，堅持以績量才、以績用人。這樣有利於克服主觀片面性。

（3）民意測驗。識別和選拔人才，應進行多視角、多層次、靈活多樣的調查瞭解，包括表格調查和個別徵求意見等，這樣可以從多方面瞭解選拔對象的思想、業務水平，也使過去不一定能進入人事組織部門視野的人才得到公正、準確的評價。

（4）信息渠道。利用報刊、電臺、電視、信訪等信息渠道，發現人才線索，發掘人才。

2. 全面考核

這是指對識別和選拔的對象進行考核，一般包括面試和筆試。面試能判斷鑑別對象的思維能力、理解能力、表達能力等實際才幹，筆試能比較客觀地反應、鑑別對象的知識水平和專業水平，從中擇優選拔出所需要的人才。

3. 任職答辯

選拔較高層次的領導人員可採用任職答辯的方法。答辯前先確定幾個候選人，組織有關領導、專家、群眾代表參加，由候選人分別進行答辯，這樣能充分顯示出候選人的才能。

（四）識別和選拔人才的要求

在識別和選拔人才的實踐中應注意：

（1）要有超乎尋常的見識和膽略，切忌拘泥於陳規陋習。有的人員，由於沒有遇到合適的條件和機遇，沒有取得創造性的成果，因而未被發現和使用。要對他們的才能作出判斷和評價，沒有較高的鑑別力和膽略是不行的。還要打破那些不合時宜、不符合科學的條條框框，如家庭出身、年齡、性別、資歷等限制條件，大膽選拔人才。

（2）要考慮人才成長和發展規律，切忌貽誤時機。人的才能在其一生中並非完全均衡發展的，客觀上存在從才能發展到才能鼎盛再到才能衰退的過程。因此，認識和選拔人才，不可貽誤時機，最好是在才能發展和鼎盛的最佳年齡區內。這樣，他們的聰明才智才能得到充分發揮和運用。

（3）創造公開平等的競爭環境，切忌任人唯親。識別和選拔人才，要提供公開、平等、民主、競爭的環境，讓人才脫穎而出，真正做到任人唯公，舉賢任能。不可任人唯親，假公濟私，影響組織內人員的素質。

二、人員的招聘

在人力資源開發和管理中，人員的招聘是一項常規性的工作。隨著中國市場經濟的發展、新型勞動用工制度的建立，人員流動成為必然。每個企業都有年老員工要退休，不合格員工要辭退，工作不滿意的員工要「跳槽」，這對企業來說既是壓力，又是機遇。人員流動有利於優化人力資源配置，也有利於企業調整人力資源結構，合理地使用人才。人員流動又使企業人員的招聘成為經常性的不可缺少的一項工作。

（一）人員招聘的準備工作

1. 根據工作需要，確定招聘人員的條件

確定招聘人員的條件，是考核錄用員工的依據。合理確定招聘人員條件，關系到能否滿足工作需要，也關系到招聘人員能否得到合理使用。如果招聘條件太低，則既不能滿足工作需要，也不利於提高人員素質。如果招聘條件太高，脫離了現有人力資源的實際狀況，則工作需要的人力得不到保障。所以應當根據工作的需要，結合人力資源狀況，合理確定人員招聘條件。

2. 確定招聘方式

人員招聘方式可選擇以下幾種：一是廣告招聘。招聘啓事的語言必須簡明清楚，招聘人員的基本條件應一目了然，招聘人員數量上可適當留有餘地。二是勞動服務仲介機構介紹。如通過人才交流中心、職業介紹所、勞動服務公司等介紹。三是內部選拔。即組織通過競爭選拔人才，彌補職位的空缺。內部選拔既可調動內部員工的積極性，又可節約招聘費用。總之，應根據招聘人員的數量、招聘條件、供給情況等來選擇招聘方式。

（二）人員招聘的步驟

廣告招聘是採用較多的一種方式，現以它為例介紹人員招聘的一般步驟。

（1）開展人員招聘的廣告宣傳工作。可借助廣播、電視、報紙等媒體廣告宣傳招聘信息。招聘廣告要列明職位、條件、待遇等。

（2）篩選應聘者。在應聘者提供的應聘材料中初選出與招聘條件相符合的人員，通知作好考核的準備。

（3）填寫求職申請表。對初選合格的人員，要求填寫求職申請表。表中應填寫求職者的學歷、職務、工作經歷、健康狀況等內容。

（4）考核。進行筆試或面試考核，主要考察求職者的知識水平和實際工作能力等。

（5）試用。對考核合格者可進行短期試用。

（6）正式錄用。試用期滿，與試用合格者簽訂勞動合同，正式錄用。

（三）從組織內外挑選管理人員的比較分析

對管理人員尤其是高、中層管理人員，是從組織內部挑選和提升好，還是從組織外部招聘好？這是一個存在爭議的問題，值得研究。

「從內部提升」的說法流傳甚久，許多著名的現代企業把它宣布為一項人事政策，並嚴格執行。其最大好處是給組織的員工帶來被提升為管理者的希望，有利於鼓勵他們長期連續地在組織供職。還有，由於被選出的提升者已在組織工作多年，熟悉情況，從事管理工作會比較順手。此外，還有挑選的費用較小、職位轉換較易、要求的工資待遇不高等優點。

不過，「從內部提升」的政策也會遇到困難和問題。例如從銷售、生產等專業部門的主管中挑選總經理，或從一批教授中挑選校院長，往往比較困難。還有，被提升者固然熟悉本組織，但容易受到局限而對新鮮事物缺乏敏感，還會導致「近親繁殖」，以及被提升者習慣按其前任的陳規行事。此外，一人提升，可能引起他人失望，為安撫他人，被提升者就難免犧牲原則去換取團結。

近年來，有不少組織傾向於從外部招聘管理者，因為他們能給組織帶來新經驗，注入新動力，且不受組織原有人事網的限制，勇於進取創新。從外部挑選，選擇的範圍廣，餘地大，利於發現優秀人才，利於克服「近親繁殖」的固有弊端。當然，這種做法也有不利之處，即對組織原有成員的積極性會產生一些消極影響，新來的管理者要花費較長的時間來熟悉組織成員及其活動，挑選的費用較大，新來者要求的薪酬待遇會較高等。

由此可見，組織從內部和外部挑選管理人員各有利弊，不能絕對地下結論，而應辯證地思考，具體情況具體分析，關鍵是按照組織的需要挑選出最適當的管理人員。可以先從組織內部考慮，假如內部已有適當人選（例如長期重視後備管理者的培訓並已培養出若干可供選擇的人員），自然無須從外部引進。反之，如內部無適當人選，則只好從外部招聘。

無論從內部還是從外部挑選，都應注意以下兩點：

一是要引進競爭機制。即讓內部人員之間有競爭，外部人員之間有競爭，內部人員同外部人員之間有競爭，通過競爭來保證挑選出適當的人員。競爭必須公開、公平、公正，使被選上者有榮譽感，又不損傷落選者的積極性。

二是要注意揚該種挑選方式之長而避其短。例如採用內部提升方式，就要讓被提升者突破長期在一個組織工作所帶來的視野上和人事網上的局限，努力學習新知識新經驗，銳意創新進取。如從外部招聘，則要讓被招聘者盡快熟悉組織情況，並注意依靠組織原有成員，保護他們的積極性。

三、人員的使用

人員的使用是人才管理工作的中心環節。在識別和招聘到人才的基礎上，科學地使用人才，並最大限度地發揮人才群體效能，這是我們的主要目標。

(一) 人員使用應堅持的原則

1. 知人善任，用人所長

領導者應深入群眾，對任用人員了如指掌，恰到好處地使用他們，使每個人都能充分施展才能。「管理者的優勢，即在於運用每一個人的長處，作為共同績效的建設材料」[1]。

2. 量才使用，職能相當

根據人員能力、特長、性格等差異，將其安排到相應的崗位，使工作責任與其工作能力相適應，做到各得其所，各在其位，人盡其才，才盡其用。要避免人浮於事或學非所用、大材小用等狀況，提高人力資源使用效率。

3. 信任放手，指導幫助

對使用人員不能求全責備，應給予充分信任，讓其自己負責處理職責範圍內的事，這樣會產生巨大的精神鼓舞力量。但也應注意對任用人員嚴格要求，關心愛護，並在工作上給予指導幫助，以彌補其不足。還要為他們創造良好的工作、學習條件，使之精力充沛地投入工作。

4. 結構協調，整體高效

在人才群體中，對人員的配備和使用不僅應考慮個體條件，還應考慮人員的組合結構。即應注意他們在知識、技能、性格等各方面的互補性，取長補短，達到人才組合的協調、優化，更好地發揮群體的最佳效益。對領導班子的組成，更應注意協調、高效。

5. 合理流動，動態管理

科學使用人才，應有利於人員的相對穩定，但也必須合理流動。在動態中使用和管理好人才，包括人才的技能必須與崗位要求動態地互相適應，也包括人才在單位之間廣泛的範圍內合理流動。這樣，有利於充分發揮人才的積極性、主動性和創造性，有利於吸取諸家所長，產生人才優勢增長效應。

(二) 人員使用中應注意的問題

在人員使用中，應重用求實務實、做出業績的人，而不用說假話、圖虛名、搞花架子的人；應重用有闖勁、開拓進取的人，而不用四平八穩、無進取心的人；應重用堅持原則、不怕得罪人的人，而不用投機鑽營、怕負責任的人。只有這樣，組織內部才會弘揚正氣，人心向上。除此之外，在人員的使用中，還應特別注意：

（1）敢於使用有缺點的人。「金無足赤，人無完人」。在人員的使用中，我們提倡在德才兼備的前提下不求全責備。有的人難免有些缺點，如過於自信或魄力不夠等，但這些缺點不屬於思想品質的問題。只要是人才，就應大膽使用，在使用中幫助其克服缺點，使之在實踐中逐步成熟。

（2）敢於重用有創見的人。有的人看領導的眼色行事，深得領導賞識；有的人不隨

---

[1] 德魯克 P F. 有效的管理者 [M]. 許是祥，譯. 臺北：中華企業管理發展中心，1978.

波逐流，有自己的創見，但往往得不到重用。這是人才使用中的失誤。人才的可貴之處就在於有主見、有創見，這對於領導的決策來講十分重要。好的決策應以相互不同的意見為基礎，而不是在「眾口一詞」的意見中得出。領導應敢於重用那些有獨立見解、有不同意見的人，為領導的決策、組織的發展獻計獻策。

（3）敢於使用比自己強的人。領導者如果害怕下屬比自己強，擔心他超過自己、威脅自己而不用他，這是對人才的浪費。作為明智的領導，應心胸寬廣，不計較個人名利，大膽使用比自己能力更強的人，讓他在組織目標實現過程中充分施展才能，這才有利於人才的開發和使用。

四、人員的考評

人員考評，是對使用人員的素質、行為及其績效進行考查和評價的各項活動。對使用人員進行考評，可以增強對每個人員素質和發展潛力的全面瞭解，幫助人們總結工作中的經驗，發揚成績，彌補不足，並為人員使用的調整、晉升、培訓等提供依據。人員考評的質量直接反應了人才管理的科學化程度。

（一）人員考評的內容

人員考評的內容應包括德、能、勤、績的考核。

德：主要指政治立場、理想信念和工作作風，具體包括政治思想、社會道德、職業道德、遵紀守法、奉獻精神等。

能：指掌握業務技能和從事工作的能力，具體包括體能、學識和智能、技能等內容。體能和學識是基礎，智能和技能則是把體能、學識轉化為改造世界的力量。能力是考評中的難點。

勤：指工作中的積極性、主動性以及出勤、紀律、責任心等。它決定著人的能力發揮程度。

績：指工作效率及成果，主要包括完成工作的數量、質量以及其他重大貢獻。績效應作為考評的重點內容。

上述幾方面是互相聯繫、不可分割的。德是人才的政治方向，是能、勤、績的內部動力；能、勤是人才發展和成功的基本條件；績是組織對人才的最終期望。這四者是相互促進、相互制約的關係。

（二）人員考評的方式

對人員考核評價的方式有多種，一般採用：

1. 自我考評

讓被考評人員作自我鑒定，有利於考評對象總結經驗教訓，發揚成績，克服缺點，調動其積極性。

2. 同級考評

讓組織內同事之間互相評議，有利於溝通思想，增進相互瞭解，達到互相幫助、增強團結的目的。

3. 上級對下級的考評

這是指領導者以直接觀察和日常考核資料為依據，考核評價下屬人員。此法簡單易行，但應注意聽取本人意見。

4. 下級對上級的考評

讓群眾對各級領導人進行民主評議，有利於加強領導與群眾的聯繫，有利於提高領導者的素質。

5. 專家考評

由專家對技術人員、技術幹部進行考核評價，主要考核技術水平、技術成果。

6. 組織考評

由組織人事部門對各類人員進行考核評價。組織考評應以上述幾種考評結果為依據，使考評盡量達到客觀、公正、合理。

(三) 人員考評的方法

對人員進行考評的具體方法較多，一般有：

1. 考試法

考試，是檢查各類人員工作效果的重要方法，在各類組織中廣泛應用。考試法分筆試、口試兩種。筆試包括公布考試範圍、考前復習與準備、組織考試、評分與公布成績等環節。筆試方法能較好地考評員工對知識的掌握程度和理論水平，但難以測出其實踐能力。口試可分為問題式口試、漫談式口試和適應性口試。問題式口試著重瞭解的是知識水平；漫談式口試著重瞭解其潛在能力；適應性口試則是有意提出一些極端性問題，以觀察應試者的思維能力、應變能力以及處理棘手問題的能力。現實中，筆試與口試常常配合進行。

2. 成績記錄法

成績記錄法也稱查詢記錄法，就是對人員的工作記錄、檔案、文件、出勤情況整理統計，按月或周記錄被考評者的工作成績。記錄卡上的內容主要是與被考評者業務有關的項目，它常常與目標管理結合在一起。

3. 比較排序法

對考評對象兩兩相互比較，逐步將員工從優到劣排隊。在考核之前，首先要確定考核的模塊或說具體項目；其次，將相同職務的所有員工在同一考核模塊中進行比較；再次，根據他們的工作狀況排列順序，工作較好的排名在前，工作較差的排名在後；最後，將每位員工幾個模塊的排序數字相加，就是該員工的考核結果。總數越小，績效考核成績越好。

4. 360度反饋評價法

此又稱為全方位反饋評價或多源反饋評價法。它是一種從不同層面的人員中收集考評信息，從多角度對員工進行綜合考評並提供反饋的方法，即評價者不僅僅是被評介者的上級主管，還包括其他與之密切接觸的同事、下屬、客戶等，同時包括自評。與傳統地站在上級領導的角度對人員進行評價的方法相比，360度反饋評價法具有綜合性強、信息質量可靠、減少偏見對考評結果的影響、強調團隊和外部顧客的關係、增強員工的自我發展意識、及時提供反饋等優點。同時，它是一項系統工程，需要投入大量的財力和人力。

在實際考評過程中，可根據考評目標、考評對象等因素選用合適的方法，或將多種方法結合使用。

(四) 人員考評工作的完善

中國過去的考評工作有些缺點，具體反應在考評內容和方法上。如對「德」的考核，主要憑主觀印象，標準難以具體化，缺乏可信度。對「能」的考核，尤其是智能，尚缺乏簡便易行的方法。由於考評標準定性的多，定量的少，難以掌握，考評工作往往受到人際關係和感情色彩的影響而流於形式。

完善考評工作，應注意加強以下幾方面的工作：

1. 明確考評標準

考評標準不明確，評先進成了「輪流坐莊」，選拔幹部只能在不同意見中搞平衡。完善的辦法是以責任制中規定的工作職責和預定的工作目標為標準，它可以對許多目標進行定量化，這增強了考評的客觀性，而且它可以同責任制和目標管理的日常控制相結合，具有廣泛的實用性。

2. 注重對考評結果的應用

如果不應用考評結果，必定會使以後的考評流於形式。認真對待考評結果以此作為獎懲、晉升、降職等的依據，才能消除工作中的平均主義、賞罰不明等現象，鼓勵先進，鞭策後進。考評結果還可用於檢查人員任用、培訓等各方面是否有失誤，以便於及時改進。

3. 建立健全考評反饋制度

把考評結果及時反饋給考評對象，增加考評工作的透明度，有利於考評對象瞭解自身表現與組織期望之間的差距，達到教育和幫助員工的目的。

第三節　人員的報酬

這裡所講的報酬是指員工在某個組織中工作所得到的物質利益，包括工資、獎金、津貼、社會保險、福利等。組織招聘和使用了員工，就應當付給他們應得的報酬。這些報酬不僅關係到勞動力的再生產，而且對員工能起到物質鼓勵作用，所以做好員工報酬的分配工作是人事工作的重要內容。

西方古典組織理論的創立人法約爾很早就重視這項工作，將「人員的報酬」列入其 14 條一般管理原則之內，強調報酬應該公平合理，盡量使企業和員工都滿意，並激發員工的勞動熱情。他還以較大篇幅來論述適用於工人、中級領導人和高級領導人的報酬方式。[1]

一、中國人員報酬（收入分配）理論與實踐的發展

中國歷來都很重視員工的報酬問題，有關這方面的理論和實踐的發展大體經歷了以下幾個發展階段。

（一）第一階段（新中國成立到 1978 年）

在這一階段，中國在人員報酬的分配中一直堅持各盡所能、按勞分配的社會主義分配原則，並將其視為唯一的原則。這是指在員工盡其所能向社會提供勞動的同時，國家就按照其所提供的勞動數量和質量來支付其報酬，多勞多得，少勞少得，有勞動能力而不勞動者不得。按勞分配反對不勞而獲，反對平均主義，也反對高低懸殊。實行按勞分配，能鼓勵員工勤奮勞動，提高勞動技能，為國家和集體多創造財富，也為自己多獲取報酬，所以它可以把個人利益同國家利益、集體（即組織）利益正確結合起來。

在這一階段，中國實行計劃經濟體制，而且從 20 世紀 50 年代中期起，就建立起了一套全國統一、高度集中的職工工資分配體制，將工資分配權集中在國家手中。工資制度、工資形式、工資和獎金津貼的標準、職工升級調資計劃等都由國家統一規定和掌握，企事業組織均無權從實際出發，根據按勞分配原則作一些靈活處理。這樣就引出了許多以平均主義為主的問題，影響了按勞分配原則發揮其積極作用。

（二）第二階段（1979—1986 年）

從 1979 年起，中國開始進行經濟體制改革，對國有企業逐步下放經營自主權，包括工資分配權。1985 年初，國家在國有大中型企業中開始推行企業工資總額同經濟效益掛鈎、按比例浮動的辦法，這是中國工資分配體制的重大改革。按此辦法，企業的工資總額由國家按企業經營好壞、效益高低分配給企業（第一級分配），再由企業根據按勞分配原則進行內部分配（第二級分配），這樣，按勞分配就由過去的一級分配（即由國家直接分配給職工）變為兩級分配。國家只控制工資總額，企業有了較充分的工資分配權，企業的工資制度、工資形式、工資標準、職工升級調資等均可自主作出決定。這一辦法對於國有企業的自主經營、消除工資問題上累積的矛盾、更好地發揮按勞分配原則的積極作用，產生了很好的效果。

（三）第三階段（1987—1992 年）

1987 年 10 月，中國共產黨第十三次全國代表大會提出了「中國正處於社會主義初級

---

[1] 法約爾 H. 工業管理與一般管理［M］. 周安華，等，譯. 北京：中國社會科學出版社，1982.

階段」的理論。在此階段，要在以公有制為主體的前提下發展多種經濟成分，在分配上則應「以按勞分配為主體，其他分配方式為補充」。① 這就是說，在公有制經濟中仍然要堅持按勞分配原則，而在非公有制經濟中則將實行按勞動力價值分配、按資分配等原則。而且隨著公有制經濟的改革，公司制、股份制的推行，員工如持有公司股份，即可按股分紅；如購買企業債券，即可憑債券取息；企業經營者的報酬中，包含了部分風險補償。這些收入雖然不屬於按勞分配所得報酬，但只要是合法的，就受到國家保護。

在這次大會上，還提出了「在促進效率提高的前提下體現社會公平」，即效率優先、兼顧公平的原則。② 效率是經濟學、管理學上的概念，公平則是倫理學上的概念。效率優先就要堅持按勞分配，多勞多得，拉開差距，鼓勵一部分人通過誠實勞動和守法經營先富起來。兼顧公平則要防止高低懸殊、兩極分化的現象出現，對過高的個人收入要調節，對非法收入要制裁，並鼓勵先富帶動和幫助後富，逐步實現共同富裕。

（四）第四階段（1993—2001 年）

1992 年 10 月，中國共產黨第十四次全國代表大會提出了建立社會主義市場經濟體制的目標。1993 年 11 月，黨的十四屆三中全會通過了《關於建立社會主義市場經濟體制若干問題的決定》。決定重申了「個人收入分配要堅持以按勞分配為主體、多種分配方式並存的制度，體現效率優先、兼顧公平的原則」，「國家依法保護法人和居民的一切合法收入和財產，鼓勵城鄉居民儲蓄和投資，允許屬於個人的資本等生產要素參與收益分配」。

決定還指出，要建立適應企業、事業單位和行政機關各自特點的工資制度與正常的工資增長機制。「國有企業在職工工資總額增長率低於企業經濟效益增長率，職工平均工資增長率低於本企業勞動生產率增長的前提下，根據勞動就業供求變化和國家有關政策規定，自主決定工資水平和內部分配方式。」這是在社會主義市場經濟體制下實現按勞分配的原則，工資分配體制又從「兩級分配」過渡到「市場機制決定，企業自主分配，國家宏觀調控」，這一新體制正處在逐步完善的過程中。

（五）第五階段（2002—2005 年）

2002 年 11 月，中國共產黨第十六次全國代表大會明確提出「確立勞動、資本、技術和管理等生產要素按貢獻參與分配的原則，完善按勞分配為主體、多種分配方式並存的分配制度」。③「一切合法的勞動收入和合法的非勞動收入，都應該得到保護。」④ 這次大會對效率優先、兼顧公平的原則做出了較詳盡的闡述：「堅持效率優先、兼顧公平，既要提倡奉獻精神，又要落實分配政策，既要反對平均主義，又要防止收入懸殊。初次分配注重效率，發揮市場的作用，鼓勵一部分人通過誠實勞動、合法經營先富起來。再分配注重公

---

① 中國共產黨第十三次全國代表大會文件匯編 [M]. 北京：人民出版社，1987.
② 中國共產黨第十三次全國代表大會文件匯編 [M]. 北京：人民出版社，1987.
③ 中國共產黨第十六次全國代表大會文件匯編 [M]. 北京：人民出版社，2002.
④ 中國共產黨第十六次全國代表大會文件匯編 [M]. 北京：人民出版社，2002.

平，加強政府對收入分配的調節職能，調節差距過大的收入。規範分配秩序，合理調節少數壟斷性行業的過高收入，取締非法收入。以共同富裕為目標，擴大中等收入者比重，提高低收入者收入水平。」①

（六）第六階段（2005年至今）

2005年10月，中國共產黨第十六屆五中全會通過了《關於制定國民經濟和社會發展第十一個五年規劃的建議》，著重提出落實科學發展觀，構建和諧社會，要求更加注重社會公平，特別是就業機會和分配過程的公平。

2007年10月，中國共產黨第十七次全國代表大會提出要深化收入分配制度改革，增加城鄉居民收入。要堅持和完善按勞分配為主體、多種分配方式並存的分配制度，健全勞動、資本、技術、管理等生產要素按貢獻參與分配的制度。初次分配和再分配都要處理好效率和公平的關係，再分配更加注重公平。逐步提高居民收入在國民收入分配中的比重，提高勞動報酬在初次分配中的比重，建立企業職工工資正常增長機制和支付保障機制。

2013年11月，中國共產黨第十八屆三中全會通過了《中共中央關於全面深化改革若干重大問題的決定》，提出應形成合理有序的收入分配格局，著重保護勞動所得，努力實現勞動報酬增長和勞動生產率提高同步，提高勞動報酬在初次分配中的比重。健全工資決定和正常增長機制，完善最低工資和工資支付保障制度，完善企業工資集體協商制度。改革機關事業單位工資和津貼補貼制度，完善艱苦邊遠地區津貼增長機制等。完善以稅收、社會保障、轉移支付為主要手段的再分配調節機制，加大稅收調節力度。規範收入分配秩序，完善收入分配調控體制機制和政策體系，建立個人收入和財產信息，保護合法收入、調節過高收入、清理規範隱性收入、取締非法收入，增加低收入者收入，擴大中等收入者比重，努力縮小城鄉區域、行業收入分配差距，逐步形成橄欖型分配格局。②

二、基本工資制度

中國各類組織實行的工資制度很多，可大體概括為以下四大類：

（1）基本工資制度。這是職工定級調級，計算標準工資、加班工資和退休金的基礎，主要考慮勞動的質量差別。

（2）工資形式。這是計量勞動並據以支付工資的方式，可稱為工資支付制度，主要考慮勞動的數量差別。

（3）配套制度。如技術等級標準、任職條件、定級調級制度等。

（4）特殊情況下的工資制度。如病假、產假、離職學習期間的工資支付制度。

下面介紹中國採用的幾種基本工資制度。

---

① 中國共產黨第十六次全國代表大會文件匯編［M］．北京：人民出版社，2002．
② 中共中央關於全面深化改革若干重大問題的決定［M］．北京：人民出版社，2013．

（一）等級工資制

這是從20世紀50年代中期起就普遍採用的基本工資制度。其特點是按照勞動質量（如所能承擔的勞動複雜程度、熟練程度）的差別劃分出等級，並為每個等級定出單位時間內應得的工資（稱為工資標準或工資率）。過去工人普遍採用八級工資制，即工資劃分為八個等級；現在的等級增多，有時多達30級以上。

實行等級工資制，要事前規定工資等級及各級的工資標準；還需制定配套制度，包括技術等級標準、任職條件等，並據以評定職工的工資級別，確定其應得工資。一旦升級，其工資即上調。

（二）崗位工資制

這是從20世紀50年代中期起在少數工人（如紡織廠的紡、織、印、染工人）中實行的制度，其特點是按工種、崗位確定工資率，而在同一工種、崗位上的工人不劃分等級，僅規定「達崗年限」，規定出逐年的工資率。這樣做是考慮了這些工人的生產技術特點，即不同工種、崗位之間勞動質量差別大，而同一工種、崗位內部勞動質量差別小，不宜用工資等級來區別。

後來化工企業也實行了這種制度，但在有些崗位上與等級工資制相結合，即仍然劃分等級，這就被稱為崗位等級工資制。

（三）浮動工資制

這是從1981年起在前兩種制度基礎上新創的一種制度，其特點是企業將職工標準工資（即按工資率計算應得的工資）的一部分或全部同獎金、津貼、加班工資等捆在一起，與勞動者集體（如車間、班組）的效益和個人勞動貢獻掛鉤浮動，即盡可能將工資搞活。與此同時，還實行浮動升級，即按年度考評結果將符合規定條件者升級，但此級不定死，必須連續數年考評都優秀才能定下來。

實行這種制度，確實有助於克服等級工資制和崗位工資制規定過死、考慮實際勞動貢獻不足的缺點，因而被迅速推廣開來；但它並未取代那兩種制度，實行以後，也引起工人內部以及工人與技術（管理）人員之間的一些矛盾。

（四）結構工資制

這是從1983年起在少數企業試行、1985年起在國家機關和事業單位普遍實行的一種制度，其特點是按照工資的職能、勞動的形態將工資劃分為幾個單元，構成動態性的工資結構。國家機關和事業單位的結構工資一般包括四部分：

（1）基礎工資。按最低生活標準統一規定，體現工資的保障職能。

（2）年功工資。按員工的工齡和每年工齡的標準工資額計算，承認員工的過去勞動累積。

（3）職務工資。按職務或崗位劃分等級，分別規定各等級的工資率（近似於等級工資），體現工資的激勵、調節職能和勞動的潛在形態。

（4）獎勵工資。這一單元將員工收入同單位效益和本人貢獻結合起來，體現工資的激勵、調節職能和勞動的流動、物化形態。

(五) 年薪制

年薪制是當前國際、國內較為流行的工資制度之一。它是以年度為考核週期，把職工工資收入與績效掛鈎。主要適用於組織的中高層管理者和其他一些具有創造性的人才（如科研人員等）。這些人員往往具有素質高、有較高的創造力、希望被激勵而不是簡單的管理和約束、其工作的價值難以在短期內體現等特徵。

年薪收入通常包括基本收入（基薪）和效益收入（風險收入）兩部分。基本收入主要依據組織規模與資金實力確定；效益收入則根據完成指標的情況上下浮動。目前，一些企業在效益年薪中還引入了股權激勵的方式，將部分效益收入通過各種方式轉化為企業股份，由員工持有。兩部分收入的發放方式不同，效益收入一般以年作為計發的時間單位；基薪分月預付，最後根據當年考核情況，年終統一結算。

年薪制能充分體現員工業績，有利於在責任、風險和收入對等的基礎上加大激勵力度，還可以為廣泛實施股權激勵創造條件，但也存在不能很好激勵員工的長期打算、出現員工行為短期化的缺陷。

三、工資形式

中國採用的工資形式主要是計時工資和計件工資，此外還有獎金和津貼。

(一) 計時工資制

這是指根據基本工資制度所規定的工資率和職工的工作時間長度來計量和支付工資。計時工資一般可分為小時工資、日工資和月工資，它們分別按職工的小時工資率、日工資率和月工資率以及實際工作小時數、實際工作日數和實際工作月數來計算。工商企業常採用日工資制，政府機關和事業單位則常採用月工資制。

計時工資直接以勞動時間來計酬，具有適應性強、考核和計量簡易等優點，所以成為被廣泛採用的工資形式。但它存在的主要缺點是難於準確衡量勞動貢獻，激勵作用較差。在過去普遍實行等級工資制的情況下，為了克服這一缺點，採用了計時工資加獎勵的工資形式。

(二) 計件工資制

這是指按照工人完成的合格產品數量和預先規定的計件單價來計量和支付工資。它又可分為個人計件制和集體計件制、無限計件制和累進計件制等多種形式。以個人無限計件工資制為例，工人的工資是按下列公式計算的：

$$產品計件單價 = \frac{單位時間工資率}{單位時間產量定額}$$

$$個人計件工資 = 工人完成合格產品數量 \times 產品計件單價$$

計件工資不直接用職工工作時間計量而用完成的產品數量計量，所以不同於計時工資。但產品數量本是一定時間內的勞動結晶，可見計件工資是間接用工作時間計量，是計時工資的轉化形式。其特點是能較準確地衡量勞動貢獻，其物質激勵的作用更大些，因此，凡是有條件的企業都應當積極推行。

實行計件工資制的條件是：①企業供產銷比較正常，產品適銷對路，在較長時期內要求增產；②產品數量能單獨計算，質量容易檢查，企業的計劃、記錄和統計、質量管理等水平較高；③有先進合理的勞動定額，定額管理水平較高；④大力加強思想教育和勞動紀律，反對斤斤計較、重數量輕質量、追求增產而不顧設備、材料消耗等錯誤做法。考慮到條件限制，計件面不會很大，更不能普遍推行。

(三) 獎金

它又稱獎勵工資，是工資的輔助形式，是超額勞動的報酬。在過去實行等級工資制和崗位工資制，且主要同計時工資制相結合的情況下，職工的工資收入很難準確反應勞動貢獻，更與企業和職工所在勞動集體的實際效益脫鈎，因此，需要設置獎金來鼓勵那些效益好的集體和貢獻大的職工，即對他們付出的超額勞動給予補償。過去採用的獎金有綜合獎、單項獎兩類，單項獎又包括超額獎、材料節約獎、安全生產獎等多種形式。

改革開放以來，新創的基本工資制度如浮動工資制、結構工資制等都把獎金同工資捆在一起或作為工資的一部分。因此，在實行這些制度的組織中，獎金已不再單獨存在。

(四) 津貼

津貼是指工資性津貼，也是工資的輔助形式。它是為了補償特殊勞動消耗（如在高空、高溫、井下、粉塵、有毒等環境下作業）、額外勞動消耗（如夜班等）或彌補實際工資下降（如野外津貼、流動施工津貼等）而採用的。考慮到津貼的特殊性，不宜將它同工資、獎金等捆在一起。過去有些企業在實行浮動工資制時曾經這樣做過，那是不恰當的。

四、社會保險與員工福利

(一) 社會保險

社會保險是組織的員工在生育、年老、患病、傷殘和失業時，根據有關規定所獲得的物質幫助和保障。它同工資、獎金、津貼一樣，都屬於職工物質利益的內容，但其性質不同，不是從事勞動獲得的報酬，而是根據國家規定，在暫時或永久喪失勞動能力以及失業時享受的物質幫助。它所依據的原則也不是按勞分配，而是社會主義物質保障原則，保障員工在特定情況下的基本生活需要。

中國堅持從國情出發，堅持以人為本，高度重視並積極致力於社會保險體系的建立和完善；經過多年的探索和實踐，已逐步建立起與市場經濟體制相適應，具有中國特色的社會保險體系基本框架。

中國現行的社會保險包括以下項目：

（1）養老保險。為年老退休、失去勞動能力的員工提供保障，所需資金由員工所在單位和員工個人共同負擔，實行社會統籌和個人帳戶相結合。目前，中國老年人口規模大，預計到 21 世紀 30 年代人口老齡化將達到高峰。為保障老年人的基本生活，維護老年人合法權益，中國不斷完善養老保險制度，改革基本籌集模式，建立起了多層次養老保險體系，努力實現養老保險制度的可持續發展。

（2）失業保險。為由於企業破產或瀕臨破產而進行整頓等原因臨時失去工作而等待再就業的員工提供物質幫助，保障職工失業後的基本生活，實施再就業前培訓，幫助失業人員實現再就業。

（3）醫療保險。為員工患病提供必要的醫療服務和物質幫助，這屬於健康的保障。有些醫療費用（如掛號費等）仍由員工本人負擔。

（4）傷殘保險。為因工或非因工受傷在治療期間以及治療終結經鑒定完全或永久部分喪失勞動力的員工，提供必要的物質幫助。

（5）生育保險。在員工生育子女而暫時失去勞動能力時給予物質幫助，包括醫療待遇和產假工資待遇。

(二) 員工福利

員工福利，從宏觀上講，是指國家、社會興辦的教育、文化、醫療衛生等事業，各種生活補貼、其他福利設施等；從微觀上講，是指各社會組織主要依靠自己的力量開辦的集體福利設施、提供的生活補貼等，其目的是減輕所屬員工負擔，改善員工生活，保證員工正常和有效地進行勞動。這裡主要是從微觀角度講的。

員工的集體福利設施主要有職工食堂、集體宿舍、幼兒園、浴室、衛生所、圖書室、文化室、俱樂部、體育場所等。生活補貼除非工作時間領取的工資（如帶薪休假）外，還有交通補貼、住房補貼、冬季取暖補貼、夏季降溫補貼等。

中國各類組織都很重視員工的福利，對於解除職工的後顧之憂、調動職工積極性、促進各項事業的發展起了很好的作用。過去的問題是在「低工資、高福利」的思想指導下，集體福利事業的規模過大，如「企業辦社會」，使企業負擔過重，且不利於勞動力的合理流動。現在改革的方向是福利事業社會化，有些福利事業要交給所在地政府去管理，減輕企業負擔。各類社會組織應當從實際出發，開辦那些必不可少的集體福利事業，且貫徹勤儉節約原則，反對鋪張浪費等不良風氣。

第四節　人員的培養

一、人員培養的重要意義

任何組織都有培養其員工、培育和造就大批新人才的任務，這是科技進步、社會發展

和組織自身發展的客觀要求。優秀的組織及其管理者都非常重視人力資源的開發，將人才看成組織的「第一資本」，將培養人才的投入看作「最合算的投資」。

由於組織的發展或由於某種自然與非自然的原因，組織的人員隊伍需要不斷地更新與擴充。對新進入者就需要培養，使他們瞭解組織的性質、使命、方針、目標、生產經營業務特點和組織文化等，盡快地融入組織成員集體；對其中未掌握必要的知識和技能者，還必須培訓其知識和技能，經過嚴格考核後，合格者方允許上崗。

對於組織現有的各類人員仍然需要培養。這或者是由於科技進步和社會發展，他們的知識和技能已陳舊老化，需要更新和補充；或者是由於組織採用新技術、擴展新業務，他們原有的知識和技能已不能適應；或者是準備調換其崗位、晉升其職務，對他們的知識和技能提出了新的或更高的要求。無論出於什麼原因，對現有各類人員繼續培養提高，都是組織維持生存和謀求發展的不可缺少的條件。

工商企業處於激烈競爭的市場環境中，人員培養是提高企業競爭能力的重要途徑。市場競爭歸根到底是人才的競爭，應加強人力資源開發，不斷提高員工素質。通過智力開發以發展生產力，使企業生產率或投入產出比最高，所以是「最合算的投資」。

人員培養不僅是組織的需要，也是人員自我成長的需要。形勢的發展向每個人提出新的挑戰，每個員工都迫切希望學習新知識，掌握新技能，為組織多做貢獻，以提高自己的價值。是否重視人才培養，已成為部分求職者選擇就業單位的條件之一。從適應人員自我發展的要求考慮，組織也應當加強人力資源開發。

二、人員培養的目標

人員培養的目標就是提高各類人員的素質。按照挑選人員的基本標準，這些素質包括思想道德素質和知識能力素質。具體目標可分為四項：

（1）認識組織。首先要使各類人員瞭解組織的性質、使命、方針、目標、業務特點等，明確自己在組織中的地位、職責和發展方向。例如新進入企業時，需瞭解企業的生產特點、產品性質、工藝流程、市場狀況、營銷政策等方面的情況，熟悉企業的生產經營業務。

（2）認同文化。每個組織都有自己的文化，即全體成員共有的價值觀念和行為準則。要通過培養，使各類人員都瞭解並自覺接受組織文化，增強歸屬於組織的榮譽感，用組織文化來指導自己的行為，為實現組織的使命和目標而努力工作，敢於同損害組織利益的行為作鬥爭。

（3）補充知識。通過培養，要幫助員工及時更新他們已陳舊老化的知識，補充他們所未掌握或尚不熟悉的知識，儲備未來發展所需的新知識，並能運用這些知識於實際工作，從事改革和創新。對於新進入者，補充知識也很必要。即使他們來自學校，學校教育也只是給予了他們基礎性知識，還需補充具體職務、崗位必要的知識。

（4）發展能力。各類人員、各職務崗位所需的能力有很大差別。例如對管理人員尤其是各級管理者，除要求具備有關管理業務能力外，還應有領導、決策、用人、控制、協調、創新等方面的管理能力。能力是可以培養和提高的，如面對職務、崗位變化，更需要發展其能力。

三、人員培養的方式

人員培養的方式靈活多樣，大體可分為兩類：一是興辦職工教育，組織各類人員參加學習；另一類是讓職工在實際工作中經受鍛煉，增長知識和才幹。

職工教育與普通教育相比，具有在職性、群眾性、多樣性、實用性、速成性等特點，必須從組織實際情況出發，堅持服從需要、因材施教的原則，採取靈活多樣的形式。可自行辦學，也可聯合辦學或送出去培訓；少數人可脫產學習，多數人則半脫產學習，或業餘學習，或現場練兵。應既有補課性的文化學習，又有技術、管理業務學習；既有時間較長、較為系統的學習，又有短期專題性的訓練班、研討班等。

興辦職工教育，應有專人負責，應建立一個熱心教育並有較為豐富實踐經驗的領導班子；要有一支適應教學需要的師資隊伍，包括專職的、兼職的或其他單位支援協作的教師；要有一套適合組織發展需要的教學計劃和必要的教學條件；還要有一系列比較嚴格的規章制度。培訓制度必須與人員的安排使用、職位升遷、工資分配等制度緊密銜接，以增強參加學習人員的學習自覺性。

讓員工在實際工作中鍛煉提高，也是培養人才的好辦法，特別適合於經過考察、很有培養前途的年輕人。這又有多種方式：

（1）工作輪換。例如適時地調換生產崗位或技術、管理職務，不僅可使人員豐富知識和提高技能，而且可培養他們的系統觀念和協作精神，在解決具體問題時正確處理局部與全局的關系。工人掌握了多種技能，有利於工作安排、設備利用和提高生產率。管理人員從事過多種管理工作，瞭解企業全貌，才可能成長為後備的管理者。

（2）「壓擔子」。人員使用的原則之一是能職相當，即使人員的工作能力與崗位職務的要求相適應。但有時為了培養人才，卻有意授予高出其能力一定程度的職務，即所謂「壓擔子」，以促使其開動腦筋，刻苦學習，發掘潛能，增長才幹。人員在任職初期可能表現平平，甚至有點不自在，但隨著能力的提高和經驗的累積，逐漸適應了職務要求，就能做出成績。領導者為培養人才而「壓擔子」，應多給指導和幫助。

（3）設置「副職」或「助理」職務。在一些較高的管理層次增設副職或助理職務，由擬培養對象去擔任，他們就可以更好地在該層次管理者的領導和指導下，盡快熟悉業務，增長才幹，成長為接班人。這樣還可分擔管理者的一些工作，使他能集中較多的時間和精力考慮和處理一些重要問題。

（4）設置「代理」職務。當組織中某位管理者由於出差、生病或度假而暫時不能上

崗,或組織有意識地安排某些職位空缺時,可以讓擬培養的對象去代理管理者的職務。「代理」具有和「壓擔子」「助理」相類似的好處,可以使代理者增長知識和才幹,較快地熟悉和擔負起管理者的工作。一旦發現他已能勝任管理者的職務,即可將「代理」轉為「正式」。如發現代理者仍不能勝任,則可取消「代理」而讓其回到原來的崗位。由於「代理」畢竟非「正式」,對代理者也不會造成任何打擊,但這樣卻能幫助組織避免一次不恰當的提拔。

(5)參觀考察。這主要是為了學習其他部門和組織的先進經驗和方法。擬培養人員參觀考察組織內的先進部門,或走訪其他組織,甚至出國去考察學習他人的經驗和方法。

復習討論題

1. 試聯繫實際闡述人力資源開發與管理的重大意義。
2. 如何理解中國識別和選拔人才的基本標準?
3. 你認為從組織內部提升管理者比從外部招聘更好嗎?
4. 人員的使用應當堅持哪些原則?
5. 人員的考評應包括哪些內容?應注意做好哪些工作?
6. 如何理解以按勞分配為主體、多種分配方式並存的制度?
7. 中國實行的基本工資制度有哪幾種?試簡釋結構工資制。
8. 計時工資制和計件工資制有什麼區別和聯繫?試說明實行計件工資制所需的條件。
9. 人員培養的目標有哪些?
10. 人員培養有哪些方式?

案例

「工時池」中有乾坤[①]

在2005年2月的一次會上,廣州電信分公司總經理黃和生對各位分局長說:「你們都說一線人手不夠,可是你們有誰知道一個社區經理裝移一部話機需要多少時間?」結果,沒有一個人能回答上來。

這件事對廣州電信番禺分局局長江志強觸動很大。為了摸清情況,他派專人對社區經理裝移機等工作的耗時進行跟蹤測算,將社區經理工作量化,進而確定各班組、支局和分局在一天內的工作量。他將工作量比作一個蓄水池,水滿了為100%,也就是工作滿負荷,實現了「工時零庫存」。否則,哪怕達到90%,也不合格,需要進行工時調整。他們

---

① 劉志先,等.精確管理拓新天——廣東電信推進精確管理紀實[N].人民郵電報,2006-06-09.

把這種做法叫作「工時池」管理。

工作量標準化後，番禺分局的工作效率逐步提高。此後，該局加強了相應的IT支撐，開發了專門的「工時池」容量，及時調配各工種人員，以閒濟忙。2005年5月，「工時池」管理模式在廣州分公司全面推廣。一年多來，在保證市場業務量不斷增長、服務水平不斷提升的前提下，全分公司社區經理的配置總量壓縮了3%，內部結構實現了循環優化，而且改掉了工程施工和維護「甩手掌櫃」的舊習氣，再也沒發生過動不動就把不願意干的施工和維護項目轉包給社會單位的現象了。

番禺「工時池」管理的做法得到了中國電信集團公司多位領導的高度稱讚。他們認為這是中國電信在精確人力資源配置方面的一個創新，非常值得推廣。

從2006年年初開始，廣東電信在全省大力推廣「工時池」管理模式。省公司組織專門力量對「工時池」進行優化，編寫和發放了《工時池管理工作手冊》，形成了系統的推廣模式。特別是工作單元標準化、優化作業流程、建立生產力標準、創建工時池、實施考核及配套措施的「五步法」，其理論性和可操作性都非常強。下一步，廣東電信將逐步把「工時池」的管理理念延伸到大客戶管理、前臺營業員和後臺支撐員工的管理上；並以此為突破口，優化完善全省電信各專業各崗位的人力資源配置，提升企業整體的服務效能。

討論題：

1. 為什麼說廣州電信番禺分局「工時池」管理的做法在精確人力資源配置方面是一個創舉？

2. 「工時池」管理模式對企業管理者有什麼啟示？

第九章
領導

領導（leading）是一個多義詞，可等同於指導、指揮、統率、管理等。本書是把它理解為管理的一種職能，即法約爾提出的「指揮」及孔茨等眾多管理學者提出的「指導和領導」。① 一個組織能否實現其使命和目標，取得預期的效益，在很大程度上取決於領導職能的有效性。本章將對領導的作用、領導者素質、領導方法、領導藝術、員工激勵等問題進行討論。

第一節　領導的作用和領導者素質

一、領導的含義和作用

西方管理學者對領導的解釋大體上有兩種。一種是法約爾的看法，他將企業全部活動分為六組之後說：「領導就是尋求從企業擁有的所有資源中獲得盡可能大的利益，引導企業達到它的目標，就是保證六項基本職能（即六組活動）的順利完成。管理只是這六項職能中的一項，由領導保證其進行。但是，它在上層領導人的作用中佔有重要的地位，以致有時好像這作用就純粹只是管理了。」② 照他的說法領導的含義較管理更廣，對高層領導者而言，則領導可等同於管理。

另一種解釋是把領導僅看作管理活動的一個重要部分。如孔茨認為：「領導一般可簡單地解釋為影響力，或對人們施加影響的藝術或過程，從而可使人們心甘情願地為實現群體的目標而努力。」③ 其他許多管理學者的解釋與此相似。這一解釋同法約爾對指揮職能的理解一致，他說：「對每個領導來講，指揮的目的是根據企業的利益，使他單位裡的所有的人做出最好的貢獻。」④

我們比較了上述兩種解釋，讚同孔茨等管理學者的看法，把領導看作管理的一種職能，即管理者對其下屬人員進行指導、指揮、教育、激勵、施加影響，以統一員工意志，調動員工積極性，實現組織使命和目標的一種管理活動或行為。管理者在制定好目標和計

---

① 見本書第一章第二節。
② 法約爾 H. 工業管理與一般管理［M］.周安華，等，譯.北京：中國社會科學出版社，1982.
③ 孔茨 H，奧唐奈 C. 管理學［M］.中國人民大學外國工業管理教研室，譯.貴陽：貴州人民出版社，1982.
④ 法約爾 H. 工業管理與一般管理［M］.周安華，等，譯.北京：中國社會科學出版社，1982.

劃、組織好機構、安排好人員之後，就需要行使領導職能，推動組織的業務活動按目標、計劃的要求順利進行，然後對實際進行情況實施控制。所以領導職能在管理過程中的位置是排在計劃、組織、人事三職能之後，控制職能之前。

管理者既然要行使領導職能，也就可稱為領導者。各個組織及其內部各層次、單位的管理者，也就是該組織、該層次單位的領導者。不過，某些領導者不一定是管理者，例如非正式組織的領袖。由於我們主要研究正式組織的管理，所以「領導者」與「管理者」兩詞常混同使用。

從領導的含義可以看出，領導職能的作用表現在以下幾方面：

（1）有時，目標、計劃已制定，機構、人員已安排，但員工們是否對目標、計劃都已理解和認同，對各自負擔的職責和享有的職權是否都已明確，特別是業務活動中出現的新情況和新問題是否都能應付和處理，還是未知數。這就需要管理者密切關注，加強引導和指導，使員工們領會組織對他們的要求，對完成任務充滿信心，並善於應付和處理新情況和新問題，以更有效地實現組織的目標和計劃。

（2）管理者在他認為必要時，可以向其下屬下達命令，發布指示，指揮他們的行動。這是為了統一意志、統一步調而賦予管理者的職權之一。為此，要堅持統一指揮的原則，防止因多頭指揮而產生混亂。中國企業總結的經驗是：管理者可以越級檢查其下屬的工作，但不可越級指揮；其下屬可以越級向他反應情況，但不可越級請示工作。

（3）組織的成員眾多，他們並不是單純對組織目標感興趣，而是也有自己的目標和需要。這就要求管理者在對其下屬正確地進行引導、指導和指揮的同時，做好激勵工作，盡可能充分調動他們的積極性，既把他們的精力引向組織目標，又盡可能地滿足他們的合理需要，使他們把自己同組織整體緊密聯結在一起，從而始終保持高昂的士氣。因此，領導工作的作用也就表現為調動員工積極性，使其自覺地為組織做貢獻。

總起來說，領導職能對整個管理工作的好壞有重要的作用，一切管理者都應重視此職能。目前已有許多學者將它從管理過程中獨立出來，專門加以研究，這樣就形成了管理學的一個新的分支——領導科學。

二、領導者的個人素質

領導者的素質，是指領導者所具有的在領導活動中經常起作用的基本條件或內在因素。它有下列幾個特點：

後天性。不能否認素質的形成有先天的因素，但主要還是來自後天的學習和實踐鍛煉。早期的「天賦論」認為，領導者是天生的「偉人」，這是錯誤的。

綜合性。孔子提出管理者應具備的品格是「恭、寬、信、敏、惠」（《論語·陽貨》）。軍事家孫子說：「將者，智、信、仁、勇、嚴也」（《孫子兵法·計篇》）。上一章提到，中國識別人才的標準是「德才兼備」，選拔幹部的標準是「革命化、年輕化、知識化、專業

化」。這些都是素質綜合性的表現。

相對性。素質形成於一定環境，又隨環境而變化，因而是相對的、動態發展的。經過學習和實踐鍛煉，領導者的素質是可以提高的。

層次性。對領導者素質的要求有一定的層次性。各層次領導者的工作特點不同，要求具備的素質也有差別：層次越高，要求也越高。

中國用人的標準是「德才兼備」、幹部「四化」。據此分析，對領導者個人素質的要求應包括下列五個方面的素質：

(一) 政治思想素質

這是領導者首要的素質，是他在政治方向、政治立場、政治品德和思想作風方面應具備的素質。具體包括以下內容：

1. 理論素質

作為領導者，政治上的堅定，行動上的自覺，來自理想信念。理想信念的形成，靠理論武裝頭腦。領導者理論素質，指認真學習和掌握馬克思主義、毛澤東思想、鄧小平理論，深入領會「三個代表」重要思想、科學發展觀，黨的十八大以來中國特色社會主義的最新理論成果，以及黨和國家在新時期的路線、方針、政策等。通過學習新思想、新理論、新觀點，可以提高領導者理論素質。

2. 紀律素質

領導者應具有高度自覺的紀律性，做到令行禁止。領導者應遵守的紀律包括：①政治紀律，即堅定不移地堅持黨的基本路線，在政治上同中央保持一致；②組織紀律，即做到個人服從組織、下級服從上級；③群眾紀律，即要牢記自己是人民的勤務員，不得利用職權和工作之便，侵犯群眾利益和以權謀私；④保密紀律，即要嚴格遵守黨和國家的保密制度，不洩露國家機密；⑤財經紀律，即嚴格遵守國家和組織內部各項財經制度，不許違反有關規定，腐化墮落。領導者的紀律素質必不可少，越是開放、搞活，越應注意遵守紀律，在反腐倡廉中起到帶頭作用。

3. 民主、法律素質

民主、法律素質包括：①通曉有關法律知識，如憲法、民法、經濟法及與組織工作關係密切的其他法律；②嚴格遵守政紀、國法，保證組織在憲法和有關法律允許的範圍內開展活動，絕不以權代法、以權亂法；③樹立「法律面前人人平等」的觀念，嚴格依法辦事，依法約束自己和下屬的行為，敢於抵制一切違法行為；④尊重組織員工的民主權益，實行民主管理。

(二) 業務知識素質

領導者業務知識素質如果按行業特徵的要求來確定，可以有許多種結構。一般來看，應具有兩種：一是自然科學、社會科學和管理科學的基礎知識；二是本行業的專業知識，即領導者應具有「T」型知識結構。「T」型是一種形象的表示。領導者在縱向上要具備比

較精深的專業知識，在橫向上應具有較為廣博的相關學科知識。領導者應在「專」的基礎上向「博」的方向擴展，即由「I」型向「T」型轉變。領導者只有對有關專業知識有一定的瞭解，才會與下屬有共同語言，避免瞎指揮；同時，只有廣泛吸取相關學科知識，才能更好地發揮影響力，進行有效的領導。

(三) 工作能力素質

工作能力是領導者在工作中各種能力的綜合表現。領導工作是否有效，在很大程度上取決於領導者的工作能力素質的高低。領導的工作能力素質主要體現在以下幾方面：①邏輯思維能力；②預測決策能力；③組織指揮能力；④協調控制能力；⑤選才用人能力；⑥開拓創新能力；⑦靈活應變能力；⑧社會交際能力；⑨語言表達能力；⑩管理自己時間的能力。

(四) 氣質修養素質

氣質是指一個人具有的比較穩定的心理活動的特徵。修養，是為提高自身素質所進行的自我學習和自我鍛煉。心理學家把人的典型氣質分為四種類型：

(1) 膽汁質。其行為特點是積極熱情，精力旺盛；但攻擊性強，不易約束。

(2) 多血質。其行為的特點是活潑好動，反應靈活，好交際；但注意力不穩定，興趣易轉移。

(3) 黏液質。其行為特點是安靜，堅定，有節制；但遲緩，不好交際。

(4) 抑鬱質。其行為特點是孤僻，膽怯，多愁善感，但對事物體驗較深入。

人的氣質並無絕對的好壞，任何一種氣質類型對領導者都是既有利又有弊。領導者能否取得成就，不取決於他的氣質類型，而是取決於他在特定條件下發揮了氣質的哪些方面。如果他綜合了各種氣質的積極方面，就會在領導工作中表現出最優秀的品格情操。因此，領導者應在工作中不斷提高自己的氣質修養素質，自覺調節氣質的表現形式，克服氣質的消極方面，發揮氣質的積極方面。

(五) 身體素質

繁重的領導工作，要求領導者具有良好的身體素質。作為領導者，不僅在體力方面要身體健壯，精力充沛，而且在腦力方面，要思路敏捷，判斷迅速，記憶良好。

上述的素質要求，對不同類型、不同層次的領導者有所不同。如在業務知識素質方面，黨團領導與行政領導，企業領導與醫院、學校領導，總工程師和總會計師，就有差別；一個組織內部的高層領導、中層領導和基層領導，對其素質的要求也有所不同。

三、領導者的群體素質

現代組織通常不是由一個領導者，而是由一個領導群體即領導班子來進行領導的。僅僅強調每個領導者的個人素質還不夠，還應該重視領導班子結構的優化問題。所謂領導班子結構，就是領導班子成員在各種素質方面的構成比例和組合狀況。根據系統論的整體效

應原理，即「整體大於部分之和」；「工作系統的整體具有其組成部分在孤立狀態中所沒有的新質」，領導班子作為一個系統，如結構合理，就會使整個領導班子的效能大於每一成員才能的簡單總和。恩格斯說：「許多人協作，許多力量溶合為一個總的力量，用馬克思的話來說，就產生了『新的力量』，這種力量和它的一個個力量的總和有本質的差別。」[1] 因此，科學合理地確定領導班子結構，注重領導班子的群體素質，對於發揮班子的整體效能有重要的作用。

領導班子結構的優化，就是要按照人才結合、功能互補的原則，配備領導班子成員。中國對領導者群體素質的要求，仍然是按照革命化、年輕化、知識化和專業化的標準，做到年齡結構、專業結構、知識結構等的合理化。具體分析，一個優化的領導群體結構應包括以下五個內容：

（一）良好的精神動力結構

這是革命化的要求。我們希望領導班子所有成員都具有很高的思想覺悟，但有時難以做到。這就要求主要領導者應具有崇高的理想、高尚的情操和良好的精神動力，通過自身的表率作用去引導和協調班子其他成員的行動，形成合力。

（二）複合的知識結構

現代科學知識種類繁多，任何人不可能全部掌握或精通。領導班子應根據組織的類型和實際需要，實行不同專業知識的成員的合理搭配，實現知識互補。如企業的領導班子應配備經營管理、工程技術、政治思想工作以及生活行政等專業知識的人才，達到領導群體知識結構的優化。

（三）疊加的能力結構

在前面曾指出，領導者個人應具備十種能力，但具備所有這些能力的「全才」卻不多見。大多數情況是在某些方面的能力突出，而在其他方面則較差。因此，合理的領導班子結構，應將具有各種能力特長的領導成員組合在一起，實現能力互補。如一個組織的領導班子中，既有思維能力和決策能力較強的幹部，又有工作踏實、埋頭苦幹、組織指揮能力較強的幹部；既有遠見卓識、足智多謀創造能力較強的幹部，又有善於協調人際關係和用人能力較強的幹部。

（四）協調的氣質結構

領導班子合理的氣質結構應該是擁有不同氣質類型的成員，以利於相互補充、取長補短。如在班子成員中，有人說話直爽、辦事果斷，有人則處事謹慎、考慮問題周到，有人工作作風大刀闊斧、雷厲風行，有人則精雕細刻、有條不紊，有人勇於開拓，有人則處事沉穩等。當然這樣的搭配也會引起矛盾，於是就要做到相互瞭解，互敬互讓，以人之長補己之短，實現協調。

---

[1] 馬克思恩格斯選集：第3卷 [M]．上冊．北京：人民出版社，1972．

(五) 梯形的年齡結構

領導班子合理的年齡結構應該是老、中、青相結合，而中、青年的比例大些。不同年齡的人有不同的特點，若合理搭配，能取長補短，更好發揮領導班子的整體效能。老幹部經驗豐富、深謀遠慮、處事穩重，善於處理複雜問題和應付複雜局面；中年幹部年富力強，日漸成熟，兼有青、老幹部的長處；青年幹部朝氣蓬勃、創造力強、奮發有為。實現梯形的年齡結構，還有利於新老幹部的正常交替，保持領導班子的連續性和穩定性。

總之，各類組織應根據工作需要，結合現有人員的狀況，實現領導群體結構的優化組合，才能充分發揮功能，實行有效領導。

第二節 領導方法

領導方法，是領導者在組織系統的運行過程中，為解決某個問題、實現特定目標所採用的途徑和方法的總稱。作為領導者，要出色地行使領導職能，提高領導效能，不僅要明確自己的職責和權限，不斷提高自身素質和班子群體素質，還必須完善領導方式，掌握科學的領導方法。

一、基本領導方法

基本領導方法，是指普遍適用於中國各類組織和各項工作的領導方法。我們黨在長期革命和建設實踐中，把馬克思主義普遍真理同中國實際相結合，產生了一系列行之有效的領導方法，並且總結出了群眾路線的基本領導方法。毛澤東指出：「從群眾中集中起來又到群眾中堅持下去，以形成正確的領導意見，這是基本的領導方法。」[1] 這個方法包含了兩個方面的內涵：①一般和個別相結合，是指既要有一般的普遍的號召，又要選擇少數單位具體地、直接地將所號召的工作深入實施，借以取得經驗，並用以指導其他單位。如沒有一般號召，就不能動員廣大群眾行動起來；如不具體組織實施，就無法檢驗所提號召是否正確，也無法充實號召的內容，有使號召落空的危險。②領導和群眾相結合，是指必須形成一個以主要負責人為核心的領導骨幹，並使他們同廣大群眾密切結合起來。如只有領導骨幹的積極性而無群眾積極性，便會成為少數人的空忙；如只有群眾的積極性而無有力的領導骨幹的組織領導，群眾的積極性便不可能持久，也不可能被引向正確的方向和提到較高的程度。

毛澤東說：「在我黨的一切實際工作中，凡屬於正確的領導，必須是從群眾中來，到群眾中去。這就是說，將群眾的意見（分散的無系統的意見）集中起來（經過研究，化為集中的系統的意見），又到群眾中去作宣傳解釋，化為群眾的意見，使群眾堅持下去，見之於行動，並在群眾行動中考驗這些意見是否正確。然後再從群眾中集中起來，再到群

---

[1] 毛澤東選集：第 3 卷 [M]. 北京：人民出版社，1966.

眾中堅持下去。如此無限循環，一次比一次地更正確、更生動、更豐富。這就是馬克思主義的認識論。」①

群眾路線的領導方法，是老一輩無產階級革命家集體智慧的結晶，是馬克思主義普遍真理同中國革命的具體實踐相結合的產物。這一基本領導方法，至今仍適用於中國一切領域，具有普遍的指導意義。

二、具體領導方法

在基本領導方法的指導下，我們黨又創造了許多具體的領導方法。這些領導方法，是基本領導方法的實際應用。下面列舉一些主要的方法。

（一）開調查會

這是最常用的調查研究方法，即採用會議的形式，收集信息，瞭解情況。調查的對象應是具有豐富實踐經驗的中、下層幹部和群眾，每次人不必過多，要使每人都有講話的機會。調查要有綱目，要自己口問手寫，並同與會人員展開討論。最重要的是要有甘當小學生的精神，虛心聽取到會人員的意見。

（二）典型調查或「解剖麻雀」

這是指通過對有代表性的個別事物進行調查研究，求得對普遍情況的瞭解。辯證唯物論告訴我們，任何事物都存在普遍性和特殊性，普遍性寓於特殊性之中。俗話說：「麻雀雖小，五臟俱全。」因其「小」，便於掌握和解剖，可以節省時間和精力；因其「五臟俱全」，就有普遍性，可以深入研究，發現帶規律性的東西。典型調查的特點是：①目的性強，要有意識地選點，為指導工作服務；②調查面小，代表性強；③領導深入基層，密切聯繫群眾，解決問題及時。採用這種方法的關鍵是選好調查點，防止出現片面性。

（三）抓中心工作和「彈鋼琴」

通常領導者在一定時期內面臨的許多工作中只有一項是中心工作，這是當時工作的主要矛盾。領導者要統籌全局，分清工作的主次輕重，找到可以帶動該時期整個組織前進的中心工作，集中力量，精心指導，一抓到底，抓出成效。② 另外，抓中心工作不能「單打一」，而是既要把握好中心工作，又要安排好全盤的工作，掌握重點，照顧一般。毛澤東把它形象化為「彈鋼琴」。他說：「彈鋼琴要十個指頭都動作，不能有的動，有的不動。但是，十個指頭同時都按下去，那也不成調子。要產生好的音樂，十個指頭的動作要有節奏，要互相配合。黨委既要抓緊中心工作，又要圍繞中心工作而同時開展其他方面的工作。」③ 這說明，領導者在工作中要學會抓中心工作和「彈鋼琴」，才能取得事半功倍的效果。一定時期之後，中心工作可能變化，這又要求做好中心工作的轉移。

---

① 毛澤東選集．第3卷［M］．北京：人民出版社，1966.
② 毛澤東選集．第3卷［M］．北京：人民出版社，1966.
③ 毛澤東選集．第4卷［M］．北京：人民出版社，1966.

（四）要「抓緊」

領導者對工作不僅要抓，而且要抓緊。抓而不緊，等於不抓。任何工作，領導者只發議論不作決定，只布置不檢查，只發一般號召而不抓緊實施，或實施過程中措施不力，都是做不好的。這裡的「抓緊」就是抓落實，要做到思想落實、組織落實和工作落實。思想落實，就是要讓組織員工認清工作的意義和目的，克服思想阻力；組織落實，就是要把工作具體落實到單位、部門和個人，並有專人負責，建立嚴格的責任制；工作落實，就是不僅要有計劃目標和進度，而且要有可靠的保證措施，要有檢查考核。

（五）留有餘地

領導者在提任務、定計劃時，既要看到有利條件，又要充分估計到困難，注意留有餘地。這是符合人的認識發展規律的。人們認識客觀事物，不僅要受客觀事物的發展過程及其表現程度的限制，而且常常受主觀條件（如所處的地位、經驗和知識水平等）的限制，因而人們的認識及據此制定的任務和計劃，都只能大概地反應客觀實際及其規律性。只有留有餘地，才能彌補人們認識上可能出現的失誤，減少損失。採用這種領導方法，還要求在人力、物力、財力資源的分配使用上，留有必要的後備，以便應付意外情況，爭取主動，保護員工的積極性。

（六）抓兩頭，帶中間

這是從事物發展的不平衡性引出的一種領導方法。在事物發展過程中，各種矛盾及矛盾的各個方面的發展是不平衡的，不能平均對待；同時，平衡是有條件的、相對的，不平衡是無條件的、絕對的。如企業的各部門、單位以及個人，在同一時期總是處於不同的發展水平上，總有先進、中間與後進之分，而且往往是「兩頭小，中間大」。為了使不平衡達到相對平衡，提高整體發展水平，就要把領導力量著重放在抓兩頭上。抓先進的一頭，就是抓先進經驗的總結、提高，使先進更先進。抓後進的一頭，就是促使後進向先進轉化，趕上先進或縮短與先進的差距。兩頭抓好了，中間部分就容易上去了。這種領導方法，比起對各部分平均使用力量，效果更好。

（七）說服教育，典型示範

這是從群眾觀點引出的領導方法。領導者在工作中要善於把政策、意見和辦法等向組織員工交代，說服他們，使之認識這樣做的必要性和重要性，讓下屬自覺自願地去實行。如果下屬還沒有認識和覺悟，也要耐心等待，多做工作，不能強迫命令。為了更好地讓下屬接受，還要善於從中發現典型，以實際的榜樣進行示範，使下屬信服並加以仿效。運用這種領導方法，會使工作紮實、發展健康、成效顯著。

（八）三結合

這是領導和群眾相結合的領導方法的具體運用。20世紀50年代後期，廠礦企業為解決生產技術（管理）的難題，首創了領導幹部、技術（管理）幹部和工人代表三結合，共同攻克難關的經驗。其實質是將領導和群眾、理論和實踐、政治思想和經濟技術結合起

來，發揮企業中各類人員的特長，發揮整體優勢，解決重大問題。如今，這種領導方法已超出企業的界限，在其他行業如學校、醫院等事業單位也有所採用，進而發展為領導機關、廠礦企業、科研單位和高校的三結合。

(九) 關心群眾生活，照顧群眾切身利益

這既是一個領導原則，又是一種領導方法。領導者要提高自己的威信，實施有效的領導，必須在感情上接近群眾、關心群眾，為群眾的切身利益著想，少說空話，多辦實事，創造條件，切實解決職工的實際困難如子女問題、住房問題、伙食問題等。這樣才能充分調動群眾的積極性，全身心地投入到工作中去。

(十) 發揮領導班子作用

毛澤東在提出關於加強黨委會內部團結的一些工作方法中指出書記要當好「班長」，要把問題擺在桌面上來，「互通情報」，發「安民告示」，「團結和自己意見不同的同志一道工作」等。[①] 這些領導方法對各級行政領導工作同樣適用。正確地掌握這些方法對於加強領導班子的團結、發揮領導班子的作用，具有重要意義。

應該指出的是，有些領導方法在過去「左」的指導思想的影響下，曾被錯誤地理解和採用，如：按主觀需要去搜集材料的所謂「調查研究」，靠吃偏飯、弄虛作假的「典型引路」，形式主義的「三結合」，搞「群眾運動」的「群眾路線」等。這些錯誤的方法是應當加以糾正的。但不能因此而對科學的領導方法產生懷疑，不能因糾正錯誤而把科學的領導方法也拋棄掉。這些科學的領導方法是我們的寶貴財富。在當今建設中國特色社會主義的過程中，應當結合新情況、新條件和新課題加以繼承、充實和發展。

三、西方有關領導方法的理論

西方對領導方法的研究主要體現在對領導方式和領導行為的研究上。這裡將其中最具代表性的研究成果作簡單介紹。

(一) 連續流理論

這是由 R. 坦南鮑姆（Robert Tannenbaum）和 W. H. 施密特（Warren H. Schmidt）提出的關於領導方式選擇的一般性理論。在他們之前，有人曾提出將領導方式劃分為「獨裁型」「民主型」「放任型」三種，認為「民主型」方式效率最高。後來，他們進一步提出了七種領導方式（如圖9-1所示），按從左到右的順序依次排列，表示領導者權威的運用逐漸減少，而被領導者享有的自由度則逐漸增大，形成領導方式「連續流」。

領導方式連續流理論並未指出某種領導方式好與不好，而是提供了一系列的可供選擇的領導行為，具體採用哪種行為由領導者根據自身的因素、職工方面的因素和環境方面的因素而定。

---

① 毛澤東選集：第4卷［M］.北京：人民出版社，1966.

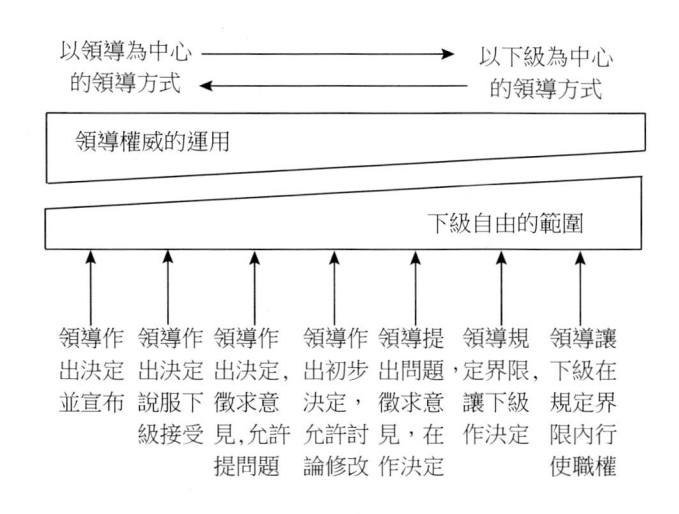

```
以領導為中心 ──────────→ 以下級為中心
的領導方式 ←────────── 的領導方式
```

```
┌─────────────────────────────────┐
│         領導權威的運用            │
└─────────────────────────────────┘
         ┌─────────────────────────────────┐
         │        下級自由的範圍            │
         └─────────────────────────────────┘
```

| 領導作出決定並宣布 | 領導作出決定說服下級接受 | 領導作出決定，徵求意見，允許提問題 | 領導作出初步決定，允許討論修改 | 領導提出問題，徵求意見，在作決定 | 領導規定界限，讓下級作決定 | 領導讓下級在規定界限內行使職權 |

圖 9–1　領導方式連續流示意

（二）R. 利克特模式

1947 年以後，美國密歇根大學研究中心的 R. 利克特（Rensis Likert）和他的同事們以數百個組織為對象，對領導方式進行了大量的研究。人們把它稱為「密歇根研究」或「利克特模式」「利克特管理系統」。他將領導方式分為四類：剝削式的集權領導、仁慈式的集權領導、協商式的民主領導、參與式的民主領導，並分別將它們定名為系統 1、系統 2、系統 3 和系統 4，形成連續流（如圖 9–2 所示）。

系統 1	系統 2	系統 3	系統 4
剝削式的集權領導	仁慈式的集權領導	協商式的民主領導	參與式的民主領導

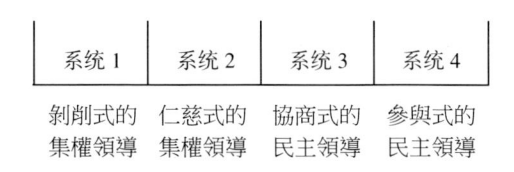

圖 9–2　利克特模式示意

利克特認為，系統 1 與系統 4 是兩種極端的領導方式。系統 1 的領導者具有高度的以自我為中心的意識，為集權式的領導者；而系統 4 則為高度的以人為中心的民主式的領導者。經過調查研究發現，取得高成就的領導者，大部分在連續流的右端（即系統 4），而低成就的領導者均在左端（系統 1）。他得出結論：凡是有最佳績效的領導者，都是以職工為中心的領導者。他們在領導工作中，主要致力於：①關心職工中的「人情面」；②設法在職工中結成一個有效的工作群體，著眼於高度績效的目標。

（三）俄亥俄四分圖

「俄亥俄四分圖」又稱為「俄亥俄州立大學研究」。這是在 1965 年由該校 R. M. 史托格迪爾（Ralph M. Stogdill）和 C. L. 沙特爾（Carroll L. Shartle）兩位教授提出來的。他們

向組織的領導者發出「領導人行為調查問卷」，要求對自己的領導行為和領導方式進行評估，結果發現領導行為包括兩個方面：①體制，即領導者從事的一系列組織領導工作的行為，簡稱工作行為；②體念，即領導者與下屬建立友誼、互信、尊重及感情關系方面的行為，簡稱關系行為。

他們認為，體制及體念雖是兩個不同的方面，但二者不相互排斥，將其結合起來才能實現領導的高效率。按照其重視程度的高低，他們將這兩個方面排列組成「俄亥俄四分圖」（如圖9–3所示）。並強調領導者應在組織的要求與職工的需要、關系行為與工作行為之間加以調節，採取適當的領導行為。

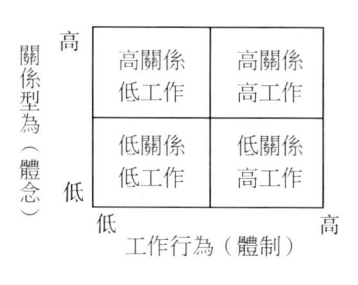

	低工作行為（體制）高	
關係型為（體念）高	高關係 低工作	高關係 高工作
低	低關係 低工作	低關係 高工作

圖9–3　俄亥俄四分圖

（四）管理方格圖

這是美國得克薩斯大學的 R. R. 布萊克（Robert R. Blake）和 J. S. 穆頓（James A. Mouton）在「俄亥俄四分圖」的基礎上發展而提出的。其基本思想是：反對在領導工作中採取「非此即彼」的極端方式，認為在關心生產和關心人的兩種領導方式之間，可以有多種結合方式。他們根據關心生產和關心人的不同程度，設計了兩個九級的方格，其橫軸代表對生產的關心，縱軸代表對人的關心，兩因素組合形成了表示81種領導方式的管理方格圖（如圖9–4所示）。

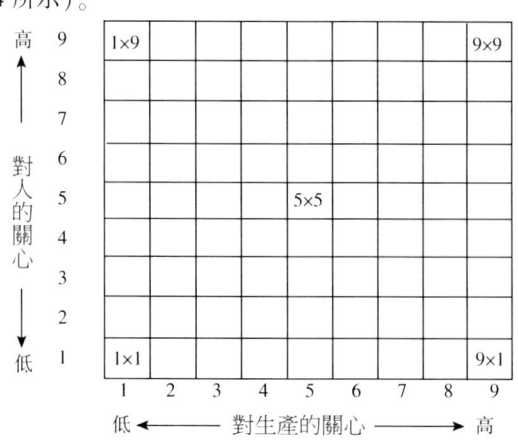

圖9–4　管理方格圖

圖9-4中，不同的組合代表不同的領導方式。如：「9×1」型表示領導者對生產高度重視而不關心人；「1×9」型表示對人高度關心而不重視生產；「1×1」型表示對生產和人都漠不關心；「5×5」型表示對生產和人都比較關心，但缺乏革新精神，難以充分發揮下屬的創造性；「9×9」型表示對生產和人都高度重視。他們認為，只有「9×9」型才是最理想的領導方式，它會帶來組織較高的「戰鬥力」。但採用「9×9」型並不容易，需要對領導者進行培訓。為此，他們設計了「六階段方案」的培訓計劃，按照循序漸進的方式培養領導者。

(五) 領導壽命週期理論

這是由美國俄亥俄州立大學的「領導研究中心」提出來的。它以「俄亥俄四分圖」為基礎，加上被領導者「成熟度」來考察領導方式的選擇問題。該理論的基本內容是：在被領導者逐漸趨於成熟時，領導者應將領導方式由「任務導向」轉向「關係導向」。他們認為，組織員工對技術業務、對工作的理解和自我控制能力等，同人的壽命週期相似，有一個不成熟→初步成熟→比較成熟→成熟的發展過程，為此，領導方式也要隨之加以調整（如圖9-5所示）。

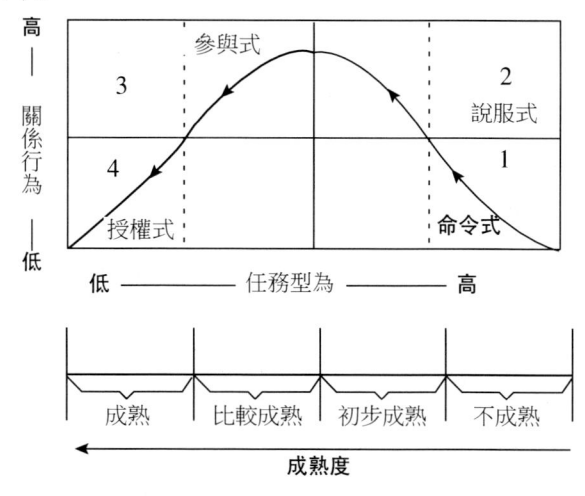

圖9-5 領導壽命週期理論示意

圖9-5中的曲線表示領導方式。不同的階段適用不同的領導方式：當職工處於不成熟階段時，「命令式」也就是高度的「任務導向」方式有效；當職工進入初步成熟階段時，以「說服式」為佳，也就是高度的「任務導向」與「關係導向」相結合的方式；當職工進入比較成熟階段時，應實行「參與式」，也即高度「關係導向」方式；當職工發展到成熟時，應採取「授權式」，也即低度「關係導向」與低度「任務導向」的方式。

(六) 權變領導模式

F. E. 菲德勒（Fred E. Fiedler）在以關心人為主和關心工作為主的分類方法的基礎上，

提出了將領導行為同環境狀況緊密結合的權變理論。他認為影響領導有效性的環境變量主要有：①上下級關係，即領導者同組織成員的相互關係。如下級對領導者的信任、喜愛或願意追隨的程度越高，則領導者的權威和影響力越大。②任務結構，即對工作任務明確規定的程度。規定越明確，領導的影響力就越大。③職位權力，領導者所處職位的權力大小。如擁有的實權越大，影響力越大。菲德勒通過大量的調查發現，領導效率的高低，既同領導者採用的領導方式有關，又同他所處的環境狀況有關。菲德勒按照三因素的高低、強弱的不同組合，把領導者所處的環境狀況劃分成八種類型（如表9-1所示）。

表9-1　　　　　　　　　　　領導環境狀況分類表

對領導者是否有利	有利			中間狀態			不利	
分　　　類	1	2	3	4	5	6	7	8
上下級關係	好	好	好	好	差	差	差	差
任　務　結　構	高	高	低	低	高	高	低	低
職　位　權　力	強	弱	強	弱	強	弱	強	弱

菲德勒同其他管理學者一樣，將領導方式分為以工作為中心和以人際關係為中心。哪類方式好？視領導環境而定。他採用了一種特殊的調查技術：首先選定被調查的領導者所在的單位，再請該單位領導者對其下屬中一位所謂「最不情願與他人共事者」（即人際關係不好的職工），按友好與否、合作與否、相互支持或仇視、開放型或保守型等評分。如他給的分值高（正數），說明他對這樣的下屬也表示滿意，領導者是以人際關係為中心；反之，如給的分值低（負數），則說明領導者是以工作為中心。經過大量的調查研究，效率的高低，既同領導者採用的領導方式有關，又同他所處的環境狀況有關。他根據調查資料繪製了領導方式與領導環境的相互關系圖，如表9-2所示。

表9-2　　　　　　　　　　　領導有效性分析表

領導環境狀況＼領導方式	1	2	3	4	5	6	7	8
以人際關係為中心				好	好	較好	較好	
以工作為中心	好	好	好					好

菲德勒由此得出結論：①在不同的環境下，各種領導方式的有效性不同。在「環境對領導者是否有利」處於中間狀態時，以人際關係為中心的領導方式比較有效；在對領導者非常有利或非常不利的環境中，以工作為中心的領導方式較為有效。因而不能絕對地說哪種方式一定好，要有權變觀點，視環境狀況而定。②領導的有效性既然取決於兩方面

的因素，那麼提高領導的有效性需要從兩方面努力：一是改變環境狀況，如改善上下關係、健全責任制等；二是改變領導方式。這正是研究領導方式的目的所在。菲德勒為此提出了訓練計劃，用以培訓領導人員。

西方有關領導方法的研究有其科學性，但也有其局限性。如利克特的理論在看問題的方法上就存在著片面性和靜止性的問題；後來的「領導壽命週期理論」雖較好地彌補了這兩個缺陷，但由於領導方式的選擇受多種因素影響，僅從員工的成熟度這一個因素來選擇領導方式，未必恰當；菲德勒的權變思想無疑是很有價值的，但他提出的「環境變量」是否全面也值得研究。當然，這些理論對於我們選擇有效的領導方式仍有所啟發，值得參考和借鑑。

第三節　領導藝術

「領導」既是一門科學，又是一種藝術。領導藝術就是領導者在行使領導職能時，運用自己的智慧和經驗，在領導活動中所表現出來的工作技能或技巧。在領導工作中，領導者除運用科學的領導方法以外，還需運用領導藝術，以充分發揮領導效能。

一、領導藝術的特徵

（一）經驗性

領導藝術來自領導者長期累積的知識、閱歷和經驗，是經驗的總結和提煉，而且常常帶有一定的感情色彩，具有吸引人、感染人的魅力。對於那些較為穩定並被實踐反覆證明了的經驗，又可以對其總結提高，從而使其上升為科學。

（二）靈活性

領導藝術表現為領導者思考和處理隨機事件時，針對實際情況，作出反應的一種應變能力和技巧。現代領導工作紛繁複雜、因素眾多、形勢多變、隨機性強，在多數情況下沒有現成的模式可循。領導藝術的運用，都是因事、因時、因地制宜。

（三）多樣性

由領導者的素質和個人特點決定，不同的領導者在處理同類問題時，往往會表現出迥然不同的風格；即使是同一領導者，在處理類似問題時，也會因條件的不同而有不同的解決辦法。領導藝術是一種豐富多彩、生動活潑的行事技巧。

（四）創造性

領導藝術構思獨特，風格各異，凝聚著領導者的智慧、才華和生機勃勃的創造力。領導者實施領導藝術的過程，是一個不斷開拓和不斷創造的過程。

領導藝術內容繁多，概括起來可分為三個方面：待人的藝術、辦事的藝術、管理時間的藝術。

二、待人的藝術

領導者為了有效地行使領導職能，對組織成員施加影響，必須首先講究待人的藝術。其中有關用人和授權等問題，已在相關章中討論。這裡集中講幾點。

（一）待人要公正坦誠

領導者對組織的所有成員都應做到以誠相見，公正待人。唐太宗李世民曾說：「王者至公無私，故能服天下之心。」這對現代組織的領導者也很重要，因為能否公正待人對員工的積極性有很大的影響。領導者在用人上，要任人唯賢，一心為公，而不能任人唯親或論資排輩。在獎懲上，要嚴明規章制度，賞罰分明。

（二）以身作則，為人表率

領導者應以身作則，言行一致，在工作中起模範帶頭作用。「桃李不言，下自成蹊」，這是司馬遷在《史記》中對漢代名將李廣優秀品質的高度評價。李廣愛兵如子，薄財仗義，雖口才笨拙，但他以自己的行為號令三軍，也一樣受到官兵的尊敬和愛戴。孔子也說：「其身正，不令而行；其身不正，雖令不從。」領導者的行為，會是一種無聲的命令。身教重於言教。

（三）嚴於律己，寬以待人

領導者對自己應高標準、嚴要求，對下屬則要容人之短，寬宏大量。孔子說：「躬自厚而薄責於人。」這是同上述以身作則相聯繫的。作為領導者，不僅要同員工同甘共苦，而且要吃苦在前，享樂在後；「先天下之憂而憂，後天下之樂而樂」。對下屬授權後，即使下屬有過失，也應主動承擔責任，並積極協助改正過失。

（四）兼聽則明，偏信則暗

這是唐代著名宰相魏徵的話。唐太宗採納了，並下令凡軍國大事，各官員都得以本人名義提出主張，各抒己見，不受限制。領導者要廣泛聽取群眾的意見，切不可偏聽偏信，帶片面性。對於組織重大問題的決策，尤其應採用民主的方式，廣納意見，以減少決策的失誤。德魯克對此頗有研究。前已提及，他認為一項有效的決策必來自「議論紛紛」，而不是來自「眾口一詞」。他還特別強調要重視和運用反面的意見。[1]

（五）和為貴，團結就是力量

領導者一定要維護組織內部的團結，反對分裂，才能調動一切積極因素，並且化消極因素為積極因素，爭取勝利。孟子說：「天時不如地利，地利不如人和」。一個組織領導者的工作成效如何，取決於該組織成員是否團結。團結就是力量，有力量才有成效。組織內部出現矛盾和衝突是常見的，領導者必須具備化解矛盾的能力，運用調停糾紛和處理衝突的技巧，協調各方在認識上和利益上的矛盾，以實現組織的團結。

---

[1] 德魯克 P. F. 有效的管理者 [M]. 許是祥，譯. 臺北：中華企業管理發展中心，1978.

（六）尊重下屬

領導者要滿足下屬被尊重的需要，尊重他們的人格、意見、權利和勞動成果。被尊重是人的基本需要之一。領導尊重下屬，就會使下屬感到在這樣的領導者的領導下工作心情舒暢，產生「知遇感」，並力求以實際行動對這種尊重予以回報，這樣上下關系必然融洽。同時，領導者對下屬的尊重會喚起下屬對領導的尊重和敬佩，這對於樹立領導權威、保證領導工作的順利開展有重要的作用。

（七）動之以情，曉之以理

領導者在處理下屬關系時，應做到因人因事而異，情理適度。由於人們的思想和行動往往是受其情感影響的，為了對人們的思想和行動進行正確的引導，應當針對每個人的不同情況和不同的問題，採取以情感人、以理服人的方式。在實際工作中，當需要消除人們的某些心理顧慮時，如果僅僅從道理上或感情上來講，有時難以達到預期的效果，因此，領導者應進行深入細緻的調查研究，有針對性地運用動之以情、曉之以理的藝術。

（八）表揚有方，批評得法

表揚是調動積極性、協調上下關系的重要方法。領導者應重視表揚，善於表揚，給下屬以精神上的鼓勵。表揚應著眼於人的長處，不要求全；要針對人的行為，不要籠統地表揚整個人；要實事求是，恰如其分，不要隨意抬高；方式靈活多樣，因人而異。領導者還要正確運用批評的方法，以制止和糾正不良行為。批評要得法，即應本著「懲前毖後、治病救人」的方針，講求批評的方法和技巧。如：選擇合適的時機；區別不同的對象；採取適當的方式；運用恰當、準確、文明的語言；批評與鼓勵相結合；掌握批評的程度，適可而止；做好批評後的工作；等等。

（九）要善於做思想工作

領導者要做「人」的工作，就必須做思想工作。重視思想政治工作，是我們黨和國家的革命傳統。各級領導都要繼承這一傳統，並結合新時期、新情況，善於運用民主的、疏導的、有的放矢的方法，做好思想工作。按照「教育者必先受教育」的原則，領導者素質特別是政治思想素質的提高是決定思想工作成敗的關鍵。

三、辦事的藝術

領導者的工作複雜紛繁，如不妥善處理，就會顧此失彼、事倍功半。這就要講求辦事的領導藝術。

（一）抓大事，顧全局

領導者必須而且只能集中力量抓好組織的大事。對組織的最高領導者來說，應將主要精力放在組織中帶戰略性、全局性的關鍵問題上，而不可陷於日常事務。領導者的精力畢竟有限，不可能事必躬親，面面俱到。在集中精力抓大事的同時，還要照顧一般，搞好全局性的工作。

(二) 貴實幹，戒空談

領導者一定要「務實」「求實」，講求實幹，少說多做。明代政治家張居正說：「為治不在多言，顧力行何如耳。」美國 T. J. 彼得斯等著的《成功之路》一書將「貴在行動」列為美國出色企業的八項優秀品質之首。[①] 領導者應該是一位腳踏實地、埋頭苦幹的實幹家，要清除一切形式主義、繁文縟節、文山會海。

(三) 盡力排除干擾

領導者在日常工作中常常會受到各種意外干擾。有些干擾，如接受有助於樹立和提高組織形象的新聞採訪，應加以正視，並親自處理。但對於另一些干擾，領導者應盡可能將其排除，不受影響。如不代替下級處理他職權範圍之內的工作、讓秘書對來訪者進行「過濾」、有選擇地參加會議等。

(四) 知難而進

領導工作中有很多艱難險阻擺在領導者面前，但現實生活常常是「機遇與挑戰並存，困難與希望同在」。這就要求領導者正確地對待困難與風險，勇於開拓，堅韌不拔，知難而進。不過，領導者要有膽有識，保持冷靜的頭腦和理智的決斷，在戰略上藐視困難，在戰術上重視困難。

(五) 居安思危

即使組織處在順境中，領導者也應居安思危、未雨綢繆，注意發現隱藏的不利因素，以便及早採取措施，防患於未然。古人說：「居安思危，思則有備，有備無患。」因此，領導者必須高瞻遠矚，在順境中預見日後可能出現的危機，早作準備，減輕或消除危機，確保組織持續、穩定地向前發展。

(六) 開好會議

會議是領導者重要的工作方式。通過會議可以交流信息，集思廣益，加強溝通，協調關系。但會議過多過長也不好，要講求開會的藝術。要做好會前的準備工作，不開無明確議題或有過多議題的會議；嚴肅會議作風，要反對遲到、私下交談或搞其他與會議主題無關的活動；開短會、少開會；限定發言時間，不要作離題發言或重複發言；要有議有決，重大問題民主表決；善於臨機處置會議中易出現的問題。

四、管理時間的藝術

時間是一種特殊的、最稀有的和最寶貴的資源。領導者要提高效率，就必須珍惜時間、科學合理地利用時間。德魯克曾說：「不能管理時間，便什麼也不能管理。」[②]「根據我的觀察，有效的管理者不是從他們的任務開始，而是從掌握時間開始。」[③] 有效地管理

---

① 彼得斯，等. 成功之路 [M]. 餘凱威，等，譯. 北京：中國對外翻譯出版公司，1985.
② 德魯克 P F. 有效的管理者 [M]. 許是祥，譯. 臺北：中華企業管理發展中心，1978.
③ 德魯克 P F. 有效的管理者 [M]. 許是祥，譯. 臺北：中華企業管理發展中心，1978.

時間，是現代組織領導者極為重要的領導藝術。

(一) 巧妙安排時間

這是把要完成的工作按小時、天、周將先後時序安排好，然後按計劃逐個完成。這就需要首先對自己的工作進行認真分析，如：一天內或一週內，要做好哪幾件事；哪些是每天做的固定工作，哪些是非固定的工作；哪些工作花費的時間多，哪些花費的時間少；等等。其次，要對工作的性質、類型和要求進行分析，區分輕重緩急並估計每項工作所需花費的時間。最後，要將工作時間統一運籌，制定時間計劃表。在計劃執行過程中，還要靈活調度，並將實際消耗時間和預定時間比較，以便總結經驗，為今後工作時間的合理安排提供依據。

(二) 當日工作當日做

領導者應懂得把握「今天」的重要性。凡屬於當天應該完成又能完成的工作任務，一定要當天完成，不要拖延到次日。只有這樣，才能抓緊時間，提高時間利用率。另外，抓緊今天，也就意味著抓住今天出現的機會，而機會是轉瞬即逝、不易再得的。

(三) 充分利用時間

領導者每天都可能有一些零星的時間，如候車時、會前等人時、約會前對方還沒有到來時等。如充分利用這些零碎的間隙來處理些用很短時間就可解決的、不甚重要的事務，可起到集腋成裘的效果。同時，還要善於「擠」時間，增加工作密度，加快工作節奏，把零碎的時間集中起來。領導者要學會開短會、說短話、寫短文。開會或約會要準時。要學會「快讀法」，在保證閱讀質量的情況下，提高閱讀速度將會節約大量的時間。要盡量縮短辦事程序，將與實現目的無關的程序、手續刪掉。

(四) 盡量避免「無效功」

領導者應對自己將要處理的工作進行逐項分析，取消其中那些無益的工作或重複的活動，以免見事就辦、辛辛苦苦地做「無效功」。如有些電話、電報、信件可以先讓秘書或辦公室人員「過濾」，自己只處理必須親自解決的問題；充分利用現代辦公手段，減少不必要的書面報告或文件查閱；選擇合適人選，進行合理授權，由受權者去處理其被授權的事宜；一般的例行短會，最好選擇在午餐前或下班前，以便快速作出決定。

第四節　對員工的激勵

一、激勵的意義

激勵的目的在於發揮人的潛能。與激勵相關的內容有激發動機、鼓勵行為、形成動力的意義。

領導者擔負著人員激勵的職責，每個領導者都應重視對員工的激勵。這是因為每個人

都需要自我激勵，需要得到來自組織和同事的激勵。在一個組織內部，領導者需要激勵全體員工，激發他們的積極性和創造性，充分發揮他們的聰明才智，才能保證既定使命和目標的實現。

經過激勵和未經激勵的行為產生的效應存在著明顯的差別。哈佛大學教授威廉・詹姆士從調查研究中發現：按時計酬的職工一般僅需發揮20%～30%的能力即可保住職業而不被解雇。如果受到充分激勵，則職工的能力可發揮80%～90%。顯然，其中的50%～60%是激勵的作用。因此可以說，工作績效取決於人的能力和激勵水平。能力固然是取得績效的基本條件，但是，如果激勵水平低，仍然難以取得好的績效。

二、人性理論

研究人員激勵，離不開對人的本性的認識。這是因為任何激勵行為與方式的採用，都是以對人的本質即對人性的看法作為基礎的。

在中國，一些古代思想家的論著就有對人性問題的論述。如《三字經》中的名句：「人之初，性本善，性相近，習相遠，苟不教，性乃遷。」其淵源來自以孔、孟為代表的儒家學派主張的「人性善」。孟子認為：「人之善也，如水之下也。」也有完全相反的人性論，即以荀子為代表的「人性惡」。荀子說：「人之性惡，其善者，偽也。」此外，漢代揚雄認為人性中既有善的方面，也有惡的方面，認為「人之性也善惡混，修其善則為善人，修其惡則為惡人」。這種看法意在調和前述兩種極端論點。

西方後期行為科學理論對人性問題有較多的研究，其代表性的理論有以下幾類。

（一） D. 麥格雷戈的「X 理論」和「Y 理論」

美國心理學家、行為科學家麥格雷戈（Douglas McGregor）在1960年出版的《企業的人性面》中歸納了兩種典型的人性假設，分別被稱為「X 理論」和「Y 理論」。

麥格雷戈認為，自泰羅以來的管理理論對人性做了錯誤的假設，可把它稱為「X 理論」。該理論的要點是：人天性好逸惡勞，逃避工作；人往往缺乏進取心，沒有抱負，怕負責任，寧願被人領導；人以自我為中心，對組織的需要漠不關心，而認為自身的安全需要高於一切。因此，傳統的管理理論以「X 理論」為基礎，或採用嚴格、強硬的管理辦法，或採用鬆弛、溫和的管理辦法，但均不能有效地調動員工的積極性。

麥格雷戈認為，必須改變對人的本性的認識，才可能對人進行有效的管理。這種對人性的新的認識，稱為「Y 理論」。這種理論認為：人並非天生厭惡工作，只要工作環境良好，人們工作起來就會像遊戲和休息一樣自然；人能主動承擔責任，在為實現目標而工作時能實行自我管理和自我控制；人具有的豐富的想像力和創造力一般只得到了部分發揮，如果把獎勵與實現組織目標聯繫起來，就能充分發揮人的智力潛能。麥格雷戈同時提出，應讓員工從過於嚴厲的控制和監督中解脫出來，給予其一定權力，讓其承擔一定責任，採取參與制，鼓勵員工為實現組織目標而進行創造性的勞動，滿足員工自我實現的需要。

(二) J. J. 莫爾斯和 J. W. 洛希的「超 Y 理論」

在 20 世紀 70 年代初由莫爾斯（John J. Morse）和洛希（Jay W. Lorsch）提出的「超 Y 理論」，又稱「權變理論」。它認為「X 理論」和「Y 理論」反應的是人性的兩種極端情況，不能說「Y 理論」一定優於「X 理論」。「超 Y 理論」的主要論點為：人的需要是多種多樣的。不同的人的需求不一樣，同一個人在不同的年齡、不同的時間、不同的地點會有不同的需要和行為；由於工作和生活條件的變化，人會不斷產生新的需要和動機；由於各組織的目標、性質不同，人員的能力、需求各異。因此，管理方式應根據具體情況來定，不可能有適合於任何時期、任何組織和任何個人的普遍適用的管理方法。權變理論含有辯證法因素，在西方的管理實踐中受到相當程度的重視。

(三) 威廉・大內的「Z 理論」

日裔美籍教授威廉・大內（William G. Ouchi）在 1981 年出版的《Z 理論——美國企業界怎樣迎接日本的挑戰》一書中提出了「Z 理論」和「Z 型管理模式」。「Z 理論」的三個基本要點是：信任、微妙性、人與人之間的親密性。這些基本點都屬於道德範疇。日本企業正是充分運用了道德因素來調整管理過程中人與人之間的關係，因而獲得了成功。威廉・大內把日本和美國兩國的管理模式進行了比較，設計了一種新型的管理模式，即「Z 型管理模式」。Z 型管理以「Z 理論」為基礎，強調應在企業中實行長期雇傭制，採取長期考察、逐步晉升的方式，加深人與人之間的相互瞭解；強調企業應依靠集體力量和人們之間的通力合作，形成集體的價值觀；強調平等主義，認為只有創造出平等、和睦、信任的環境，才能產生高效率。

西方的人性理論中，「Y 理論」強調以人為中心，主張採取積極誘導的管理方法；「超 Y 理論」認為人的需要不同，管理方式應因人而異；「Z 理論」注重道德因素在管理中的作用。這些都是值得我們在管理實踐中認真思考的。但是，中國古代的人性論和西方學者對人性問題的研究，均是從抽象的、超歷史的角度出發，割裂了人與社會的本質聯繫，把自然屬性當成人的本質屬性，其理論的作用是有限的。馬克思主義認為，人是社會的人，人的本質在其現實性上是社會關係的總和，決定於社會制度的性質和個人的階級地位。因此，研究人性問題不能離開個人與集體、階級和社會的關係。

三、西方的激勵理論

西方的激勵理論是逐漸發展並日趨成熟的，它是西方後期行為科學理論的重要內容。下面介紹幾種有代表性的理論。

(一) A. H. 馬斯洛的需要層次理論

美國著名心理學家馬斯洛（Abraham H. Maslow）在 1943 年所著的《人的動機理論》一書中提出了需要層次理論，把人的多種需要歸納為高低層次的五大類（如圖 9 – 6 所示），並闡明了它們的內在聯繫，為以後建立激勵理論奠定了基礎。

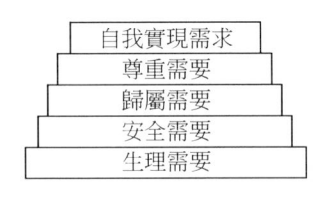

```
┌─────────────────┐
│   自我實現需求   │
├─────────────────┤
│    尊重需要      │
├─────────────────┤
│    歸屬需要      │
├─────────────────┤
│    安全需要      │
├─────────────────┤
│    生理需要      │
└─────────────────┘
```

圖 9-6　需要層次示意

馬斯洛的需要層次理論有如下要點：

（1）強調需要與激勵的關系。需要本身就是激發動機和行為的原始驅動力。只要一個人有需要，也就存在著激勵的可能性；如果一個人沒有需要，也就沒有動力與活力。

（2）需要層次由低到高逐級上升。當低層次的需要基本得到滿足後，才會有高一層次的需要。各個國家經濟發達程度不同，人們的需要層次也有差別。因此，採取的激勵策略、方式和手段應適應不同人的需要層次。

（3）越高層次的需要，實現的難度越大，滿足的可能性越小。而需要實現的難度越大，則激勵力量也越強。因此，人們為了自我實現的需要，必須孜孜以求，奮鬥終生。

（二）F. 赫茲伯格的「雙因素理論」

赫茲伯格（Frederick Herzberg）的研究成果反應在《工作的激勵》（1959），《工作與人性》（1966），《再一次，你如何激勵職工》（1968）等專著中。「雙因素理論」有以下幾個新觀點：

（1）提出滿意的對立面是沒有滿意，不滿意的對立面是沒有不滿意。而傳統的觀念認為滿意的對立面是不滿意。這是質的差別，而不是量的差別，因而是不正確的。

（2）能使員工感到滿意的因素，如工作進展、工作成就、領導賞識、提升、個人前途等，可稱為激勵因素。沒有激勵因素，員工將沒有滿意。會使員工感到不滿意的因素，如公司的政策制度、工作條件、報酬福利、人際關係等，可稱為保健因素。保健因素不好，會使員工感到不滿意。如保健因素好，職工並不會因此感到滿意，而是沒有不滿意。

（3）激勵因素與工作內容有關，保健因素與工作的周圍事物有關，二者的關系類似於內因和外因的關系。只有被稱之為激勵因素的需要即高層次的需要得到滿足，才能激勵員工的積極性，提高勞動生產率，管理者應特別重視。當然，保健因素也不能忽視，否則會使員工感到不滿意。

（三）D. C. 麥克里蘭的「成就激勵理論」

美國哈佛大學教授麥克里蘭（David C. McClelland）於 20 世紀 50 年代創立成就激勵理論，認為成就需要具有挑戰性，這可以增強人員奮鬥精神，對人員的行為起主要影響作用。其要點如下：

（1）具有強烈成就需要的人，希望面臨的是「難度」和「風險」。即任務艱鉅，成功的概率較低，要承擔風險、迎接挑戰，才更具有刺激性，取得成就才能顯示出自己的能力

和獲得滿足感。

（2）管理者把具有強烈成就需要的人放到艱鉅的崗位上，會激發其成功的動力。如果把這樣的人放在平凡的崗位上，就會使其精神受壓抑、才能被埋沒。

（3）通過教育和培訓可以造就出具有高成就需要的人。這樣的人越多，對一個國家的興旺發達越有利。

前述幾種理論中，馬斯洛列出五個層次的需要，赫茲伯格提出了兩類因素，麥克里蘭認為成就是人最大的追求。這些理論都圍繞以什麼內容進行激勵，因而可統稱為內容型激勵理論。

（四）V. H. 伏隆的「期望理論」

美國心理學家伏隆（Victor H. Vroom）1964 年在《工作和激勵》一書中提出了著名的期望理論。它著重研究激勵因素如何發揮作用，屬於過程型激勵理論。

期望理論的基本模式為：

激勵力 = 效價 × 期望值

式中：激勵力指調動人員的積極性、激發其內在潛力的強度，即促進人們為達到預定的目標而努力的程度。

效價，是指目標對於滿足個人需要的價值，即個人對目標實現結果偏愛的程度。效價用由 $-1 \sim +1$ 的值表示。如果目標實現的結果對某人相當重要，數值就接近於 $+1$；如果目標實現結果對某人無關緊要，其數值就接近於 0；如果目標實現的結果對某人極為不利，其數值就可能接近 -1。負效價也有激勵作用，如怕受處分而不違反紀律。

期望值指採用某種行為以實現目標的可能性的大小。期望值往往根據經驗判斷，用概率表示，其數值為 $0 \sim 1$。

對期望理論基本模式可作以下幾點說明：

（1）期望理論與前述幾種理論的主要不同點在於，激勵力為一個動態的變量。它越大，人的行為越積極、堅決；激勵力越小，人就越不會採取行動。

（2）激勵力的大小等於效價和期望值兩個變量的乘積。效價越高，期望值越大，即實現目標對某人來講既有意義又有可能，則激發的力量就越大。如果其中一個變量為 0，即實現目標對某人來講或者無意義，或者無可能，激發力量也就等於 0。

（3）不同的人往往有不同的目標，同一目標對不同的人會產生不同的效價。因此，管理者在設置目標時，應考慮其靈活性，因人、因事、因地制宜。

（4）期望概率也是一個變量，如果客觀上難以實現的目標，期望值必定很小，產生的激勵力也很小。因此，管理者設置目標，還應考慮客觀實際的可行性。同時，也應為員工創造實現目標的條件，增強員工完成任務的信心，以達到提高期望值的目的。

（五）S. 亞當斯的「公平理論」

美國心理學家亞當斯（J. Stacey Adams）於 20 世紀 50 年代提出了公平理論。他提出，

一個人對自己所得的報酬是否滿意，並非只看絕對值，更重要的是看相對值，即個人的報酬與貢獻的比率，還要進行社會（橫向）比較或歷史（縱向）比較。如果個人的比率與他人的比率相等，則會認為公平合理，從而感到滿意，就會激發出動力，積極工作。如果個人的比率比他人的比率低，或比本人歷史比率低，就會認為不公平、不合理，影響工作積極性。

公平理論對我們有以下啟示：

（1）公平不等同於平均主義，也不是按需付酬，這是管理者應重視的問題。

（2）在任何組織內部，工資、獎金、晉升、職稱評定等各方面都會涉及是否公平的問題。這要求管理者盡力排除存在的不公平現象，消除員工由此產生的不好的心理狀態。

前面簡單介紹了西方主要的一些激勵理論，這些理論在它們的管理實踐中得到了廣泛應用。應該承認，這些理論起到了維護資本主義生產關系、促進資本主義發展的作用。但是，其中合乎科學的原理和方法是值得我們在管理中參考和借鑒的。

四、中國的激勵方式

在社會主義條件下，激勵同樣是調動人員積極性、提高工作績效的必要手段。在中國的管理實踐中，常用的激勵方式有：

（一）目標激勵

人有成就的需要，而取得成就的標準就是達到預期目標，因此目標是重要的激勵因素。產生激勵作用的目標既包括組織目標，又包括個人目標。領導者應以科學、合理的組織目標來引導和激勵員工，並注重對員工進行理想教育，引導員工把個人理想與社會理想相結合、個人目標與組織目標相結合。

（二）組織激勵

組織激勵是組織運用責任及權利對員工進行激勵。實行組織激勵應強調健全單位內部的責任制，讓員工明確責任，並享有相應的權利。應積極推行民主管理，讓員工參與重大決策的審議，監督各級領導幹部的工作，提倡員工提出合理化建議等。職工的主人翁權益得到維護，必然會積極工作，與組織共命運。

（三）榮譽激勵

對取得較大績效的員工給予表揚、獎勵以及榮譽稱號等，是對他們貢獻的承認，可以滿足人的自尊需要，達到激勵的目的。同時，此舉還可鞭策其他員工縮小差距，迎頭趕上。

（四）制度激勵

規章制度的建立，如用工制度、考核制度、考勤制度、獎懲制度等，可以規範員工的行為，尤其對消極行為有約束作用。因此，任何組織內部都應建立健全嚴格的制度和嚴明的紀律，發揮其正強化和負強化的作用。

(五) 物質激勵

物質激勵是基本的激勵手段，它包括工資、獎金、生活福利等。因此，領導者只有在工資、獎勵的分配中注意克服平均主義和高低懸殊，並注重員工生活福利條件的改善，才能真正起到激勵作用。

(六) 環境激勵

環境激勵包括工作環境的改善，消除環境污染，創造良好的安全的生產條件；領導者重視感情投資，關心、信任、愛護員工；增強組織內部的團結，形成良好的人際關係；等等。這些都可以增強組織的凝聚力，使員工集中精力投入工作，發揮其主動性和積極性。

(七) 工作豐富化

工作豐富化作為職務設計的一種方法（見第七章第二節），強調工作內容本身就可以成為激勵因素。具體來說，就是賦予員工一些原本屬於管理者的職責和控制權，讓員工獨立自主地完成重大的、複雜的工作任務，從而實現員工的內在激勵。

(八) 教育培訓

教育培訓主要有組織內部培訓、脫產學習、參觀考察、進高等院校深造等常見的形式。通過教育培訓不僅能開闊員工的視野、提高員工的知識水平，而且更能給予員工信心、機會、希望等，使員工以最大的熱情奉獻企業。

五、中國的激勵原則

總結國內外的經驗，在中國的管理實踐中應遵循以下原則：

(一) 物質激勵與精神激勵相結合

前述各種激勵方式，均可分別劃歸到物質激勵和精神激勵兩大範疇。強調物質激勵與精神激勵相結合，是指既應從物質利益上滿足員工的基本需要，反對「精神萬能」，又應重視精神激勵的作用，反對「金錢萬能」和一切形式的拜金主義。要善於結合運用兩類激勵手段。

(二) 個體激勵與群體激勵相結合

集體目標需要集體員工共同努力才能實現，集體任務需要大家努力去完成，集體利益需要員工共同去爭取。因此，激勵的原則之一是強調個體激勵與群體激勵相結合，有效地調動全體員工的積極性，做到個人榮譽與集體榮譽、個人利益與集體利益的有效結合，這樣才能提高個人績效及組織績效。

(三) 短期激勵與長期獎勵相結合

短期激勵，主要是對當前工作績效的各種獎金激勵形式，旨在鼓勵員工抓住機遇，推動企業迅速發展。而長期激勵在於保持核心員工隊伍的穩定，著眼於企業的長期效益，實現企業的長期發展目標。最常見的長期激勵形式有員工持股計劃、高級人員的股份期權等。只有短期激勵與長期激勵相結合，才能有效促進員工短期行為和長期行為與企業短期

目標、長期目標保持一致。

(四) 既全方位調動積極性，又降低激勵效益成本

成功的激勵應做到把組織內一般員工、專業技術人員、管理人員的積極性都充分調動起來，把全體員工的學習積極性、工作積極性以及參與民主管理的積極性都激發起來，全方位調動積極性。但也應注意對激勵作效益成本分析，分析激勵的投入產出，爭取做到既提高組織績效，又使績效成本較低。

(五) 因人因事而異，掌握好激勵的方式、時間和力度

不同的人有不同的價值觀念、理想和需求，因此，激勵的方式應因人而異。激勵具有時效性，時過境遷的獎懲起不到激勵的作用。激勵還需注意力度，過度的獎懲往往會帶來副作用。

復習討論題

1. 試述領導職能在管理過程中的地位和作用。
2. 如何理解領導班子結構？如何做到領導班子結構的優化？
3. 中國總結出的基本的領導方法是什麼？
4. 本章介紹的西方有關領導方法的理論中，有幾種理論應屬於權變理論？
5. 試聯繫實際說明領導者以身作則對於發揮領導效能的極端重要性。
6. 為何要強調領導者管理自己時間的藝術？
7. 為什麼說「超Y理論」屬於權變理論？
8. 請將馬斯洛和赫茨伯格的激勵理論作一比較分析。
9. 試述伏隆的期望理論的原理。這個理論對我們有什麼啟示？
10. 中國常用的激勵方式有哪些？
11. 在中國管理實踐中，對員工的激勵應遵循哪些原則？

案例

柳傳志的領導行為[1]

聯想集團是中國IT行業的領袖，又是中國技術創新和經營管理最成功的企業之一。它的創始人柳傳志於1984年11月開始創業，執掌企業帥印17年。2001年4月，他將帥印交給兩位年輕的接班人楊元慶和郭為。在他領導下，聯想由11個人20萬元資金的小公司迅速成長為在香港地區上市的中國最大的計算機公司，受到國內外人士的廣泛關注和

---

[1] 吳小波．大贏家 [M]．北京：中國企業家出版社，2001：88-92．

讚揚。

首先，柳傳志把聯想的成功歸結為創業之初就立意高遠。「立意高，才可能制定出戰略，才可能一步步地按立意去做。立意低，只能蒙著做，做到什麼樣子是什麼樣子。」當時，北京中關村的眾多小公司都是獨立做進出口，小打小鬧，能賺點錢就行。柳傳志反對這樣幹，立志開發計算機整機，創造中國民族電腦產業，提出「大船結構」來反對「小船大家漂」。

其次，柳傳志特別注意爭取追隨者。他認為真正的領導就必須有一批心甘情願的追隨者。領導是對工作或事件的領導，當此項工作或事件完結後，此次領導行為也隨之結束；嗣後如還想領導下一項工作或事件，就必須重新爭取追隨者。沒有追隨者的領導只是職權威懾的空殼。

柳傳志爭取追隨者的方法是：取信於下屬，一是讓他們相信將為之奮鬥的事業有意義；二是讓他們相信自己有能力帶領他們完成此事業。最重要的是以身作則，身先士卒，帶頭幹，幹得多，拿得少。然後是待人處事都要公正，決不搞宗派，決不謀私利。還有就是發動群眾，虛心聽取群眾意見：在同事提出想法而自己想不清楚時，肯定按同事的想法做；當同事和自己都有想法但分不清誰對誰錯時，也先按同事的想法去做，但日後一定要總結經驗教訓。

最後是言必信、行必果，說到就要做到，定的指標必定要超額完成，決不說空話、大話，公司制定的規章制度一定要不折不扣地堅決執行。

在領導方式上，柳傳志認為，當剛開始創業或做一項新事時，一定要身先士卒，領導者要充當演員。但當公司上了一定規模以後，就一定要退下來，讓他人去做，領導者充當製片人。他說：「現在包括主持策劃，都是由年輕人自己搞，我只是談談未來的方向。」

討論題：

1. 你認為柳傳志將其領導行為概括為立意高遠和爭取追隨者是否具有普遍指導意義？為什麼？

2. 柳傳志爭取追隨者的具體做法，同我們所講的領導方法和領導藝術有何共通之處？這對領導者的素質提出了什麼要求？

第十章
控制

　　社會組織的各項業務活動要按預定的軌道運行，確定的目標要按預定的要求實現，就必須進行控制。控制（controlling）在古典管理理論中就被列為管理的一個重要職能。這一職能包括管理人員為保證實際工作能與計劃保持一致而採取的一系列活動。本章將討論控制的含義、程序、控制的方法和戰略控制問題。

第一節　控制的含義與程序

一、控制的含義

　　現代管理理論認為，控制一詞具有多種含義，主要包括：①限制或抑制；②指導或命令；③核對或驗證。這三方面對一個組織或其管理過程都是重要的，是廣義的控制。但狹義地講，主要側重在核對或驗證，即使組織業務活動的績效與達到目的或目標所要求的條件相匹配的控制。因此，可以說，控制就是按照計劃標準衡量計劃的完成情況，糾正計劃執行過程中的偏差，確保計劃目標的實現。

　　理解控制的含義，需要掌握以下要點：

　　（1）控制是管理過程的一個階段，它將組織的活動維持在允許的限度內，它的標準來自人們的期望。這些期望可以通過目標、指標、計劃、程序或規章制度的形式含蓄地或明確地表達出來。強調控制是管理過程的一個階段，從廣義上講，控制的職能是使系統以一種比較可靠的、可信的、經濟的方式進行活動。而從實質上講，控制必須同檢查、核對或驗證聯繫起來，這樣才有可能使控制根據由計劃過程事先確定的標準來衡量實際的工作。

　　（2）控制是一個發現問題、分析問題、解決問題的全過程。組織開展業務活動，由於受外部環境、內部條件變化和人們認識問題、解決問題能力的限制，實際執行結果與預定目標完全一致的情況是不多的。因此，對管理者來講，重要的問題不是工作有無偏差，或是否可能出現偏差，而是能否及時發現偏差，或通過對進行中的工作深入瞭解，預測到潛在的偏差。只有發現或預見到偏差，才能進而找出造成偏差的原因、環節和責任者，採取針對性措施，糾正偏差。

（3）控制職能的完成需要一個科學的程序。要實施控制，需要三個步驟，即標準的建立，實際績效同標準的比較以及偏差的矯正，沒有標準就不可能有衡量實際成績的根據；沒有比較就無法知道形勢的好壞；不規定糾正偏差的措施，整個控制過程就會成為毫無意義的活動。控制職能的三個基本步驟，需要建立在有效的信息系統之上。

（4）控制要有成效。必須具備以下條件：①控制系統必須具有可衡量性和可控制性，人們可以據此來瞭解標準；②有衡量這種特性的方法；③有用已知標準來比較實際結果和計劃結果並評價兩者之間差別的方法；④有一種調控系統以保證必要時調整已知標準的方法。

（5）控制的目的是使組織管理系統以更加符合需要的方式運行，使它更加可靠、更加便利、更加經濟。因此，控制所關心的不僅是與完成組織目標有直接關系的事件，而且還要使組織管理系統維持在一種能充分發揮其職能，以達到這些目標的狀態。

二、控制的種類

控制可按不同的標準加以分類：

（1）按控制活動的重點不同，可分為前饋控制（feed forward control）、現場控制（concurrent control）和反饋控制（feedback control）三類。

前饋控制有時也稱事前控制（ex ante control）或預防性控制（preventive control）。其控制重點在過程的投入階段，保證投入過程的人力、物力與財力資源的數量與質量，力求以高質量的投入來預防問題的發生。

現場控制是管理人員指導和監督業務活動過程，也就是持續監控員工的行為和活動，以保證按計劃目標辦事，使其與績效標準相符合。

反饋控制有時也稱為事後控制（ex post control）或結果控制。其關注重點是過程的產出，包括過程中間的產出和最終產出，從而發現產出的數量或質量同預定標準的偏差，以及時採取措施。

（2）按控制來自何方劃分，可分為內部控制（internal control）和外部控制（external control）。

內部控制，也稱自我控制（self control）。它是指某個組織及其內部各級、各單位和個人根據本身所要完成的任務來擬定目標，並為保證這些目標的順利實現而進行的自我控制。

外部控制，也稱他控（heter – control）。這是指一個組織的工作目標制定以及為了保證它們順利實現而開展的控制工作，由另一組織來承擔。在組織內部，許多單位和個人都要受到外部控制，他們往往既是控制者又是受控者。

分散控制和集中控制是與內部控制和外部控制相聯繫的。分散控制是指組織推行較為廣泛的分權制，逐級開展相對自主的管理，實行自主的控制；集中控制則指組織推行集權

制，對下屬及其從事的活動進行外部控制。

（3）按照控制事件（control event）發生的時間點為標準來分類，可將控制分為預防性控制、偵測性控制和更正性控制等三種。

預防性控制是指在控制事件發生前所執行的控制；偵測性控制是指在控制事件發生時所執行的控制；更正性控制則是指控制事件發生後所採取的更正補救控制措施。

（4）按控制對象劃分，可分為成果控制和過程控制。

成果控制要控制的或是目標制定過程的成果，或是目標執行過程的成果。上述的幾種控制都是這類控制。

過程控制要控制的是成果形成的工作內容和方法，成果形成的運動方式，以及組織方針政策和技術規則的履行情況。具體包括工作內容控制、工作時間控制、工作地點控制、工作方法控制等。

上述兩類控制中，成果控制是目的和核心，過程控制是成果控制的保證條件，同時也是成果控制進一步展開的內容。

（5）按控制手段劃分，分為間接控制（indirective control）和直接控制（directive control）兩大類。

間接控制是指運用非行政的手段進行的控制；直接控制則是運用行政手段實施的控制。二者各有利弊，應結合使用，但在不同的時期有主次之分。中國經濟體制改革的任務之一，就是從以直接控制為主轉為以間接控制為主。

（6）按控制的業務內容來劃分，不同的組織的控制內容是不一樣的。

從企業組織來看，控制的主要內容有：

①質量控制：指全面質量控制，包括產品（服務）質量控制、職工工作質量和產品生產工序質量控制等。

②庫存控制：包括確定最佳庫存量和再訂購物資的數量，對實際庫存進行控制。

③進度控制：包括根據產品生產或工程項目建設的進度計劃，對各階段實行的進度控制、現場調度。

④成本（費用）控制：包括對各項成本費用、管理費用和銷售費用的控制。

⑤財務預算控制：主要包括產量、成本和利潤的綜合控制，資金籌集、運用控制，財務收支平衡的控制等。

在非企業組織，如政府機關、學校、醫院等組織中，控制的內容主要有工作進度（或效率）控制、工作質量（或成果）控制、經費預算控制等。

（7）按內部控制執行的範圍為標準來分類，可將其分為一般控制（general controls）與應用控制（application controls）。

一般控制又分為組織與操作控制、系統發展與文件控制、設備控制、存取控制及其他資料與過程控制等五項。而應用控制也分為輸入控制、處理控制與輸出控制等三項。應用

控制是信息系统的一個重要控制功能。當計算機演變成企業組織的營運中樞時，營運活動大部分的控制機制必須由信息系統來執行。

（8）按照控制如何執行的分類標準，可將其分為人工控制（manual controls）與程序控制（programmed controls）。人工控制是指由人所執行的控制機制，而程序控制是指計算機程序自動執行的控制功能。

三、控制的基本程序

前已提及控制職能需要三個步驟，其基本程序如圖 10－1 所示。

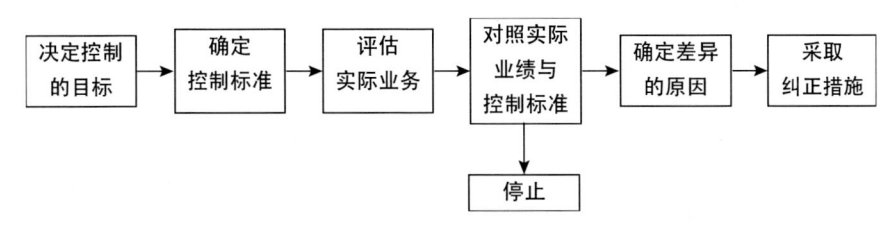

圖 10－1　控制的基本程序

1. 績效標準的建立

績效標準代表人們期望的績效，是測度實際績效的依據和基礎。它往往是一個組織為開展業務工作在計劃階段所制定的目標。在組織系統中，標準必須是統一的，必須人人明瞭，以免產生混亂。

制定控制用的績效標準，首先需要明確在某一特定情況下，組織活動成果中有哪些項目應予以特別關注，然後對每個項目，定出我們所期望達到的水準。對於組織中某些關係重大的活動，例如重要的投資決策和人事決策等，控制的方法也有著重於方法程序而不是只強調成果的情況。

管理者應當仔細地評估他們所要衡量的對象，並考慮如何正確地定義評估的對象的方法與方式。這包括了追蹤瞭解顧客服務、員工參與、營業額信息等，以作為對傳統財務績效考評體系的有效補充。

2. 評估實際績效並用以同標準作比較

對實際績效的評估，大多數組織都通過定期的、正式的、定量化的績效報表、日報、周報或月報，供管理者審核。這些報表與我們在第一階段所建立的績效標準有密切的關系。

在實際工作中，管理者不能只看重數量質量，也不能單純地依賴報表，而是需要深入瞭解組織運作的具體情況，特別注重員工參與度和顧客滿意度這樣一些重要指標實現情況的檢查，如員工是否參與了決策，是否有機會累積和分享知識，組織是否讓顧客滿意，是否走訪了客戶和與客戶實現了互動等。

將績效同標準進行比較,是指按照控制標準測量工作完成的程度,並將衡量的結果通知負責採取矯正措施的人員。測量工作完成的結果,有兩層含義:一是測定已產生的結果;二是預測即將產生的結果。無論哪種結果的衡量,都要以收集大量的信息為基礎,遵循一定的原則,採取科學的方法。

將測定或預測的結果與目標進行比較,進行差異分析(variance analysis)。這可能發現三種情況:一是無偏差,結果與目標完全一致;二是正偏差,結果超過了目標要求;三是負偏差,結果低於目標要求。對於出現的偏差,應給予確定的說明,它包括:①偏差是什麼性質;②偏差影響範圍有多大;③偏差發生在什麼地方;④偏差發生在什麼時間。通過對偏差的界定,即可進一步查明偏差產生的原因,為矯正偏差打下基礎。

3. 偏差的矯正

實際的績效常不能與計劃相等,因此,在偏差出現時,就必須調查一切可能的原因,以發現問題所在。有的時候可能是計劃階段對未來的估計有錯,如銷售預測過分樂觀,這就需要修正計劃目標;有的時候可能是計劃的組織與實施的措施失當,因此,應該採取相應的矯正性措施使計劃的執行向計劃目標靠攏。在實際工作中,人們對已發生的偏差,若其產生的原因較為複雜,一般要先採取臨時性措施使問題發展暫時緩解或停止,再採取矯正性措施予以糾正;若其產生的原因較簡單,可直接採取矯正性措施。對於將要發生的偏差,人們採取預防性措施進行糾正。預防性措施的著眼點是消除未來可能出現的偏差;而矯正性措施則著眼於消除已發生的偏差。

控制程序的三個步驟,都是建立在有效的管理信息系統基礎之上的。因此,只要在信息系統裡加入輸入、處理與輸出等應用軟件控制措施,即有助於達到其控制目的。

第二節　控制的方法

一、預算控制

1. 預算控制(budget control)的意義及其過程

預算制度是企業界廣泛應用的計劃和控制方法。在實施預算制度時,最重要的是如何設定一個適當的預算目標,作為員工的努力依據。一切社會組織都可從事預算的制定,以預算為依據來進行各種業務活動,並借以對業務活動過程進行控制。

就預算性質來說,預算可以被認為是一種用貨幣單位和財務方面的術語來表示的計劃。但預算在某些方面又和其他計劃不同:①編製預算的目的是為組織的業務活動的控制提供一種標準和手段;②預算是一種綜合性極強的控制手段,組織及其所屬的每個單位都可以編製各自的預算,而每個單位內的基層組織又可以編製單獨的預算;③預算是以貨幣為單位的,用財務方面的術語來表現,因而可以使組織的業務活動的各個部分具有一定的

可比性和一致性。

利用預算實行控制的過程包括下列內容：

（1）編製合適的預算，用作有關時期的收支計劃，即將未來的一定時期內的預期成果，用金額表示。

（2）將來自組織內各單位、部門的各項預算數字進行綜合平衡，構成一套符合組織總目標的、相互協調和切實可行的預算。

（3）每隔一定時期，把實際完成情況和預算進行比較。

（4）分析實際完成情況與預算之間的差異。

（5）如需矯正，決定採取必要的矯正措施，消除差異的起因（當然，也包括修改預算）。

2. 預算的種類

預算大體上可以分為收入和支出預算、現金預算、投資預算以及資金平衡預算等幾類。

（1）收入和支出預算

收支預算是最為常見的預算，它可以為人們提供一個有關組織業務活動狀況的簡要說明，因此，有時又稱營運預算。

在企業組織中由於產品或勞務的銷售收入是企業收入的主要來源，因此收入預算常常用銷售預算來代替。但是，企業不僅是從事經營活動，而且還可能從事投資活動和理財活動，因而詳盡的收入預算應包括來自經營活動、投資活動和理財活動這三部分的收入。

組織活動的費用項目可以同會計科目的分類相一致，也應反應組織從事經營活動、投資活動和理財活動所發生的支出。因而，編製支出預算時應主要考慮：①確定包括在支出預算中的各個項目的分類，這應反應出組織在計劃期內進行的各種業務活動需要支出的各種費用總額和投資活動與理財活動的支出總額；②按照組織內單位進行費用項目的分配。

作為控制用的預算執行情況的收支月報，是為了便於將現金實際流轉額與同期的預算數相比較而設計的。控制所要求的資料，一般包括：①實際收入超過預算或低於預算的程度；②實際支出超過預算或低於預算的程度；③造成差異的主要是哪些特定項目或收支，因而值得專門分析。

（2）現金預算

現金預算表明在預算期內對現金的需要，它是以收支預算中的基本數據為基礎進行編製的。現金預算期的長短在很大程度上取決於組織業務收入的穩定性。如果一個企業的銷售量和產品價格是穩定的，生產能或多或少地按全年正常速度排定，預算期就能安排得較長。然而，如果現金銷售起伏不定，或者生產是取決於難於預測的訂貨單的多少，預算期就一定要縮短。

在正常情況下，現金預算是按預算期每月分別編製的。如果企業現金狀況緊張，或者

邊際利潤較低，經常有必要按周，甚至按日進行預算。

編製現金預算可以收支預算作為基礎，編製出估計損益表，然後在不同方面逐筆處理損益表及現金餘額的會計事項，把每期淨收益數字調整到現金基礎上。這樣，可以把企業可用的現金去償付到期的債務作為企業經營的首要條件。即使企業經營的帳面利潤相當可觀，但如果都被占用在存貨、設備或其他非現金資產上，也不能給企業經營帶來什麼好處。而現金預算雖說不會改變企業所得的利潤數額，但有助於保證企業經營有足夠的現金。

（3）投資預算

「投資」一詞通常是指投放財力，以期在未來一個相當長的時期內獲取收益的行動。這個定義特別適用於表述編製投資預算的過程，因為這個過程涉及計劃投放到固定資產上去的資金。鑒於固定資產投資的性質，要求編製投資預算和對投資預算執行的控制要比計劃各種消耗性支出和任何其他日常購置更加嚴謹，更加具有分析性和可比性。

投資預算一般包括用於廠房和設備等現有設施的更新改造資金，為增加現有產品產量或開發新產品所需的基本建設投資，以及用於人才開發、研究與發展、廣告宣傳等方面的專項預算。

編製投資預算和進行投資預算控制的好處是：第一，投資的後果影響深遠，它對於組織的營業費用和現金週轉的影響比通常發生的其他支出的影響都長久，因而投資或專項撥款支出應當控制，通過預算就能夠為控制提供一種標準；第二，對大宗支出進行預算控制，能促使組織在每個領域提高計劃與決策的質量，因而也就能提高投資的經濟效益；第三，有利於現金預算及財政收支的平衡。

為了保證對每個投資項目所撥付的資金能夠向組織提供最大限度的收益，必須對預算實行兩種控制。第一，保證資金按照管理部門的意圖和預算使用，逐項鑑別認可投資預算中的每一個項目的相應預算數字，任何投資的實際支出要有憑證。對於項目支出超過預算數要有一定的限度，要有超支的控制指標，在編製預算時要充分估計到執行過程中的差錯和其他不測事情的發生，並留有餘地。第二，要關心每個投資項目的成本和收入，這種控制通常在投資項目建成以後還要持續幾年之久。通過這類資料的反饋作用，來反應實際執行與預計的經營要求是否一致，並表明對組織生存和長期健康發展的影響。

（4）資金平衡預算

企業常常使用估計資產負債表來反應企業的資金平衡預算。這個資產負債表反應將來的預期財務狀況，作為控制企業現金和運用資本狀況的重要手段。

任何一個特定預算時期終了時，現金預計獲得的水平，可以查閱應收項目預算而加以確定；應付帳款金額，可以查閱應付帳款預算而加以確定；如此等等。通過預算中所有各個具體營業預算，可以分別決定其他各有關項目。各種詳細預算一經編製，將所有項目匯集在一起是很有用處的。從這些數字編製而成的報表，就是資產負債表。它是進行資金平

衡預算控制的主要工具。它可以根據組織的具體需要，按月或按季編製。

3. 預算控制的優缺點

對於任何組織來說，預算控制具有明顯的優點，主要表現在：

（1）它可以對組織中複雜紛繁的業務，採用一種共同標準——貨幣尺度來加以控制，便於對各種不同業務進行綜合比較和評價。

（2）它採用的報表和制度都是早已被人們熟知的，在會計上使用了多年的東西。

（3）它的目標集中指向組織業務獲得的效果——增收節支，並取得盈利。

（4）它有利於明確組織及其內部各單位的責任，有利於調動所有單位和個人的積極性。

然而，預算控制並不是毫無局限性和缺點的。這些缺點主要表現在：

（1）它有管得過細的危險。按預算項目詳細地分別列出費用數額，可能束縛主管人員管理本部門工作所必需的自主權。

（2）它有管理過死的危險。預算本身缺乏彈性，實行預算控制又必須編製各種環環相扣的預算。在這一過程中，任何一處發生估計上的錯誤，任何一處預算的調整，都會影響到其他預算的變動。

（3）它有讓預算目標取代組織目標的危險。它容易造成部門領導人過分熱衷於「按預算辦事」，而把實現組織目標擺到次要的地位。

（4）它有鼓勵虛報、保護落後的危險。因為預算經常是以歷史數據和申報數額為依舊編製的，這有可能造成下級部門虛報或多報預算數據，以便自己今後能輕鬆地完成預算。

二、非預算的控制方法

預算控制雖然具有重要作用，但為了加強對組織的控制，還應根據不同情況，廣泛採用各種非預算控制的方法。按照從簡單到複雜的順序，主要有親自觀察、報告、內部審計、盈虧平衡分析和時間—事件—網絡分析等。

1. 親自觀察

親自觀察適用於從組織中一切關鍵領域獲取控制信息，它是領導人進行控制、判斷和調整措施的一種手段。它有利於領導人獲得組織業務活動的第一手資料，以及在正式報告中不易得到的有用信息，使之成為其決策時的部分依據。

然而，親自觀察是耗費時間的，而且從個人接觸中所獲得的第一手信息的價值，還要受到觀察者的感知技能和理解能力的限制。儘管如此，親自觀察仍然是證實從其他來源所獲得的信息的主要方法，經常被各級管理人員所採用。20世紀80年代西方企業流行的「走動管理」（Management by walk about，MBWA）實質上就是親自觀察的具體運用。它要求管理人員深入第一線，瞭解和掌握組織活動的第一手資料，以便為管理控制取得更為客

觀和直接的依據。

2. 報告

報告是組織進行控制的一種手段，主要是提供一種必要的、可用於矯正措施依據的信息。報告所提供的控制信息是多方面的，由於控制過程的終點是採取必要的矯正措施，所以必須把控制信息交給在組織上負責採取必要措施的人。但報告往往是綜合性的，這需要呈交上級，同時按各個不同的業務內容分送到有關負責部門。

實踐中人們常採用專題報告來揭示非例行工作的情況。這類報告可以使人們高度重視那些對組織的生存發展意義重大的問題，揭示改善組織業務活動的關鍵。

完善的控制報告應體現有效控制的所有特性。這種報告應當是客觀的、公正的、適時的、經濟的，必須包括充分的資料，如實反應組織當前的情況和發展趨勢，突出有戰略價值的關鍵問題，遵循組織的使命、目標和方針，導向改善和矯正的措施。

3. 盈虧平衡分析（break even point analysis）

盈虧平衡分析，既是一種決策方法，又是一種控制方法（見第五章第三節）。它能用來控制在不同的生產和銷售水平下將會實現的利潤數，也可應用於測定各種產品的成本和產銷量的關係，為控制各種產品的成本和贏利能力提供標準。

4. 時間—事件—網絡分析

網絡計劃技術，既是一種計劃的方法，又是一種控制的方法。根據經過優化的網絡圖，管理者可以抓住重點（關鍵路線和關鍵工序），照顧一般（非關鍵路線和各職能工序），及時發現計劃執行中偏離預定進度的情況，採取矯正措施，保證工程項目如期完工。

三、全面績效的控制方法

預算控制和非預算控制的方法，都是以對組織中某一項或某一類業務的控制為主，然而不同的組織還需要不同的全面績效的控制。控制組織全面績效的方法，一般包括經濟核算、資金利潤率、要項控制以及內部控制。

1. 經濟核算

經濟核算是組織進行管理的一項重要工作。它與計劃工作相配合，嚴格地、盡可能準確地控制、核算和分析組織從事業務活動的成果和消耗、收入和支出、盈利和虧損，以促進組織改進業務活動，加強管理，提高工作效率和經濟效益。

對企業組織而言，企業本身所具有的商品生產者的地位要求它按照獨立核算、以收抵支的經濟核算原則來建立有效經濟核算工作制度；對非企業組織而言，由於他們是具備特定功能的獨立組織，理應進行單獨核算，明確自己的職責，劃清與其他組織之間的經濟關系。

在組織內部要實行以實現組織特定目標為核心的分部門、分級的經濟核算體系。各類組織可根據內部各核算單位要求的核算內容，分為核算盈虧的單位、核算資金占用的單位、核算費用節約的單位、核算專項資金的單位和預算控制的單位。

建立組織經濟核算組織系統的原則是：統一領導，分級管理；專業管理與群眾管理相組合。組織經濟核算必須以實現組織總體目標為中心，把組織的內部各級、各單位的經濟核算同實現這個目標結合起來；以計劃、財務部門為中心，把各個職能部門的核算結合起來；以專業核算為主導，把專業核算與群眾核算結合起來。

在企業組織的經濟核算體系中，各種形式的盈虧或損益的計算與控制佔有重要的地位。所謂盈虧或損益計算，是將某一時期的全部收入和支出匯總，並對比實際成果與預期目標的差異，借以尋找薄弱環節，作為採取矯正措施的依據。

2. 用資金利潤率進行控制

在企業組織中，資金利潤率是最能準確地表示企業收益能力的指標。用資金利潤率進行控制，就是以利潤總額與資金總額之比從絕對數和相對數兩個方面來衡量整個企業組織或其某一部門的經營業績。

資金利潤率計算公式如下：

$$資金利潤率 = 利潤總額/資金總額$$
$$= (利潤總額/銷售收入) \times (銷售收入/資金總額)$$
$$= 銷售利潤率 \times 資金週轉率$$

從資金利潤率控制可以看出，對利潤率變化的分析可以涉及企業經營的各個方面。通過這種分析，可以知道企業資源運用的效益，同時也能比較容易地查出各種差異的原因。

把資金利潤率控制法應用於不同的產品系列，可以比較各種產品的現狀及其發展趨勢，明確產品處於有利可圖的發展時期還是已經開始衰退，從而有針對性制定不同的戰略；比較不同產品的利潤率，可使企業經常保持合理的產品結構，明確資金投放的重點和先後次序，使企業以同樣多的資金在總體上取得最大的利潤。

資金利潤率控制的主要優點，是把管理者的注意力集中於挖掘潛力，增加利潤。它的主要危險，則是可能導致過分專注企業的財務狀況，因而忽視諸如社會責任、技術發展、人才開發、職工士氣以及良好的顧客關係等因素。因此，用資金利潤率控制還需有別的控制方法加以補充。

3. 要項控制

要項控制是指從組織業務活動的全局出發，提出若干主要項目，通過對這些主要項目的控制來實現控制組織全面績效的目的。

對於不同的組織，提出的控制項目是不同的。但有效的管理要求所有效力於實施組織總目標的每個方面都要確定控制項目。對於非企業組織而言，控制項目要以追求實現組織的使命為核心，以提高效率、注重成就和承擔社會責任的項目作為其控制項目。例如，大學的使命是教書育人、創造知識。這一使命所要求的要項可能是：吸引高質量的學生；提供高水平的藝術和科學以及專業知識的訓練；吸引高質量的教師和研究人員，以及通過多種方式創造收益來支持學校的發展。對於企業組織而言，控制項目一般要從實現企業總目

標方面入手來確定。例如，中國企業特別強調要把提高產品質量、降低物資消耗和增加經濟效益，作為考核企業管理水平的主要指標。這些就是重點控制的要項。

4. 內部審計控制

內部審計控制是由組織內部的審計人員對組織的會計、財務和其他業務活動所作的定期和獨立的評價。內部審計工作除了確實弄清會計帳目是否正確反應實際情況以外，還需要對組織的各項目標、戰略、程序、職權的運用，決策質量和工作質量，管理方法的效果和工作人員的工作效率，以及各種專門問題進行評價，其目的是為了加強控制。內部審計可視組織活動情況的需要每年一次，或每三五年一次。

有效的內部審計的作用主要有：①它提供了一種用於測定現行戰略、程序和方法是否有效的一種手段；②它有助於擬定關於改進組織的戰略、策略、程序和方法的建議，更加有效地保證組織目標的實現；③它可為組織提供一種能不斷提高集中控制效能的手段，因而有助於實行更大程度的分權而不致失控。

實踐表明，內部審計能否取得良好成效，取決於組織高層領導人的支持程度和中下層管理人員的接受程度，取決於審計負責人的領導才能和審計人員的水平。

第三節　戰略控制

一、現代戰略控制方法

在第六章曾介紹戰略規劃，簡述了戰略規劃的制定和執行。在戰略規劃的執行過程中，同其他業務活動一樣，也需要不斷檢查實際執行情況，用以同原定的目標和規劃相比較，發現差異，分析原因，採取措施糾正差異，以保證原定規劃的實現，必要時可修改或調整原定的規劃。這一過程就稱為戰略控制，它同戰略規劃、戰略執行一起，構成戰略管理過程。

傳統的戰略控制是按上述的基本程序進行的，即分為三個步驟：建立控制標準，將實際執行情況同標準相比較，採取措施糾正差異。這個程序自然是正確的，但由於戰略規劃是一個中長期規劃，執行期長達三五年，在此期間組織的內外環境必然發生許多次重大變化，若單純採用反饋控制法，則會因信息反饋來得太遲，未能及時採取糾正措施，而使組織蒙受巨大損失。因此，戰略控制應當有新的、更經常的、更積極主動的方法加以補充。

現代戰略控制的方法主要有三種：前提控制，執行控制，戰略監視。以下分別說明。

（一）前提控制（premise control）

在戰略擬定的過程中，一個重要步驟是對內外部環境的一系列重要因素進行調研並提出假設，作為制定戰略的前提。由於以這些戰略前提為基礎擬定的戰略規劃，大多需要數年才能終結。因此，對戰略前提持續地進行檢測就被認為是戰略控制的重要組成部分。當

環境因素發生了重大的變化，以此為前提制定的戰略也必須作相應的調整或變革。

前提控制可以通過環境監控（environmental monitoring）來實現。監控首先要追蹤先前在戰略擬定階段已被發現的對公司的戰略進程至關重要的事件和趨勢。由於這些環境信息已被採用為戰略擬定的前提，便要有系統且持續地對其加以監視和審核，檢查這些環境假設是否發生了變化，以致公司的戰略需作相應的調整。目前，許多公司採用的連續環境掃描系統（continuous environmental scanning system），不僅用以發現新的動態，也能追蹤監視原已發現的事件和趨勢。這就大大方便了前提控制的實施。公司內部的專門人員或負責環境掃描的專職人員（譬如政治分析員、經濟學家、產業分析家、人文學家），在負責預見特定事件與動態的同時，可讓其負責追蹤監視該事件與動態。如果公司缺乏跟蹤監視環境變化發展的專門人才，也可向外委託顧問從事此項工作。

（二）執行控制（戰略）（implementation strategy）

執行控制主要包括兩方面的內容：一方面，它要監督公司的戰略是否按計劃執行，以保證預期的業績目標的實現。例如，公司的利潤、銷售增長以及勞動生產率目標是否實現，公司的資源配置是否合理，公司的運作是否在預算內日期進行等。另一方面，執行控制要根據環境因素的主要變化，審核公司的戰略和目標是否依然合適，是否需要因戰略前提條件的改變或外部環境中不斷發生的趨勢及事件加以修改。實際業績與計劃的業績控制標準如果發生了偏離，並不一定意味著公司戰略的失敗。執行控制是對實際差異產生的原因加以分析，充分考慮環境因素變化的影響，並提出相應的對策。執行控制的內部可包括建立合適的獎勵制度和戰略管理信息系統，以支持和保證戰略的貫徹執行。

執行控制在戰略實施的過程中不斷地對戰略的基本方向是否仍然正確提出質疑。它通過「里程碑」（milestones）分析、中間目標（intermediate goals）分析和戰略底線（strategic thresholds）分析來評價現行項目的進展情況。「里程碑」分析把發展項目劃分數個重要階段，諸如需要投入大量資財的關鍵時刻，檢查項目的進展是否達到預期的目標。中間目標分析則選用合適的短期目標，譬如成本、投資回報率等，來反應項目是否順利實施。戰略底線分析則規定一個必須達到的水平（必保目標），譬如時間或成本。項目的實際業績若在規定水準之上，則可繼續進行；倘若未能達到起碼的水平則加以終止。這些分析根據項目在各個特定的重要時間和階段所得的成果來審核項目的繼續進行是否合適，或必須改變方向，或必須立即停止，以避免更大的錯誤和損失。

（三）戰略監視（strategy surveillance）

公司的決策人員在制定戰略時，未必能把對公司具有潛在重大影響的發展趨勢一一考慮周全。戰略監視的目的是通過對內部和外部環境的密切監視，找出可能出現的對公司戰略進程產生影響的重大事件和發展趨勢。與前提控制相比，戰略監視的內容更加廣泛。前提控制的對象是戰略制定時假定的前提條件，戰略監視則把內外部環境中一切對公司關系重大的因素作為對象。持續的戰略監視就可能對公司現行戰略正在構成的威脅發出事先警

| 第十章 | 控制 **213**

報，使公司有更多的時間從容考慮和採取相應的對策。

對外部環境因素的戰略監視可以通過「環境掃描」。外部環境掃描把整個外部環境劃分為若干個部門（譬如經濟、工業、社會、市場、政府），每個部門可採用一系列的變量來反應該部門各個不同的方面。選擇哪些部門和採用哪些變量作為掃描對象取決於公司的性質特點以及這些變量的相關程度。環境掃描的數據，有些可以從組織內部取得，有的則從組織以外收集，可以是直接的第一手資料（通過個人），也可以是間接的第二手資料（文獻資源）。

對內部環境的戰略監視，可以組織一個專門小組，由來自公司各職能部門的經理參加，對公司進行「長短處分析」（strength and weakness analysis），並且經常作出評估，根據評估結果對內部環境諸因素進行必要的改善。「長短處分析」的內容還應包括影響公司的關鍵成功因素。

二、戰略控制的實踐

（一）戰略控制的障礙

有效的戰略控制體系對保證公司戰略目標的實現發揮著重要的作用，然而，要使戰略控制行之有效，必須克服實踐中種種潛在的障礙。這些障礙大致分為三類：

1. 體系障礙（systemic barriers）

體系障礙產生於戰略控制體系本身設計上的缺陷，如控制體系的範圍、複雜程度和要求與該公司的管理能力不相適應。難以制定合適的戰略控制的業績控制標準（performance standard）是形成體系障礙的重要原因，特別是產品多樣化的公司，除非戰略規劃者對公司各產品的市場有深刻的瞭解，不然，要制定出適合各產品市場的戰略控制業績標準，往往困難重重。體系障礙的另一個原因是控制體系搞得過於複雜。複雜的控制系統要求大量的信息，而過量的信息不僅造成信息過載，延緩了信息處理過程，還可能引起信息解釋不當，造成不可靠的預測。複雜的控制體系還要求大量的文書工作，繁文縟節減弱了公司對環境變化作出迅速反應的能力。

2. 行為障礙（behavioral barriers）

當戰略控制體系同公司高層領導者的思維方式和經常習慣以及現有的公司文化不相協調時，便產生了行為障礙。公司經理的行為模式，受其個人背景、多年所受教育的影響，不易輕易改變。行為障礙還會由於既有的利益和立場，害怕「失面子」或被證明犯了錯誤而產生，導致企業對環境變化反應遲鈍或失當。所謂的「行為慣性」和組織慣性在穩定的經營環境下對組織績效有著促進作用，而在急遽變化的條件下則嚴重抑制組織的轉變。人們的經驗似乎在慣例和流程形成後，反而成了組織進步的障礙。

3. 政治障礙（political barriers）

公司的整體戰略必須為公司內部的各種權力集團所接受。戰略控制體系會對公司的現

行戰略加以批評和提出修正，這些變動一般影響到公司組織內現有的權力分配，從而引起某些權力集團的抵制行為。政治障礙的又一重要來源是下級經理唯恐影響其職位或提升機會，不願意把不利的信息如實地向上級管理人員報告。這種「報喜不報憂」的傾向嚴重破壞了控制體系的有效性。

(二) 戰略控制與環境的不穩定性

現代企業的競爭環境以瞬息萬變為特點，管理人員必須面對種種不穩定的因素。這種情況使戰略控制體系的設計左右為難：一方面，過於僵硬的戰略控制體系於事無補；另一方面，戰略目標不清楚，賞罰不明，與控制體系本身的宗旨相悖。因此，必須在正式和精確的戰略控制體系同非正式和松弛的控制之間作出選擇。一個有效的控制體系必須處理好以下兩個問題：

(1) 戰略控制體系如何設計才能使戰略的靈活性與創造性同產業環境的不穩定性相適應？

(2) 對於高度不穩定的產業，或戰略需要特別靈活的產業，什麼樣的戰略控制體系才相宜？

對於上述問題，我們的看法是可以考慮採用滾動式戰略計劃來解決第一個問題。要想充分利用高度不確定性帶來的戰略機會，戰略遠見是關鍵。如果企業想成為成功的影響環境者，他們就必須採用包括情景規劃（scenario planning）和博弈論等工具，重新改造他們的戰略規劃過程和戰略控制體系。

(三) 戰略目標與激勵因素

建立戰略控制體系的目的之一是要激勵管理者個人對公司目標的實現承擔起責任。這一看似十分顯然的原則，實行起來卻比較困難。要規定出適合管理者的戰略目標，絕非易事。

首先，戰略目標有別於預算目標或經營目標。其主要區別在於：

(1) 長期發展的觀念。比起預算目標，戰略控制的著眼點更為長遠。戰略控制著重長期發展，但同時也不忽視短期的業績，在兩者之間，求得平衡。

(2) 競爭的觀念。公司戰略的主要宗旨是要增強公司的相對競爭地位。衡量業績的標準不僅要有絕對量的指標，還要有與其競爭對手比的相對指標。

(3) 財務目標與非財務目標相結合。財務目標固然重要，但並不能反應公司實際業績全貌。人為地提高本年度的財務效益，可能對公司長期的競爭地位反而有害。為此，財務目標要有反應公司戰略和競爭地位的指標相補充，才能比較全面地反應公司的實際業績。例如，與主要競爭對手相比的市場份額或產品質量。

其次，要建立能激發積極性的戰略目標常常會遇到以下棘手的問題：

(1) 目標的明確性。明確界定的目標比模糊的目標較能激勵人，從而導致較佳的業績。理想的目標應該清楚明確，能客觀地估量，以便實際業績能與之精確地相比較。

(2) 目標的難易程度。較難實現的戰略目標比容易實現的目標更富有挑戰性，從而

更能激勵鬥志。

（3）反饋與賞罰。雇員的實際業績是否與對他們的期望相符，把這一信息反饋給雇員，有助於他們意識到差距，找到努力方向，從而改進今後的工作。反饋應同賞罰制度相結合，與公司既定的戰略目標保持一致。因此，及時向員工提供反饋信息，有效運用賞罰手段是控制體系不可缺少的組成部分。

（四）戰略控制與相互信任

管理者與被管理者之間的相互信任是任何一個戰略控制體系成功的核心和基礎。管理者最重要的特點是信任。信任創造了一種安全的氣氛，從而使團隊精神能夠發揮。戰略控制體系應該增強而不是削弱各級管理層之間的相互信任。

首先，要求雙方一致認可控制標準的合理性。標準的制定要經過充分協商，一致讚同，而不可單方面設定，強加於另一方，更不可讓下級產生「控制無非是上級對下級不信任的表現」的錯覺。

其次，要求上下級管理人員之間，對對方的能力有充分的信心，相信實際取得的結果會得到公正的判斷和合理的理解。對偏差的理解和處理是十分敏感的事情，如果處理不當，便會削弱上下級之間的相互信任。

今天，許多企業領導人正在放棄某些控制，並對組織的低層員工授權，以便其獨立決策和行動。嚴密的控制會抑制創造性，限制靈活性和創新。在迅速變化的時代人們相互信任的特性日益重要，當然，仍須維持必要的控制以保證部門和組織實現它們的目標。

復習討論題

1. 什麼是控制？控制對企業的意義何在？
2. 簡述控制的基本程序。
3. 什麼是預算控制？它有何優缺點？
4. 非預算控制的方法主要有哪些？
5. 全面績效的控制方法一般有哪些？
6. 現代戰略控制方法有幾種？簡要說明其內容。

案例

某酒店的採購控制

2010年4月18日，老四川大酒店在鮮花的簇擁和喜慶的鞭炮聲中正式營業了。這是一家大型民營投資集團公司投資興建的涉外星級酒店，不僅擁有裝飾豪華、設施一流的套房和標準客房，下設的老四川餐廳更是特色經營傳統老派川菜和粵派海鮮菜肴，為中外顧

客提供各式專業和體貼的服務。由於集團公司資金雄厚、實力強大,因此在開業當天,不僅社會各界知名人士到場剪彩慶祝,更吸引了大批新聞媒體競相採訪報導。

最讓老四川大酒店人感到驕傲的是酒店大堂裡的一盞絢麗奪目的水晶燈。這盞水晶燈是酒店胡副總經理親自組織貨源,從奧地利某珠寶公司高價購回的,貨款總價高達 120 萬美元。這樣的超級豪華水晶燈不僅在全國罕見,即使是國外,也只有在少數幾家五星級大酒店裡能見到。開業當天,來往賓客無不對這盞豪華的水晶燈讚不絕口,尤其是經過媒體報導,更成為當天的頭條新聞。胡副總經理也因此受到了集團公司領導的高度讚揚。

然而,好景不長。兩個月後,這盞高價水晶燈就出了狀況。首先是失去了原來的光澤,即使用清潔布擦拭也不復往日光彩。其次,部分金屬燈杆出現了銹斑,還有一些燈珠破裂甚至脫落。人們看到這破了相的水晶燈,議論紛紛。鑑於情況嚴重,集團公司領導責令胡副總經理在限期內對此事作出合理解釋,並停止了他的職務。

事件真相很快就水落石出,原來這盞價值近千萬元人民幣的水晶燈根本不是從奧地利某珠寶公司購得,而是通過南方某地的 W 公司代理購入的贗品。胡副總經理在交易過程中受賄。雖然事後胡副總經理受到了法律的嚴懲,老四川大酒店卻因此遭受了巨額損失,更嚴重的是酒店名譽蒙受重創,成為同行的笑柄。

那麼,老四川大酒店怎麼會發生這樣的悲劇,在以後的企業經營中又如何防範呢?

集團公司聘請的外部專家很快就得出結論:這個案例其實並不複雜,卻很有代表性,是公司內部控制制度不健全造成的。具體情況為:酒店在未經過公開招標的情況下,即與南方 W 公司簽訂了代購合同。按照合同規定,W 公司必須提供奧地利某著名珠寶公司出產的水晶燈,並由 W 公司向老四川大酒店出具該公司的檢驗證明書,然後再支付 W 公司的代理費。然而,交易發生後,W 公司並未向老四川大酒店出具有關水晶燈的任何品質鑑定資料,酒店也始終沒有同 W 公司辦理必要的檢驗手續。經查實,這筆交易都是由胡副總經理一人操縱的,從簽訂合同到驗收入庫到支付貨款都是由他說了算。而他之所以這樣做,正是因為收受了 W 公司的巨額好處費。

這樣簡單的過程和手法,卻真實地發生了,甚至可以說這樣一筆交易,毀了整個企業,這裡面的教訓是發人深省的。集團公司聘請的外部專家指出,一筆採購業務,特別是金額較大的業務,通常涉及採購計劃的編製、物資的請購、訂貨或採購、驗收入庫、貨款結算等。因此,應當針對各個具體環節的活動,建立完整的採購程序、方法和規範,並嚴格執行和控制。只有這樣,才能防止舞弊,保證企業經營活動的正常進行。

討論題:

1. 對公司的採購環節如何做到職務分離,採取集體措施?如採購計劃和申請由誰提出?具體採購業務由誰完成?而貨物的驗收又應該由誰進行?
2. 對商品入庫驗收如何進行控制?誰主管驗貨?
3. 如何做好貨款支付控制?

第十一章
協調

法約爾把協調（coordinating）列為管理的五大職能之一。以後的管理學者一般不再把協調視為一項單獨的管理職能，他們認為協調寓於計劃、組織、領導、控制等各項管理職能之中，是「管理的本質」[1]。我們認為，每個社會組織都面臨著各種各樣的矛盾或衝突，管理者要花費大量精力和時間進行協調工作，協調是管理活動的重要組成部分，溝通是協調的重要技能，因此仍把協調視為管理的一項職能，單列一章加以討論。本章將分別討論協調的意義和原則、組織內部的協調、組織外部的協調和信息溝通等問題。

第一節　協調的意義和原則

一、協調的概念

第一個明確給出協調定義的是法約爾。他說：「協調就是指企業的一切工作都要和諧地配合，以便於企業經營的順利進行，並且有利於企業取得成功。……總之，協調就是讓事情和行動都有合適的比例，就是方法適應於目的。」[2] 法約爾的定義給出了協調的基本內容，但有兩個缺陷：一是它只包括組織內部的協調，未涉及組織外部的協調；二是它只論及「工作、事件、行動」的協調，未涉及人際矛盾的協調，忽視了人的因素。這兩個缺陷反應了古典管理理論的局限性。

巴納德對法約爾的定義作了補充，他說：「協調依賴於兩個互相關聯的過程：組織與外部環境的適應過程；組織對人際關系的滿足過程。」[3]

綜合兩位管理大師的思想，我們認為，協調是為了實現組織目標，對組織內外各單位和個人的工作活動和人際關系進行調節，並化解矛盾，使之相互配合、相互適應的管理活動。

協調涉及工作活動和人際關系兩方面。但由於組織內外的各項活動都是由人來進行的，工作的矛盾衝突往往表現為人與人之間的矛盾衝突，協調好人際關系有助於解決工作

---

[1] 孔茨 H，奧唐奈 C. 管理學［M］. 中國人民大學外國工業管理教研室，譯. 貴陽：貴州人民出版社，1982.
[2] 法約爾 H. 工業管理與一般管理［M］. 周安華，等，譯. 北京：中國社會科學出版社，1982.
[3] 巴納德 C I. 經理人員的職能［M］. 劍橋：哈佛大學出版社，1938.

矛盾；又由於人是組織中最活躍的因素，人在現代管理理論中佔有愈來愈重要的地位，所以現代管理理論認為，協調實質上是人際關係的協調。

二、協調的意義

協調在管理工作中佔有重要地位，具有重要意義。孔茨稱協調是「管理的本質」，巴納德也曾說過「管理者的職能在於維持一個系統的協調」[①]。協調對管理工作的意義具體表現為以下幾點。

(一) 協調是組織內部業務活動順利進行的必要條件

一個組織是由若干下屬單位和個人構成的集體。這些單位和個人之間形成了錯綜複雜的關係，只有在時間上、空間上做出適當的安排，整個組織的活動才能順利進行。儘管在計劃、組織和控制等工作中已考慮了這些問題，但情況隨時在變化，意外隨時會出現，矛盾隨時會產生，這就需要調度、調節、處理意外、化解矛盾，實現組織的和諧與秩序，使業務活動順利進行。

(二) 協調是激發職工工作熱情的重要保證

職工的工作熱情與工作環境有密切聯繫，一個親切、友善、和睦、人際關係良好的工作環境能極大地激發職工的工作熱情。但人與人之間的誤解、矛盾、衝突又是難以避免的，這就需通過協調，溝通意見，化解矛盾，解決衝突，構建良好的人際關係，以維持良好的工作環境。

(三) 協調是建立良好外部關係的重要途徑

任何社會組織都存在於一定的外部環境之中，與外部的單位、個人有著各種各樣的關係。這些關係有利益一致的一面，也有利益衝突的一面；有合作的一面，也有對立的一面。因此，矛盾衝突難免發生。這就需要進行協調，疏通關係，增進理解，建立良好的外部關係。同時，外部環境是不斷變化的，這就需要經常協調，及時調整自身的行動以適應外部環境的變化。

三、協調的原則

根據國外協調理論和中國的管理實踐經驗，我們初步總結出協調工作應遵循的幾條基本原則。

(一) 互相尊重

協調的實質是處理人際關系，協調的難點在於調解個人之間的矛盾。無論是處理人際關系還是調解個人矛盾，其前提都是互相尊重、互相理解。人有尊嚴，群體有尊嚴，組織也有尊嚴。只有尊重對方，才能贏得對方的尊重；只有互相尊重，協調才有良好的前提和

---

① 巴納德 C I. 經理人員的職能 [M]. 劍橋：哈佛大學出版社，1938.

基礎。無論是個人之間、組織之間或上下級之間，互相尊重都是協調工作應遵循的首要原則。對於管理者來講，這條原則尤為重要。管理者高高在上，大權在握，容易產生君臨眾生、俯視下屬的現象。因此，管理者要提高修養，養成平易近人、平等待人的作風，這樣才有利於協調工作的順利進行。

(二) 互相合作 (雙贏原則)

互相合作的原則包含三層意思。一是矛盾雙方都要有協商合作的誠意，要明白「和」則互相得利，「僵」則兩敗俱傷的道理，明白只有進行誠懇對話才能解決問題；二是雙方都要有作出妥協讓步的思想準備，都應考慮到對方的利益，而不應抱有徵服對方的企圖；三是協調方案要使雙方都獲得一定的利益，即達到「雙贏」的結果，使矛盾或衝突能夠合理解決。

(三) 信息溝通

事實上，許多誤會、分歧和矛盾都是由於缺乏信息溝通引起的。如能及時、充分地溝通信息、交換意見，這些矛盾本可避免。即使有了矛盾，通過信息溝通，也可以有效地緩和和解決。在實際工作中，「對話會」「座談會」都是解決矛盾的有效方法。因此，及時通報情況，加強信息溝通，是協調工作的一項重要原則。

(四) 客觀公正

所謂「客觀」，就是實事求是、尊重事實；所謂「公正」，就是避免摻雜感情因素，平等對待矛盾雙方。「客觀公正」是作為調解人的「裁判」(管理者經常充當這一角色) 在協調工作中應當堅持的一條原則。矛盾雙方陳述意見要有事實根據，「裁判」裁決也要以事實為依據。同時，要對事不對人、不帶感情色彩，不偏袒任何一方，公正處理。這樣才能使矛盾雙方心悅誠服，求得問題的合理解決。為貫徹「公正原則」，凡與矛盾雙方有利益衝突、利益關係的人不宜擔當「裁判」角色，而應理性迴避。

(五) 原則性和靈活性相結合

協調工作應該有原則性。原則包括國家的法律、政策，組織的理念、目標、規章制度等。這些原則是組織開展業務活動的依據，也是協調工作的準繩，必須堅持。

協調工作又要有靈活性。靈活性表現為組織在不違背原則的前提下為協調矛盾作出的各種努力，包括求同存異、妥協讓步、折中變通等。協調工作的靈活性有利於打破僵局，解決矛盾，實現和解。

沒有原則性，協調工作將失去正確的方向，引發更大的矛盾和問題；缺乏靈活性，協調工作將難以進行，解決不了矛盾和問題。因此，兩者必須有機地結合起來。

四、協調的分類

按照不同的標準，協調可分為不同的類型。

(一) 按協調的範圍分類

（1） 內部協調。這是指組織內部各部門、單位、個人之間的協調，由組織自己負責進行，可控性較強。

（2） 外部協調。這是指組織與其外部環境各方面之間的協調，由於組織難於控制外部因素，可控性較差。

(二) 按協調的內容分類

（1） 人際關系協調。這是指組織內外人與人之間關系的協調，主要涉及人的性格、情感等心理因素。

（2） 工作協調。這是指組織內外各種業務活動的協調，主要涉及業務內容和行政方面的因素。

(三) 按協調的指向分類

（1） 垂直（縱向）協調。這是指從上到下或從下到上的縱向協調。如組織內部上下級之間、不同層次的部門之間的協調，組織外部組織與政府各部門之間的協調。

（2） 水平（橫向）協調。這是指無隸屬關系的單位或個人之間的橫向協調。如組織內部同級各單位之間、同事之間的協調，組織外部組織與無隸屬關系的部門、單位之間的協調。

(四) 按協調對象的組織狀況分類

（1） 組織間的協調。這是指組織內外組織與組織之間的協調。

（2） 個人間的協調。這是指組織內外個人與個人之間的協調。

（3） 組織與個人之間的協調。

下兩節，我們將按照第一種分類，分別討論組織內部協調和組織外部協調。

第二節　組織內部的協調

一、對矛盾的認識

協調工作的核心內容是消除和化解矛盾。矛盾具有普遍性，無處不在，無時不在。舊的矛盾消失了，新的矛盾又會產生。任何社會組織都有矛盾；有的矛盾多些，有的少些；有的對立程度嚴重些，有的緩和些。協調工作的任務在於發現矛盾，分析產生的原因，採取適當的措施，消除和化解矛盾。

對矛盾的認識主要有兩種觀點。一種觀點認為矛盾意味著分歧、對立和衝突，會惡化人際關系，導致工作混亂，影響組織目標的實現。所以，矛盾是壞事，應當盡力避免，管理者有責任在組織中消除一切矛盾。這種觀點在 20 世紀 50 年代以前占統治地位，稱為傳統觀點。

另一種觀點認為，矛盾並非全是壞事。有的矛盾妨礙組織目標的實現，是破壞性的矛盾；有的則有利於組織目標的實現，是建設性的矛盾。這種觀點認為，風平浪靜、眾口一詞並非全是好事，這種狀態會使組織變得麻木遲鈍，失去生機活力和創意；相反，如保持適度的矛盾，在決策之前議論紛紛，熱烈爭論，則會使組織生機勃勃、正確決策，且善於創新、勇於變革。因此，管理者既要消除破壞性的矛盾，又要促進建設性的矛盾。這種觀點已為越來越多的人所接受，成為主流意識，可稱為現代觀點。

二、矛盾產生的原因

解決矛盾要對症下藥，瞭解矛盾產生的原因。矛盾產生的原因是多種多樣的，大致可歸納為五類。

（一）任務目標

組織內部的單位和個人都有各自的目標、任務，這些目標、任務應該是互相聯繫、互相制約的。但是，有時這些目標和任務會出現相互矛盾的現象。例如商場櫃臺服務部門為擴大銷售量，提出要增加上櫃商品品種；而採購部門的目標之一則是降低採購成本，如增加商品品種，勢必增高該部門的採購成本。這樣櫃臺服務部門與採購部門的目標任務就產生了矛盾。又如礦山的生產部門與安全部門，生產部門要完成產量指標，安全部門要防範安全事故，兩者也經常發生衝突。此外，目標、任務寬嚴不一，有的過高、有的過低，導致忙閒不均、苦樂不均，也會引起各單位、個人之間的矛盾。

（二）組織結構

根據專業化協作原理，組織設立了若幹部門和層次，形成了縱橫交錯的組織結構，這種結構一經形成，不會輕易改變。如組織結構設計不當，職責職權規定不清，分工協作關系不明，信息溝通不暢，都極易引起矛盾。此外，組織環境在變化，業務在變化，因此，相對穩定的組織結構與隨時變化的環境、業務之間又會出現許多矛盾。如有的單位業務量大，人員不足，有的則業務量小，人員多餘；更多的情況是單位之間業務職責劃分不清，從而產生了互相推諉、扯皮現象。

（三）爭奪有限資源

任何組織的資源都是有限的，不可能要多少給多少，但各部門、單位往往出於本位主義，多爭多要。因此，為了爭奪資金、原材料、人才，經常會引發上下級之間、各部門之間的矛盾。

（四）角色衝突

組織內的單位和個人，由於擔任的職位（扮演的角色）不同，各有其特定的任務和目標，從而產生了不同的需要和利益，由此會產生各種矛盾。例如，企業的銷售部門希望增加花色品種、擴大銷售，生產部門則傾向於少品種大批量生產，以提高效率；供應部門希望材料儲備充足，以保證生產，財務部門則考慮減少資金占用，以改善財務指標。第七

章所提到的直線人員與參謀人員的矛盾,也可視為角色衝突。

(五) 個人因素

(1) 性格衝突。人們的性格不同,氣質各異,在一起工作,難免產生摩擦。特別是有一類人急躁易怒,逞強好勝,還有一類人權力慾特強,喜好拉幫結派。這兩類人往往成為組織內部衝突的「震源」。

(2) 利益衝突。人總是關注物質利益的,涉及個人切身利益的事極易引發矛盾和衝突。如人們常常為工資、獎金、福利待遇、晉升職務、評職稱等互相攀比甚至相互攻擊,因而影響工作。利益衝突是大量的、經常的,管理者要格外注意。

(3) 觀點衝突。對同一件事,不同的人往往有不同的看法,仁者見仁,智者見智,這也會引起分歧、矛盾。

(4) 價值觀衝突。人們由於生活背景、經歷不同,往往會形成不同的價值觀、生活方式,從而引起矛盾。例如一些組織內存在的老職工與青年職工之間的矛盾,在很大程度上就是由價值觀、道德觀不同引起的。又如組織內部各個非正式組織之間的矛盾,往往也是產生於價值觀和生活習慣等方面的差異。

三、解決矛盾的方法

解決矛盾要遵循協調工作的五項原則,針對矛盾產生的原因,採取適當的方法。

(一) 堅持目標任務的統一和協調

堅持目標任務的統一和協調,要求在制定目標、計劃時,首先把組織的總目標放在第一位,各部門和單位的目標都要服從總目標,不能自行其是,然後再平衡各部門、單位的目標,使之互相銜接、協調。以前述的商場為例,如果商場的總目標是擴大銷售,則櫃臺服務部門提出增加採購商品品種的要求是合理的,採購部門應積極配合,相應調整採購成本降低率,使之與增加採購商品品種的要求相吻合,從而消除兩部門的矛盾。此外,要積極推行「目標管理」,讓執行人參與目標制定,使目標任務更切合實際,克服寬嚴不一、職工忙閒不均的現象。

(二) 採取組織協調措施

對於因組織結構設計本身的缺陷所引發的矛盾,應通過組織結構改革去解決。這裡著重論述由組織結構穩定性與業務多變不相適應引起的部門間職責不清、業務混亂的問題,為此需要採取相應的組織協調措施。

(1) 加強聯絡。對於一些新的業務或不穩定(時有時無)的業務,出現各部門「都管又都不管」的現象是難以避免的。這時,應加強部門間的聯絡,如設立聯絡人員、召開聯席協調會議等,予以協調。

(2) 劃清職責。當新業務已經做大、比較穩定的時候,應明確劃分有關部門的職責。如某市出租車業務是交通局、公用事業局都在管。剛開始,由於出租車數量少,活動範圍

小，矛盾未充分顯露，還能相安無事。但當出租車日益增多，活動範圍日益擴大，矛盾就尖銳地顯露出來。該由誰負責頒發「經營許可證」，由誰負責監督處罰司機違章行為？這時，該市就應設立城市出租車管理處，並明確其主管部門。

（3）設立調度長。對於某些內部各單位聯繫緊密、彼此依賴的組織，可設立調度長或調度室專司協調工作。如化工廠、電廠、鋼鐵廠等裝置性工業企業，其整個生產系統環環相扣，牽一髮而動全身，一般都設置了調度長或總調度室，協調處理生產系統各車間的問題。

（4）制定法規或制度。例如，針對水果、花卉跨區運輸中的各地重複檢疫、農業部門和林業部門的重複檢疫問題，中國國務院制定了行政法規，規定植物檢疫各地互相認可，林業部門、農業部門互相認可，從而避免了重複檢疫，解決了職責重複的問題，也減輕了果農負擔。

（5）運用矩陣式組織結構形式。對於一些需要多部門配合的工作，設立矩陣式組織是一條有效措施。如某市高新技術開發區把工商、稅務、土地、城建等有關部門的人員協調出來組成服務中心，實施「一條龍」服務，加強了部門間的協調，減少了扯皮現象，大大提高了辦事效率。

（三）領導協調

處理糾紛、化解矛盾是各級管理者責無旁貸的工作。管理者以其地位和身分在協調工作中可以起到特殊的作用。

管理者在協調工作中要尊重矛盾雙方，仔細聽取雙方的陳述，多方瞭解查證事實，客觀公正地處理糾紛。管理者要做耐心的思想教育工作，教育雙方識大體、顧大局、明禮義、講文明，設身處地理解對方，互相多作自我批評，既分清是非，又團結同志，爭取「雙贏」結局。

召開協調會議也是解決矛盾的一個可行辦法。管理者召集雙方坐在一起，把問題擺到桌面上，消除誤會、隔閡，縮小認識差距，以達成雙方都可以接受的解決方案。

（四）利益協調

利益衝突是經常發生的，在進行利益協調時要注意三個問題。一是要注意兼顧效率與公平，既反對平均主義，適當拉開分配差距，又防止差距過大、高低懸殊；二是要把業績和利益掛起鉤來，做到多勞多得；三是要採取科學客觀的評定方式。例如，加強對平時的業務臺帳、業務考核、獎勵與懲罰進行記錄，登記建立數據資料庫，到年終考評時就易於做到客觀公正，減少主觀隨意性，減少矛盾的產生。

（五）人事調整

以上協調方法，一般來說，對工作矛盾比較有效，對人際矛盾效果較差；在人際矛盾中，對觀點衝突、利益衝突、價值觀衝突比較有效，對性格衝突效果較差。

對因性格衝突引發的矛盾，如果經多方多次協調，仍然無效或效果甚微，則及時進行

適當的人事調整是完全必要的，不可聽任矛盾持續或擴散下去。這時可採用調換工作崗位的方法，讓當事人在一個新的環境重新工作，這樣做可能對當事人、對工作都有利。對於所謂「震源」型人物，要加強教育、觀察，再行處理。一般說來，人事組織應將性格不同的人組合在一起，做到性格互補。

第三節　組織外部的協調

一、組織外部協調的對象

任何社會組織都是存在於一定的外部環境中的，受到外部環境的影響，也對外部環境產生能動作用，由此產生了廣泛的外部關係。在這些外部關係中，對組織影響較大、與組織聯繫較密切的那些單位和個人，都是組織外部協調的工作對象。

根據組織性質的不同，外部協調對象會有不同。例如，企業的外部協調對象有：股東、供應商、消費者、政府和新聞媒介等。醫院的外部協調對象有投資者、藥廠、病員、政府和新聞媒介等。

一般來說，組織外部協調的對象包括：①投資者；②供應單位；③服務對象；④政府；⑤新聞媒介。在政府投資設立的組織（國有企業、國立醫院、國立學校）中，政府還兼有投資者身分。

組織外部的協調有助於改善組織的外部環境及其外部形象，對組織的發展有著重要意義。不少組織專門設置了公共關係部門，其主要任務就是搞好組織外部的協調。

下面，以公用企業為例，說明組織外部協調工作的具體內容。

二、公用企業的外部協調

(一)　公用企業與政府之間的關係協調

公用企業是指與百姓日常生活密切相關，且具有規模經濟性和網絡性特徵的企業，如電力、通信、公共交通、燃氣、自來水等企業。

公用企業具有企業性和公共性的雙重特徵。一方面，作為一個企業，它要自主經營，自負盈虧，追求效率，具有一般企業的營利性特徵；另一方面，由於與百姓日常生活密切相關，它又承擔了一定的公共服務任務，實行普遍服務原則，具有公共企業的公益性特徵。另外，公用企業一般具有明顯的規模經濟性和網絡性，這些特性決定了一個城市或區域只需少數幾個公用企業才更具效率性，由此，公用行業往往形成壟斷或寡頭市場結構，其企業往往具有一定的市場支配力量。

鑒於公用企業的上述特徵，政府對公用企業的管理也是雙重的。一方面，作為營利性企業，政府對其實行一般的社會經濟管理，即政府根據通用性法規（如公司法、反壟斷

法、稅法、勞動法、安全法、環保法、產品質量法、消費者權益保護法等）通過政府綜合性社會經濟管理機構（如工商、稅務、勞動、環保、質檢等機構），對公用企業的合法經營行為給予保護，對違法行為予以打擊。另一方面，作為具有公共性和一定市場壟斷力量的企業，政府對其實行特殊的經濟規制，即政府根據特殊法規（如電力法，通信法，公共交通管理條例，燃氣、供水條例等），通過政府專門的規制機構（如電監會、通信監管會、交通局、公用局等機構）對公用企業的特定經營活動（如進入退出、價格制定、行為規範）進行一定的干預。

相應地，公用企業對政府的關系協調也包括兩個方面。第一，與政府綜合性社會經濟管理機構的關系協調。其內容主要有：①自覺遵守國家法規，執行政府政策，接受政府檢查，合法經營，照章納稅。②向政府上報法定的統計、會計報表，匯報企業的經營問題和困難，反應行業發展面臨的問題，為政府制定政策提供現實依據。③積極承擔企業的社會責任，支持政府和社區的工作，通過贊助公益事業、提供就業機會、治理環境污染等活動，與政府和街道社區建立和諧關系。

第二，與政府專門的規制機構的關系協調。其主要內容有：①積極配合規制機構依法行政，報送有關信息資料，接受規制機構的指導和監督；②遵守政府制定的價格、行業行為規範、產品和服務標準，杜絕違規違章行為；③向政府反應企業和行業發展中出現的困難和問題，提出合理建議，促進行業的持續穩定發展；④協助政府制定合理的價格、公共服務的補償標準和營運規範。

(二) 公用企業與投資者之間的關系協調

為實現公用企業的公益性目標，政府往往直接投資，採取國有國營的方式經營，強化對公用企業的經濟規制。20世紀70年代以前，世界各國大抵如此。但國有國營方式也有缺乏效率的弊端。為提高公用企業的經營效益，20世紀80年代世界各國開啓了一場放松規制的變革，在公用行業引入競爭機制和私人資本，廣泛推行公私合作制，政府通過採購公共服務來實現公益性目標。中國在20世紀90年代也開始公用企業體制改革，在公用行業引入外資企業和私營企業，現已形成政府主導、多方參與、公私合作共營的格局。

因此，公用企業與投資者的關系協調表現為兩種形式，一種是國有公用企業與國資委的關系協調，另一種是非國有公用企業與其股東大會的關系協調。前者較為複雜，不同的國有公用企業（營利的與財政補貼的、國資委投資的與財政投資的），與國資委協調的側重有所不同；後者較為規範、簡單，協調的核心直指投資利益。不論哪種形式，公用企業與投資者的關系協調都包括以下主要內容：①提交企業長期戰略發展規劃、年度經營計劃與財務計劃，報告計劃執行情況及財務決策。②報告企業對內投資計劃及其執行情況，企業對外併購計劃及其執行情況，以及企業股權轉讓及其實施。③報告企業重大人事任免和重大業務變更。④報告經理層薪酬和激勵方案及其執行情況。

(三) 公用企業與供應協作企業之間的關系協調

供應協作企業為公用企業提供原、燃、材料、動力、零部件以及協作件加工，對企業持續穩定發展起到重要作用，企業必須與之保持良好的關系。為搞好與供應協作企業的關系，公用企業必須：①樹立互利合作的經營理念，建立長期供應夥伴關系。不得濫用「壟斷買方」的市場地位，動輒以中斷合作相威脅，隨意壓級壓價、謀取不正當交易利益。②樹立誠信經營理念，嚴格履行合同，及時支付貨款。③主動交換信息資料，向供應方提出供應品設計、質量、價格、交貨方式等方面的改進意見。

(四) 公用企業與消費者之間的關系協調

在市場經濟條件下，企業只有贏得消費者信任，順利銷售產品，才能實現企業價值，獲得經濟利益和持續發展。公用企業在取得特許經營權的同時也被賦予了提供公共服務的職責。因此，公用企業搞好與消費者的關系協調不僅是企業自身利益的需要，也是企業的法定職責。為搞好與消費者的關系，公用企業必須：①牢固樹立「用戶至上」的經營理念，提高產品質量，搞好售後服務，千方百計地滿足消費者的需要。②實行「普遍服務」原則，向全體百姓提供同等一致的服務，不得對邊遠地區和貧困階層實行價格歧視和服務歧視。③自覺維護消費者權益，嚴格遵守行業營運規範，為公眾提供廉價便利的服務；認真履行各項優惠政策的承諾，讓公眾切實享受政策的恩澤；認真處理消費者的意見和投訴，堅決杜絕侵犯消費者權益的行為。④加強與消費者的聯絡溝通，通過廣告、新聞媒體、信函、互聯網等形式向消費者介紹企業和產品服務情況；通過用戶回訪、問卷調查、電子郵件等形式瞭解消費者的需求，徵求消費者對企業和產品服務的意見，達到溝通信息、聯絡感情的目的。

(五) 公用企業與新聞媒體之間的關系協調

新聞媒體（報紙、廣播、電視）對社會和企業有廣泛而巨大的影響，是企業與社會公眾溝通的重要渠道。企業必須與新聞媒體保持良好的關系：①尊重新聞媒體的採訪權和報導權。新聞媒體是公民即消費者實現「知情權」的重要渠道，也是他們實現「表達權」「監督權」的重要途徑。公民的「知情權」「表達權」「監督權」是公民的憲法權利，新聞媒體的採訪報導是實現公民權利的重要保證，企業必須自覺尊重新聞媒體的採訪權、報導權。②積極配合媒體採訪報導，擴大企業影響，提升企業形象。如向媒體傳遞稿件、資料，召開新聞發布會，提供企業的真實信息，使公眾瞭解企業，使企業更än近公眾。③正確對待負面報導。對不利於企業形象的報導，要區別情況，分別對待。若報導屬實或基本真實，應積極查明原因，採取措施，並對受損者給予補償，使事件有個圓滿了結，向公眾展示企業坦誠、善意、承擔責任的形象。若報導基本不實或純屬無中生有，則應冷靜理性地說明事實真相，消除誤解，必要時尋求法律途徑解決，捍衛企業利益和維護企業形象。④保持與新聞媒體的經常聯繫。企業應安排相應機構和人員，專門與媒體保持密切聯繫，安排記者採訪，配合媒體作某些深度追蹤報導，與媒體保持良好的互動關系。

第四節　信息溝通

一、信息溝通的過程

信息溝通（communication），亦稱聯絡或交流，是指人與人之間傳達信息和思想的過程。

信息溝通是協調工作的基礎。在組織內部，它把許多獨立的個人、群體聯繫起來，成為一個有機整體；在組織外部，它促進組織與其他組織和社會公眾的相互理解，建立起良好的外部環境。而組織的計劃、組織、領導和控制等其他管理職能也都離不開信息溝通。為使管理工作卓有成效，管理者必須掌握信息溝通的基本知識和技能。

信息溝通必須具備三個基本要素：發送人、接收人和傳送的信息。

信息溝通是一個信息傳遞的過程，可分為六個步驟（如圖 11-1 所示）：

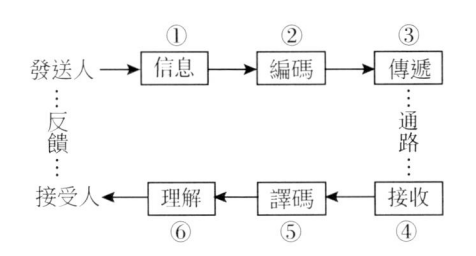

圖 11-1　信息溝通過程示意

（1）發送人獲得某種觀點、想法或事實，並且有發送出去的意向。這一環節很重要，必須謹慎行事。一個不正確的觀點或未經證實的事情若被輕率傳送出去，可能會產生嚴重的後果。

（2）發送人將這些信息編譯成易於理解的符號，如語言、文字、圖表或手勢等，力求表達準確完整，避免信息失真，這需要一定的知識和技能。

（3）發送人選擇適當的信息通路（書信、文件、電話、講演等）將上述符號傳遞給接受人。

（4）接受人由通路接受這些符號。

（5）接受人將這些符號譯為具有特定含義的信息。

（6）接受人對信息作出自己的理解並據此採取相應的行動。接受人的理解取決於接受人的知識、技能、態度。必要時接受人可做出信息反饋，表述自己的理解和意見。

二、信息溝通的形式

信息溝通有許多種類和形式。

(一) 按組織系統，可分為正式溝通與非正式溝通

正式溝通是以正式組織系統為渠道的信息傳遞，如組織之間的公函往來，組織內各單位的文件傳遞、指標發布、工作匯報和簡報編發等。正式溝通的特點是約束力強，溝通效果較好，但溝通速度較慢，有時會發生信息漏損、曲解等情況。

非正式溝通是正式溝通渠道以外的信息傳遞，如職工間的私人交談、傳播「小道消息」等。非正式溝通的特點是大都採用口頭傳播，傳播速度快，消失也快，傳遞過程中信息失真、扭曲嚴重。但這種溝通形式方便易行，常常反應了職工的真實思想和管理工作存在的實際問題。管理者應充分加以利用，從中獲悉正式溝通渠道難以得到的信息。但「小道消息」易造成思想混亂，有必要加以清除。清除的辦法不能僅僅是闢謠，而是使正式信息渠道暢通，用正式信息驅除「小道消息」。

(二) 按溝通方向，可分為下行溝通、上行溝通、平行溝通和斜向溝通

下行溝通是上級向下級傳達信息，是自上而下的溝通。下行溝通在發布命令、明確任務、協調行動等方面起著重要作用，被廣泛採用。其缺點是易於形成一種「權力氣氛」，影響士氣，而且在多層次傳送中，由於曲解、誤讀、擱置等原因，所傳遞的信息會逐步衰減或歪曲，補救的辦法是輔之以自下而上的溝通。

上行溝通是下級向上級呈報信息，是自下而上的溝通。上行溝通在下情上傳、培育感情、確認信息等方面有著重要作用。但上報的信息不一定會受到重視，在傳遞過程中，有些信息常被篩選掉。

平行溝通是同一層次的機構和人員之間的橫向溝通，斜向溝通是不同層次的機構和人員之間的橫向溝通。平行溝通和斜向溝通有利於克服信息傳遞的延誤，有利於相關部門間的協調和理解，是縱向傳遞的有益補充。

(三) 按信息是否反饋，可分為單向溝通和雙向溝通

信息溝通時，一方只發出信息，另一方只接受信息，不反饋意見，這就是單向溝通，例如上級發文件、作報告，組織向外單位發信函等，即屬此類。單向溝通的優點是快速簡便；其缺點是發送人難以確認對方是否收到信息、是否正確理解信息，接受人無法表達自己的意見和困難，可能滋生不安乃至抗拒心理。單向溝通適用於緊急事件、例行事件、簡單事件的場合。

信息溝通時，接受人接到信息後，再把自己的意見反饋給發送人，這就是雙向溝通，如此反饋可進行多次。雙向溝通的優點是信息傳遞準確，溝通效果好，且能交流感情，增進友誼；其缺點是消耗時間多，傳遞速度慢，發送人有時會產生心理壓力。雙向溝通適用於複雜事件、意外事件。

（四）按溝通方式，可分為口頭溝通、書面溝通和體態語言溝通

口頭溝通主要指面對面的交談，也包括小組討論、電話、「小道消息」的傳播等。口頭溝通的優點在於：傳遞迅速、反饋迅速；可以直接從面部表情或語音瞭解對方的真實感情；方便易行，幾乎不用準備。其缺點在於：如果考慮不周，用詞不當，易於引起誤解；多層口頭傳遞易於造成信息失真；口說無憑，難以日後查證。

書面溝通是用書面文字進行的溝通，如文件、報告、備忘錄、布告、短信、電子郵件、微信等。書面溝通的優點在於：便於長期保存，隨時查閱；思考較周全，用詞較準確，表達清楚。但其缺點在於：費時較多，無法迅速得到對方的反饋意見。電子郵件、微信等現代通信方式的出現在一定程度上克服了書面溝通的缺陷。

體態語言溝通是通過眼神、面部表情、手勢或體態動作來進行的特殊形式的溝通。這種溝通形式最大的特點在於它往往能反應出人們的真實感情。

三、組織的溝通網絡

與個人之間的溝通不一樣，組織溝通涉及多人和群體的溝通，其溝通渠道往往形成溝通網絡。溝通網絡與其組織結構形式密切相關。下面介紹四種主要的組織溝通網絡（見圖11-2）。

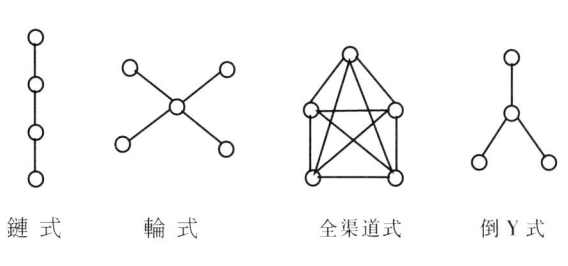

鏈式　　輪式　　全渠道式　　倒Y式

圖11-2　組織溝通網絡示意

（1）鏈式網絡。表示多層溝通（圖中為四層），信息從上到下或從下向上逐級傳遞。多層次組織的縱向命令下達或逐級匯報即屬此類。

（2）輪式網絡。表示管理者分別與多個下屬聯絡溝通（圖中為四個下屬），下屬之間沒有聯繫。企業內經理與下屬職能部門（計劃、生產、銷售、財務等）之間單獨的信息溝通即屬此類。

（3）全渠道式網絡。表示組織內每一個人（部門）都可以與其他人（部門）直接溝通，無中心人物（部門），所有成員都處於平等地位。委員會組織形式即屬此類。

（4）倒Y式網絡。表示一個領導人通過第二級與若干第三級（圖中為兩個）發生間接溝通。董事長通過總經理與中層幹部間接溝通，即屬此類。

不同形式的溝通網絡各有特點，適用於不同的情況。若組織規模龐大、需要多層管理，則鏈式網絡比較有效；要求快速溝通、強力控制，則輪式網絡較為有效；若是諮

詢、協商型組織，則全渠道式網絡較好；若領導人工作繁重，需要有人幫助篩選信息，則倒 Y 式網絡較合適。

四、信息溝通的障礙及其排除

信息溝通過程常易受到各種因素的干擾，使溝通受阻、失效。這些障礙因素大致可歸納為以下五個方面：

（1）語言文字障礙。發送人表達能力欠佳、用詞不當、文字不通、層次不清，邏輯混亂，乃至標點符號錯誤，都會使接受人產生理解困難、理解錯誤，甚至無法理解。

（2）知識背景差異。每個人的教育程度、生活環境、工作經歷都不盡相同，對同一信息的理解常常發生差異，所謂「智者見智、仁者見仁」即與此有關。發送人按自己的意思對信息進行編碼，接受人按自己的理解進行解讀，難免產生差異。雙方知識背景的差別越大，理解的差異越大。

（3）接受人的信息「過濾」。出於趨利避害的本性，人們往往對信息進行「過濾」，對有利於自己的信息大加渲染，對不利於自己的信息則輕描淡寫。如果組織結構龐大，層次過多，信息層層傳遞，則容易使信息漏損、歪曲。

（4）心理障礙。當人們對信息發送人懷有不信任感或敵意時，往往會拒絕信息或歪曲信息。例如，一個經常泡夜總會的人作廉政報告，大家只覺得可笑，不會認真聽他講些什麼。同樣的信息，由不同的人傳達，效果大不一樣，有時人們對「誰講的」比「講什麼」更關心。當人們過於緊張或恐懼時，往往只關心與自己有關的信息，遺漏掉其他的信息，並對信息產生極端的理解。

（5）信息過量。文件堆積如山，電話鈴聲不斷，會議接踵而至，如此信息過量，令人應接不暇，無所適從，反而會遺漏掉有用的關鍵的信息。「文山會海」並非溝通良策。

為達到信息溝通的目的，提高溝通效果，必須排除溝通障礙。下面是一些切實有效的方法。

①正確運用語言文字。要措辭得當，意義明確，切忌模棱兩可；要通俗易懂，不要使用生詞、偏詞；在非專業場合，要少使用專業術語；要簡單明瞭，切忌冗長累贅；要使用中性言詞，避免使用評論性言詞，以便讓對方在感情上易於接受。

②充分考慮對方的知識背景。要讓對方接受並正確理解傳遞的信息，應充分考慮對方的知識背景，針對對方的情況，精心選擇溝通方式、措辭、時機和場合，才能取得良好的溝通效果。

③言行一致。上級言行一致，「言必信、行必果」，才能博得下級的信任，說話才有人聽，溝通才有效果。若上級「說一套做一套」，下級也會「你說你的，我做我的」，溝通將達不到目的，失去意義。

④縮短信息傳遞鏈。信息傳遞鏈過長，將降低信息傳遞速度，造成信息失真、漏損、

扭曲，影響溝通效果。應通過組織結構改革，精簡機構，減少層次，改善溝通效果。

⑤提倡雙向溝通。如前所述，雙向溝通傳遞信息準確，能增進雙方感情，應大加提倡。上下級之間的雙向溝通尤為重要。為實現上下級的雙向溝通，要消除心理距離。下級若持有「上級位高言重，下級位卑言輕」的心態，勢必顧慮重重，難以暢所欲言。上級應禮賢下士，平易近人，創造一種平等和諧的氣氛，鼓勵下屬坦誠進言。上級要有寬容氣度，聽得進逆耳忠言和不同意見，要多傾聽，少評論。「傾聽」是領導人的一項基本素養。

⑥實行例外原則和須知原則。這是防止信息過量的方法。所謂「例外原則」，是指只有例外的信息才上報，例行信息則不必上報，使上級只接受最必要的信息。所謂「須知原則」是指只有下級需要知曉的信息才下傳，不需知曉的信息則不必下傳，使下屬只接受最必要的信息。

復習討論題

1. 為什麼說協調的實質是人際關系的協調？
2. 要做好協調工作，應遵循哪些原則？
3. 組織面臨的矛盾和衝突有些是建設性的，有些是破壞性的，你能舉實例加以說明嗎？
4. 你對角色衝突引發的矛盾的性質如何看待？應如何去消除這類矛盾？
5. 請聯繫實際說明組織外部的協調對組織生存和發展的重要意義。
6. 何謂正式溝通與非正式溝通、單向溝通與雙向溝通？試分析它們各自的優缺點。
7. 信息溝通會出現哪些障礙？如何排除？
8. 「報喜不報憂」「文山會海」在信息溝通上是些什麼問題？應採取什麼措施加以解決？

案例

A 出租車公司與政府主管部門的關系

20世紀90年代，A先生參加公開拍賣會拍得100輛出租車的經營權。他自籌部分資金，依靠銀行貸款購買捷達車，創立了成都市A出租車公司。

公司採用承包經營模式：公司將車和經營權發包給承包人（司機），司機先向公司交首期承包費13萬元左右，獲用車權與五年經營期，然後每月再向公司交5,000～6,000元承包費；燃料費、維修費及養老、醫療、失業保險費均自理。合同期間公司不因司機的傷病、車禍、故障修車等原因而減免承包費。五年期滿，車輛歸司機，經營權公司收回另行

發包。

　　這種經營模式有管理成本低、經濟效率高等優點，但也有司機權利與責任風險不對等的弊端。公司坐收承包費，無經營風險，而司機既承擔經營責任、面對巨額還款壓力，又缺乏社會保障，易於引發違規營運，侵害乘客權益。

　　出租車行業是窗口行業，事關城市形象和百姓利益。作為出租車行業政府專門管理機構的成都市出租車管理處（以下簡稱出管處）面對行業勞資關系緊張、行風不正、群眾意見大的局面，感到壓力巨大，一直在努力工作、加大監管力度，加強對司機違規行為的檢查、懲處，加強對公司的檢查監督，督促公司強化對司機的管理。

　　A公司老板A先生是個特立獨行的人，他認為本公司是私營企業，有經營自主權，政府不能像管理國有企業那樣管理本公司，無權干預本公司的經營。因此，公司與出管處矛盾不斷，關系日漸緊張。

　　出管處要求公司給司機上養老、醫療、失業保險，A公司讓司機自理。

　　2007年油、氣價上漲，出租車價格未動，政府給每輛出租車發油價補貼。出管處要公司統一製表領回發放，A公司卻要司機自己去出管處領取。

　　出管處通過公開招標，確定了GPS（全球定位系統）供應商，要求全市出租車安裝統一的GPS。A公司認為出管處選擇的供應商技術不好，要自選供應商。

　　出管處要求各公司經理每月來處裡參加一次經理例會，A先生從未出席，也不派工作人員到會，出管處只好電話通知A公司相關事宜。

　　出管處官員多次到A公司檢查工作，A先生從不出面，只由工作人員接待匯報。人大代表、政協委員視察公司，A公司亦如法炮製。

　　出管處擬出抬對公司的考核政策與指標，連續兩年考核不達標者要取消經營，退出市場。A先生爭辯說，經營權是出錢競拍來的，政府無權剝奪。

　　矛盾仍在持續發展中。

　　討論題：

1. A公司與出管處應是怎樣的關系？A公司與出管處叫板，有無道理？
2. 你若是A公司的顧問，你將對A先生提出什麼建議？
3. 出管處應怎樣對待、處理A公司的上述行為？

第十二章
創新

創新（innovating）是相對於維持的重要管理職能。管理需要維持，更需要創新。創新職能的重要性在於創新是組織和社會發展的推動力。本章將討論創新的含義、必要性、特徵、內容、要素、原則和過程等問題。

第一節　創新的特徵和內容

一、創新的含義

創新一般是指人們在改造自然和改造社會的實踐中，以新的思想為指導，創造出不同於過去的新事物、新方法、新手段，並用以達到預期的目標。對企業而言，創新則是創造新產品、新技術、新材料、新市場、新的管理制度和方法等的實踐活動。

最早提出創新概念的美籍奧地利經濟學家約瑟夫·熊彼特（Joseph Alois Schumpeter）認為，創新就是建立一種新的生產函數，即將一種從來沒有過的生產要素和生產條件進行新組合併引入生產體系[1]。他同時列舉了創新的五種存在形式：①引入一種新產品或提供一種產品的新質量；②採用新技術、新生產方法；③開闢新的市場；④獲得原材料或半成品的新供應源；⑤實行新的企業組織形式。

作為管理的職能，創新不同於維持。維持是按照既定的構想、長期行之有效的方法和手段，去保證組織活動的順利進行和組織發展的穩定性，避免產生混亂。創新則是管理者高瞻遠矚、開拓進取，通過創造良好環境、採取各種有效措施，包括改進自身工作，去倡導、鼓勵和組織好各方面的創新活動，使組織充滿生機和活力。

二、創新的必要性

創新的必要性來自兩個方面：

一是外部環境的變化。組織是一個開放系統，它要與外部環境不斷發生物質的、能量的、信息的交換。一方面，組織之所以存在和發展，首先需要得到社會的承認。社會之所

---

[1] 約瑟夫·熊彼特. 經濟發展理論 [M]. 北京：商務印書館，1997.

以承認它，是因為該組織不斷為社會做出貢獻，如企業生產產品、醫院治療病員、學校培養人才等。另一方面，組織要為社會做出貢獻，又需要從社會取得所需要的資源，並加以組合利用。組織越是能提供社會需要的貢獻，這些貢獻越是大於從社會索取的資源，組織的生命力就越強，就越具有生機和活力。在現實生活中，由於各種影響因素的變化（如技術、經濟、法律、政治、人口、生態和文化等因素的變化）、國內外競爭的加劇，社會需要組織做出的貢獻和為其提供的資源不斷發生變化，特別是市場需求的變化、科學技術的進步、政府政策的調整等。組織如不作出迅速反應、及時調整和變革自身活動的目標、內容和方式，必將逐漸萎縮甚至被淘汰。

二是組織內部條件的變化。組織內部的各種要素和條件的變化，特別是人這一因素如領導和職工的價值觀念、行為方式、工作態度、知識素質、業務能力的變化，會影響組織對外部環境的認識能力、適應能力，影響組織的資源利用能力以及最終貢獻能力。例如職工士氣和情緒的變化，就有可能引起組織的興旺或衰敗，縮小或擴大組織與社會之間的距離。組織更應根據內部條件或要素的變化進行調整和變革。

適應外部環境和內部條件變化的創新，能使組織增強適應能力、競爭能力、生存能力、發展能力，具有更高效率和做出更大貢獻，不僅能推動組織自身發展，而且能推動社會發展和進步。

中國政府非常重視創新，要求各類社會組織堅持走中國特色自主創新道路，不斷提高自主創新能力，建設創新型國家。這方面的政策措施，一是構建以企業為主體、市場為導向、產學研相結合的技術創新體系；二是提高原始創新、集成創新和引進消化吸收再創新能力，更加注重協同創新；三是完善科學研究體制，加大科學研究投入；四是完善創新評價標準、激勵機制、轉化機制，加強知識產權保護。在中國經濟進入中高速新常態後，政府進一步提出創新驅動戰略，以穩定經濟增長，調整經濟結構，改善生態文明。中國一些企業如華為、中興、聯想等公司創新成效卓著，已成為國際知名企業。[1] 不過從全國範圍看，尚需大力促進。[2]

三、創新的特徵

創新活動有以下幾個主要的特徵：

（一）創造性

創新是創造性的思想觀念及其實踐活動。創新活動及其成果是創造性的勞動及其結晶，是前人或別人沒能認識、做到或加以更好利用的；即使是同類活動及其成果，創新也意味著有質的改進和提高或實現了更好利用。創新者應解放思想，開拓進取，勇於變革和

---

[1] 柳傳志. 唯創新讓企業擺脫平庸 [N]. 環球時報, 2013-03-22.
[2] 徐俊. 誰在抑制中國創新 [N]. 環球時報, 2012-08-22.

革新，勇於從事創造性的思維及其實踐活動。

(二) 高風險性

創新活動的創造性，也決定它具有風險性。實踐證明，創新是否成功以及在多大程度上獲得成功，存在著高度的不確定性，因而具有高風險性。從總體上講，獲得成功並收到預期的效果的創新，往往不是多數而是少數，甚至是極少數。創新一旦失敗，不僅創新過程的大量投入無法收回，而且會錯過發展機會，損害企業的市場競爭能力。在企業裡，創新的風險主要有市場風險和技術風險。市場風險是難於把握市場需要的基本特徵以及將這些特徵融入創新過程，因而創新的決策和最終結果很難說能否為用戶所接受、為市場所歡迎，能否超越競爭對手。技術風險是能否克服研究開發、商品化過程的技術難題和高成本問題，因而存在技術上能否成功的不確定性。同時，創新也存在管理上的風險。當然，創新充滿風險並不是說它比守舊的風險還大。因循守舊、故步自封存在著使組織萎縮甚至被淘汰的風險，因此，只有創新，組織才有希望、才有生機和活力。認識創新的高風險性，充分考慮到創新成功的不確定性，其目的是要採取多方面的措施減少風險，增大創新的成功率，這是管理的創新職能所在。

(三) 高效益性

創新一旦成功，能獲得極高的甚至是意料不到的效益。創新的風險高，但效益更高，創新的高效益性和高風險性呈正相關關係。從總體上講，創新獲得的效率和效益（經濟效益、社會效益、生態效益）要大於創新的投入和風險造成的損失。企業的創新不僅使企業在市場上具有競爭優勢，而且使它有可能在一定範圍、一定時間、一定程度上處於壟斷地位，獲得超額利潤。當然這種地位會隨技術的擴散或更高水平的創新出現而喪失。具有遠見卓識的管理者，總是追求不斷創新。

(四) 系統性

創新的系統性主要表現在：從創新的過程看，創新是涉及戰略、市場調查、預測、決策、研究開發、設計、安裝、調試、生產、管理、營銷等一系列過程的系統活動。這一系統活動是一個完整的鏈條，其中任何一個環節出現失誤都會影響企業的創新效果。從創新的影響因素看，創新活動受技術、經濟、社會等諸多外部因素的影響。在企業內部，與經營過程息息相關的經營思想、管理體制、組織結構的狀況也影響企業的創新效果。從創新的參與人員看，創新是由許多人共同努力的結果，需要眾多部門和人員的相互協調和相互作用，以產生出系統的協同效應，使創新達到預期的目的。

(五) 動態性

事物是發展變化的，不僅組織的外部環境和內部條件在不斷發生變化，而且組織的創新能力也要不斷累積、不斷提高，決定創新能力的創新要素也都在進行動態調整。從企業間的競爭來看，隨著企業創新的擴散，企業的競爭優勢將會消失，這就需要不斷推動新的一輪又一輪的創新，不斷確立企業的競爭優勢。因此，創新不是靜止的，而是動態的。不

同時期組織的創新內容、方式、水平是不同的。從組織發展的總趨勢看，前一時期低水平的創新，總是要被後一個時期高水平的創新所替代。創新活動的不斷開展和創新水平的不斷提高，正是推動組織發展的動力。

(六) 時機性

創新的時機性是指創新的機會往往存在於一定的時間範圍內。如果人們能正確認識客觀存在的時機，抓住並充分利用時機，就有可能獲得創新的成功；相反，如果人們錯過時機，創新活動就會前功盡棄。由於消費者的偏好不同並處於不斷的變化中，同時社會的整體技術水平也在不斷提高，創新的時機在不同方向上不同，甚至在同一方向也隨著階段性的不同而不同。而且由於創新成果的確認和保護與時間密切相關，人們只能承認和保護那些在第一時間獲得確認並以專利形式表現出來的創新成果。創新的時機性特徵，要求創新者在進行創新決策時，必須根據市場變化趨勢、社會技術水平和專利信息狀況等進行方向選擇，識別該方向的創新所處的階段，選準切入點，搶先獲得創新成果。

(七) 適宜性

不同的組織由於歷史背景、所處環境、基礎條件、發展戰略等存在著差異，需要解決的問題和現實可能是不同的，因此作為實踐活動的創新具有適宜性。在創新的類型上，按創新的內容劃分，可分為技術創新、管理創新、制度創新；按創新的強度劃分，可分為漸進性創新和根本性創新；按創新的範圍劃分，可分為局部創新和整體創新；按創新的動力劃分，可分為技術推動型創新、市場拉動型創新、綜合動力型創新等；按創新系統的開放程度劃分，可分為開放式創新和封閉式創新；按知識技術的來源劃分，可分為模仿創新、合作創新和自主創新。組織應根據實際情況作出適宜的創新選擇。

四、創新的內容

組織的創新內容極為廣泛，涉及目標、手段和方法，涉及技術、制度和管理。僅就管理而言又涉及戰略、組織、生產、營銷、人力資源、信息系統、組織文化等。下面以企業為例，介紹創新的主要內容。

(一) 產品創新

產品是勞動者借助勞動手段作用於勞動對象創造出來的成果，是企業對社會做出的貢獻。產品要為社會所承認，通過銷售取得收入以抵償其耗費並獲得盈利，方能使企業存在和發展。當今社會，需求變化和科技進步的速度加快，產品生命週期縮短，市場競爭激烈。為了佔領市場、擴大市場、開拓新市場、增加銷售額和盈利額，產品創新已成為企業的生命線，是企業創新的核心內容。

產品的概念不只是一個物質形態，而是包括反應物質形體的功能（即用途）、性能（如效率、消耗、安全性、可靠性、適應性等）、外觀（如外形、色彩、包裝裝潢等）、品牌商標以及附加服務和利益（如質量保證、銷售服務、融資方便）等各要素在內的完整

概念。

產品創新就是根據市場需求的變化和科學技術的進步，從完整產品概念的諸方面構成要素來改造老產品，創造新產品。當前產品創新的主要方向是多功能化、高性能化、小型化、簡易化、多樣化、美觀化。

(二) 生產技術創新

技術創新，廣義地講也就是企業創新，人們時常把技術創新視為企業創新的同義語。這裡講的生產技術創新是就狹義技術而言的，主要是指生產設備和工具的創新、生產工藝和操作方法的創新、使用材料和能源的創新。

1. 設備、工具創新

設備、工具是生產技術的主要要素。現代企業的生產是運用機器和機器設備體系進行的，勞動對象經過加工而形成產品。產品生產的種類、質量、數量以及生產過程的消耗，在很大程度上都受設備技術狀況的制約。因此，設備的技術狀況是衡量企業生產力水平的標誌。設備、工具的創新，對發展新產品、提高產品質量、增加產品產量、降低各種消耗、取得更高效率和效益，有著極為重要的意義。

設備、工具創新的內容表現在以下幾方面：①通過採用新設備，提高生產過程的機械化和自動化程度，以減少手工勞動的比重和體力勞動的強度，改善勞動條件；②運用先進科學技術成果改造和革新原有設備，以延長其技術壽命，提高其工作效能；③用更先進、更經濟的設備取代原有陳舊過時、使用不經濟的老設備，使企業生產建立在先進物質技術基礎上。

2. 工藝創新

生產工藝是指勞動者利用勞動手段加工勞動對象的方法，包括工藝過程、材料配方、工藝參數等內容。工藝創新對於降低成本、提高質量、增加盈利、增強競爭能力有著不可忽視的重要意義。工藝創新包括兩方面：一是工藝創新和設備創新相結合。新設備的採用必然相應地要求調整工藝方法；而新工藝的採用又要求提供新的物質手段，推動機器設備創新。二是工藝創新建立在現有設備的基礎上。工藝創新與設備創新相結合雖然是大量的、經常的，但也不是絕對的。在許多情況下，對現有設備稍加改進，甚至不加改進，也可研究改進工藝操作方法，充分利用現有設備、降低消耗和更合理地加工原材料。

3. 材料、能源創新

新型原材料和能源的開發利用，既表明人類對自然界依賴程度的降低，又表明人類對自然界改造能力的增強。新材料和新能源在很大程度上影響產品種類和質量，影響機器設備的效能和生產效率，是當今新技術革命的重要內容之一。材料、能源創新的內容主要有：開闢新的來源，保證生產發展需要；採用量大價廉的普通材料替代量小價高的稀缺材料；開發利用功能、性能優異的各種新型材料，推動產品品種發展和產品質量提高。

(三) 市場創新

市場創新即市場開拓，主要是指企業通過自身努力去刺激需求、引導需求，推動消費者消費行為的實現，不斷地拓展現有產品市場，開闢新的產品市場。

市場需求是企業創新的起源和動力，也是企業能否持續和擴大創新的制約條件，因為企業創新的最終實現，都要以市場接受和回報為標誌。市場需求的創造，與許多企業外的其他組織都有密切的關係，如政府有關組織、金融組織等。對企業自身而言，市場需求的創造就是市場創新。企業市場創新的內容，一是在數量、質量、時間、空間方面繼續拓展現有產品市場；二是開闢新的產品市場，創造新需求，刺激需求結構的改變。企業市場創新的實現途徑，既包括產品創新、生產技術創新，也包括全部營銷活動的創新。產品創新和生產技術創新無疑是市場創新的主要實現途徑，它們與市場創新相互作用、相互影響。營銷創新的內容廣泛，是實現市場創新的重要途徑，同樣不可忽視。營銷創新一般有營銷觀念、營銷組合的創新，包括實施綠色營銷、網絡營銷以及品牌、形象、文化等營銷。

(四) 組織結構創新

組織結構是指組織內各構成要素、部門、單位及相互間發生作用的聯繫方式，已在第七章講述。組織內各要素、部門（各機構和人員）之間的關係有兩類：一是縱向關係，即領導與下屬、上級與下級的關係；二是橫向關係，即平級機構和人員之間的相互關係。這種縱向和橫向的關係，實質上是管理勞動的分工與合作關係。由於組織結構受多種因素的影響，這些因素的變化必然要求組織結構不斷調整和變革。組織結構創新的目的和要求，是充分發揮職工的主動性和創造性，提高管理勞動的效率。

組織結構創新的主要內容是：機構設置和人員配備的調整；機構、人員責權的調整；信息溝通渠道的重建等。

20世紀90年代以來，美國和其他工業發達國家興起了企業流程再造運動。這被認為是繼全面質量管理運動之後的第二次工商管理革命（將在第三節中簡略介紹）。

(五) 制度創新

規章制度是組織用以規範和約束行為主體的工作規程和行動準則。制度創新可以進一步調動和發揮組織成員的積極性與創造性，可以使組織及其成員的行為更加合理，從而提高組織的效率和效益。制度創新和各種創新是相互聯繫、相互促進的。在一定條件下，制度創新起著決定性的作用。

企業制度創新的內容非常廣泛，有基本制度的創新和企業內部運行的工作制度和責任制度的創新。中國國有企業正在建立現代企業制度，就是進行以產權制度為核心的企業基本制度的創新，建立適應市場經濟體制要求的產權清晰、權責明確、政企分開、管理科學的企業制度。企業內部具體工作制度和責任制度的創新是大量的、經常進行的，要符合基本制度的要求，也要採取嚴肅的態度和慎重的步驟。

技術創新、管理創新、制度創新是密不可分的。技術創新是企業創新的核心內容，也

是管理創新和制度創新的物質條件；管理創新是技術創新和制度創新的組織保障；制度創新是技術創新和管理創新的動力和基礎。

第二節　創新的要素和原則

一、創新的要素

這是指創新活動賴以開展的要素。對要素的識別、獲取、篩選和運用能力，決定著組織的創新能力。創新的要素主要有：

（一）資金

資金是影響創新的基本要素，它反應組織創新的經濟實力，直接影響創新的規模和強度。創新對資金的需要，既包括研究開發活動所需資金，也包括日後生產經營所需的資金，但首先是從事研究開發活動所需的資金。企業在研究開發上投入的經費總量及其在銷售收入中的比重越大，創新能力就可能越強。有人認為，一個企業的技術研究開發投資若占銷售收入的1%，則難以生存，占2%才能勉強維持，占5%才具有較強的競爭能力。世界著名大企業的研究開發經費一般要占銷售收入的5%～10%；而從事高新技術項目，這一比重還要更大。目前，中國政府和各類企業在科技創新上投入的資金正急遽增多。

（二）人員

人是創新的決定性要素。人員素質和結構決定著創新的能力大小及其水平高低。

1. 創新參加者的素質

組織的每個成員都應該而且可能成為創新機會的發現者和創新活動的參加者，企業中的各類人員（工人、工程技術人員、經營管理人員等）對創新活動的有關方面都有直接影響。例如工人，特別是生產第一線的技術工人，在發現創新機會、提出創新建議、從事創新實踐、運用和擴大創新成果等方面，就具有重要作用。但是，這需要他們有著強烈的創新意識、高度的創新責任感、較高的知識技術水平等，也需要領導者的啟發教育、指導和幫助。

2. 創新組織者的素質

創新活動的組織者是指組織中負責創新活動的專門機構的負責人、各創新活動小組的負責人。他們負有促進創新活動有效運行和成功的職責，素質應該更高，應擁有多種才能；不僅要有強烈的創新意識、豐富的專業知識，而且要有很強的創新思維能力和組織協調能力。

3. 創新領導者的素質

領導者是創新活動的核心，是創新隊伍的帶頭人。領導者應具有積極開拓進取的精神、洞察和把握創新機會的能力、果斷決策的魄力、堅韌不拔的毅力，發動引導和組織協

調能力等。

4. 人員結構

組織中的人員結構狀況決定著人員的整體素質和創新能力。例如在企業的技術創新中，科技人員是創新機會的主要發現者、創新設想的主要提供者、創新成果的主要發明者、新技術知識的主要傳播者，這不僅要求組織擁有高素質（知識素養高、創新思維能力強）的科技人員，而且要求提高科技人員所占的比重、研究開發人員所占的比重，改善人員結構。科技人員在企業人員中的比重、研究開發人員在企業技術人員中的比重，已成為衡量企業創新能力的主要標誌之一。

（三）科技成果或知識

科技成果是科研活動的產出，又是技術創新中研究開發活動的投入。因為對科技成果的產業化開發也就是創新。創新的科技成果資源包括應用性科技論文、技術專利、技術訣竅、圖紙資料、樣品樣機等。其來源有內部來源和外部來源。它既可來自企業自身，又可來自國內大學、科研機構及其他企業等；既可來自國內，又可來自國外。企業獲得科技成果的數量、種類、水平及其選擇能力，影響著創新能力。

這裡所說的知識包括科技成果知識，而其他方面的知識，如經濟理論新知識、管理理論新知識，對組織乃至社會的創新也同樣產生著重要影響。

（四）技術基礎水平

組織特別是生產企業這類組織，現有技術基礎水平包括物質技術水平和管理技術水平，是影響創新能力的重要因素。

在物質技術方面，投入研究開發的物質技術手段的水平高，創新的水平也高，創新進程就可以縮短；生產裝備水平優良，能有效地吸收和轉化科技成果，迅速實現創新下的規模生產。在管理技術方面，水平越高，越有能力掌握市場動態，及時發現創新機會，也越有能力加快創新過程，提高創新水平，增強創新產出的市場實現能力。

（五）信息資源

信息是創新的資源和成果，創新過程也就是信息運動過程。作為資源的信息，一方面來源於組織外部，另一方面來源於組織內部。越能掌握外部信息、溝通內部信息，組織的創新能力就越強。

1. 掌握外部信息

組織創新所需的信息主要有：社會需要、市場需求和市場競爭的信息，科技進步和其他新知識的信息，經濟、社會發展信息，政府政策法令和計劃的信息等。掌握外部信息，包括對外部信息的搜集整理、分析研究、消化吸收。只有靈敏地掌握外部信息，才能把握創新的外部機會和約束條件，以便形成正確的創新決策，並加快組織實施。為此，搜集整理要通過各種方式，做到及時準確，以免延誤時機和導致錯覺；分析研究要通過創造性的思維尋找創新機會，特別是別人沒有發現的機會；消化吸收要抓住機會、果斷決策，把創

新機會變成創新行動。

2. 溝通內部信息

創新機會也可以來自內部信息。隨著創新的實施，內部信息（包括內部產生的信息和由外部信息轉化成的內部信息）的作用影響力逐步增強。要通過各種溝通方式，加強內部信息的流動，確保信息成為職工的共享資源，有效增強創新活動各環節的相互聯繫和整體協調，取得創新的最佳效果。

（六）組織管理

組織管理也是創新的一個要素，其作用在於把創新的動力因素和資源要素並入創新過程，使各種動力因素有序化、協同化，使資源要素投入的配置最佳化，從而促進創新活動的順利進行並實現其合理化、高效化。

創新活動的組織同整個組織管理體系既有聯繫，也有區別。由於創新活動與常規活動不同，創新機構一般需要單獨設立，要配備專門人員並具有相對獨立性。創新活動的組織相對於常規活動的組織，往往具有更多的非規範性、分散性與靈活性。當前中國許多大中型企業都設立技術中心，有條件的小企業也設置了精干的研發機構。企業技術中心的職能包括制定企業創新規劃以及相關的制度和標準，形成並有效運行包括激勵創新、支持專利申請、保護知識產權、促進研發成果轉化為生產力、合理分配研發成果收益等在內的企業創新機制，使中心成為企業開展創新活動的指揮部，為企業創新提供可靠的組織保障。

二、創新工作的原則

為了推動創新活動的順利進行，需要正確處理各方面的關係，遵循一定的原則。企業創新工作的主要原則是：

（一）爭做自主創新主體、堅持以市場為導向

中國自主創新的基本體制是「以企業為主體、市場為導向、產學研相結合的技術創新體系」。這是從宏觀經濟角度作出的決定。

企業作為中國技術創新體系中的主體，是由它自身的性質和地位決定的。企業是中國社會主義市場經濟體制的主體，這就決定了它應該是自主創新的主體。企業還具有其他各類組織如科研機構、大專院校無法替代的地位和作用，因為它最貼近市場，最瞭解市場的現實需求和潛在需求，這會使企業的創新目標和規劃更具現實針對性，更能以市場為導向。同時，企業有能力將科技成果轉化為商品，並從其銷售收入中回收創新成本，獲得自主創新的合法收益，這有利於促進企業持續創新，增強企業、地區乃至國家的市場競爭力。

企業爭做自主創新的主體，需要發揮三個方面的作用。一是要像關注發展那樣用心盡力，加大研究創新活動的投入。二是積極加強和擴大內外合作，特別是與科研單位和大專院校的合作。三是依靠創新技術發展生產，持續不斷地創新。

企業創新以市場為導向，是因為市場需求是技術創新的起點和落腳點，是技術創新的推動力量。以市場為導向，要求企業重視市場信息，關注市場變化，把握市場規律，以市場需求引領創新、協調研發、生產和市場的相互關係，實現企業創新鏈和產銷鏈的有機結合，向創新要效益、要發展。[1]

(二) 創新與維持相協調

創新活動與維持活動既相互區別，又相輔相成。維持是創新的基礎，創新是維持的發展；維持是為了實現創新的成果，創新為維持提供了更高的起點；維持使組織保持穩定性，創新使組織具有適應性。維持和創新都是組織生存和發展所不可缺少的。然而創新與維持有時也相互矛盾、相互衝突。正確處理二者的關系，尋求創新和維持的動態平衡和最優組合，是管理者的職責，也是創新應遵循的原則。例如：研究開發新產品，要受原有產品技術水平、人員素質、管理水平以及資金累積的制約；新產品處在研究開發甚至開始生產和投入市場階段，原有產品的生產也在同時進行，需要正確處理新產品開發和原有產品生產之間的關係。這都是創新與維持相協調原則的要求。在企業中，創新與維持的平衡和組合是複雜的，也是多方面的，如創新目標、規模、順序的選擇要適當，新技術的引入和改進創新要緊密結合，創新組織與其他組織之間要相互配合等。

(三) 開拓進取、求實穩健

開拓進取是創新的本質要求。所謂開拓進取就是要不斷地向新的領域、新的高度進發。沒有開拓進取，便沒有創新。然而組織中不思進取、安於現狀的現象往往普遍存在，創新活動也常常受到來自各方面甚至是高層管理人員的非議、排斥和抵制。不少人擔心創新會付出更大的代價，擔心會改變熟悉的工作方式，擔心會失去既得的利益，等等。這些現象的存在會成為組織創新的極大障礙。因此，組織應以極大的熱情鼓勵、支持和組織創新活動，要創造促進創新的組織氛圍，重塑企業文化，激發員工人人奮發向上、開拓進取。

與此同時，組織的創新總是在現實基礎上的創新，任何成功的創新都是科學的，容不得半點虛假。開拓精神必須同求實態度相結合。求實穩健並非安於現狀、墨守成規，而是面向社會、面向市場，從實際出發，實事求是，量力而行，這是創新成功和穩步發展的重要保證。例如在自主創新三種類型（原始創新，集成創新，引進、消化吸收再創新）的選擇和定位上，企業就要根據自己所處的發展階段、經濟和技術實力、規模大小等因素來決定。創新者不是專注於冒險而是專注於時機，在系統分析創新機會來源的基礎上量力而行，找準機會加以利用。一旦創新展開，就必須腳踏實地採取各種措施，經過持續努力，盡力保證創新的成功。

(四) 計劃性和靈活性相結合

創新應該是有目的、有計劃的。這需要在透澈分析創新機會、多方面掌握各種信息的

---

[1] 吳葆之．創新不是「成功」的代名詞［N］．環球時報，2012-02-24 (15).

基礎上，確定創新的目標和行動計劃，集中力量從具體的事情做起，協調好各方面的相互關系。沒有統一明確的目標，創新活動將失去方向，造成盲目亂干。沒有相互協調的行動，創新人員不能團結合作，容易形成各自為政、相互封鎖。沒有優勢兵力的集中，創新力量分散，則不僅會延緩時間，痛失良機，甚至會導致失敗。

但是，創新本身又具有偶然性或機遇性，並不都在計劃之中。同時，多數創新者往往是「騎在豐富想像力上獲得冒險成功的人」，他們酷愛做自己幻想的事。因此，創新的組織應具有靈活性，要放松對員工的控制，使計劃具有彈性。如允許創新者自己確定題目和選擇主管部門或人員，允許使用部分工作時間去探索新的設想，提供一定的可自由支配的創新資金、物質條件和試驗場所，允許創新者自己選擇合作夥伴等。這樣既有利於充分調動創新者的積極性，又有利於及時捕捉創新機會。

(五) 獎勵創新、允許失敗

創新的創造性、風險性、效益性，決定了組織應對創新者的勞動及其成果進行公正評價和合理獎勵。對所有的創新建議，組織都要實施正向的激勵政策，對創新成果確有重大價值並得到採用的，要在物質上給予重獎，如獎金、股權、股票期權等，在職稱、職務上予以破格晉升，使獎勵與創新的風險和貢獻相一致。同時，創新者的創新動因有一種對個人成就感的追求和自我實現的滿足，創新的精神獎勵不僅是必要的，甚至是更為重要的。此外，不僅要對創新成果進行精神的和物質的獎勵，而且要在創新的全過程中給予創新者更多的理解、尊重和支持，給予其放手施展抱負和才能的條件和權利。

創新是不斷探索嘗試、經常受挫失敗又努力改進提高的過程。一帆風順是極為罕見的事情。允許失敗則是對創新者積極性、創造性的保護和支持。對於失敗，創新者不應悲觀失望、半途而廢，管理者不應冷眼旁觀、橫加指責。創新的組織管理者要寬容待人，熱情幫助創新者總結和吸取失敗教訓，鼓勵創新者堅持不懈，繼續進行大膽探索和試驗，直到取得成功。

(六) 加強對知識產權的累積和保護

知識產權是創造發明人對創新成果所享有的權利，是企業的無形資產，也是企業間乃至國家間綜合競爭力的一個主要內容。知識產權制度的確立，有利於激勵發明創造，保護技術創新成果，創造公平有序的法律環境。企業對知識產權的創造、累積、利用和保護，是推動企業持續發展的重要保證，能獲取巨大的經濟效益。

企業對知識產權的累積，一是靠自主創新，創造專利技術。二是從外部特別是外國公司手中獲取專利技術。比如，在許可的條件下，通過跨國收購或許可證交易，將競爭對手的專利權購買下來，以便迅速占領市場。對於短期無法購進的核心專利技術，企業可通過引進、消化吸收再創新，開發出圍繞原核心專利的應用技術專利，並形成對原核心專利的包圍網，通過交叉許可，取得發展空間。

對於知識產權的保護，企業要廣泛搜集專利信息，並對與企業產品相關的專利進行分

類管理；要不斷提高全體員工的知識產權保護意識，將包括專利在內的知識產權保護落實到各個方面的工作中，並形成日常工作準則；要提高專利申請率，在擁有自主專利權時，通過不斷改進原有技術而形成網狀的專利保護圈。

（七）積極利用和整合國內外創新資源，積極參與國內外行業標準制定

企業作為自主創新的主體，必須在開放條件下從事技術創新，針對自己資源不足的狀況，實施借腦開發、合作開發，充分利用和整合社會資源，以加快創新速度，提高創新效率，實現科技成果的商業化。在積極利用和整合外部資源方面，一是使國內產學研密切合作，建立企業與科研院所、高等學校優勢互補、風險共擔、利益共享、共同發展的合作機制。二是通過多種方式積極利用國際創新資源，實施全球化研發戰略。比如：在國外設立研發機構，追蹤世界最新科技成果，利用當地高端人才；建立合作聯盟，實現科技資源共享；加大併購力度，獲取核心技術，增強創新能力。

知識產權與技術標準相結合，成為以市場為目標的技術創新的制高點。誰掌握了標準的制定權，誰就掌握了市場的主動權。以專利技術為核心所建立的技術標準得到普及，就可以保護本國技術，並在一定程度上形成技術和產品壟斷，充分發揮技術創新所獲得知識產權的經濟價值。企業只有積極參加國內外行業標準的制定，才能獲得競爭優勢。因此，中國企業特別是有條件的大企業應有專門的標準研究人才，隨時把握技術標準發展動態和需求，以引導企業技術創新與產品開發；還應積極探索，將自主創新專利融入國際國內標準體系。

第三節　創新過程

本節以組織結構創新、技術創新和企業流程再造為例，分述其過程。

一、組織結構的創新過程

組織結構的創新或變革過程，一般包括調查、決策、實施、評價四個階段。

（一）調查

調查研究是組織結構創新的起點。通過調查研究，發現組織結構需要創新的徵兆，明確創新的主題。此階段又稱主題調查。

1. 結構需要創新的徵兆

如果組織結構呈現出下列特徵，結構創新就十分必要。

（1）權力過分集中。當組織規模和業務範圍擴大後，上層機構沒有相應的分權，中下層機構沒有得到相應的授權，便產生了權力過分集中。權力過分集中的結果是：上層領導忙於事務，無暇顧及重大問題，常常影響決策活動，特別妨礙重大問題的決策；而中下層管理者事事請示或無所事事，既影響他們積極性、主動性的發揮，也不利於他們鍛煉

成長。

（2）權力過分分散。其結果，上級往往缺乏權威和負責精神，而下級則往往缺乏組織觀念和服從意識，使重大問題議而不決、決而不行，組織系統難於正常運行，甚至處於癱瘓狀態。

（3）部門林立、機構臃腫、職責不清、相互推諉扯皮，造成部門間協調配合難、工作效率低。

（4）信息溝通不靈。信息鏈混亂、信息網絡不健全、信息交流手段落後等，會造成信息交流的短路、不足或太濫，致使組織對內外部條件變化反應遲鈍，組織成員之間產生不必要的摩擦和衝突。

（5）職工士氣低落。思想工作薄弱，賞罰不明，培訓不力，紀律松弛等，都會導致職工士氣低落，行動遲緩，效率低下。

（6）組織效率、效益低。上述情況的發生，會集中反應為組織效率和效益的下降。

2. 確定主題

經調查研究，需要解決的問題很多。由於各種因素的影響，不可能同時對所有問題進行變革或創新，這就需要確定創新的主題。根據存在問題確定創新主題所應考慮的因素有：問題的作用（即解決問題對整個組織的貢獻）、問題的性質（如現有問題與未來問題、工作問題與人的問題）、管理者的能力、條件或時機（即解決問題的基本條件是否成熟）等。根據這些因素確定主題選擇的數量和順序，要抓住關鍵問題、人的問題、條件成熟的問題優先加以解決。管理者的能力強，同時解決的問題也可多一些。

（二）決策

這是針對結構創新的主題，制訂和抉擇行動方案。

1. 制訂方案

方案的制訂，要從問題著手，分析產生問題的原因，根據需要和可能，制定消除問題及其產生原因的方案，方案應該有兩個以上。

2. 抉擇方案

選擇較適合的方案，應對諸方案的優點和缺點進行逐一論證和比較，從中選擇滿意的方案。在論證和比較中，要確認評價的標準和準則，要注意發現每一方案可能遇到的困難和潛在問題，要認真聽取反面意見，鼓勵爭辯。創造性愈強的方案，引起的爭議往往愈激烈。

（三）實施

組織結構創新的實施，主要應做好以下工作。

1. 制訂實施計劃

實施計劃應在認真討論的基礎上進行。計劃要表明創新的要素、人員構成及其職責、工作進程和達到的要求等。實施計劃要預測和排除創新實施的障礙，要注意使創新活動與

有聯繫的維持活動保持平衡協調。

2. 進行動員與培訓

動員是使參加創新活動的人員和廣大職工理解、支持和緊密配合，當然，動員不僅是在創新的實施階段，在抉擇方案時就應獲得有關部門的理解和合作，在制定實施計劃之前就應同骨幹成員保持聯繫、共同商量。為了保證創新方案的順利實施，要選擇一批骨幹力量進行培訓，使他們能獨立工作，解決或反應實施中的問題。

3. 試點和推廣

在進行全面的或比較複雜的結構創新的情況下，應在有代表性的單位進行試點，待取得成效和經驗後，再在整個組織機構中推廣。

(四) 跟蹤和評價

對結構創新的實施，應不斷進行跟蹤觀察，並對其結果進行評價，以判斷創新是否克服原來的弊端，是否達到預期的要求，如果不理想，要進一步研究改進。

評價的內容主要有以下幾方面：

(1) 外部環境。即對外部環境變化的敏感性和適應能力是否增強。

(2) 業務環節。即內部各機構和各工作環節的信息溝通是否改善，相互間的銜接配合是否更加協調。

(3) 職工隊伍。即職工士氣是否高漲，積極主動性是否提高。

(4) 效率、效益。即組織的工作效率是否提高，效益是否上升。

二、技術創新過程

這裡包括產品和生產技術的創新過程。企業技術創新過程一般分為決策、研究開發、實施和實現四個階段。

(一) 決策階段

企業技術創新的決策階段，是指從尋找機會到制訂創新規劃方案的階段，包括尋找機會、提出設想、確定項目、規劃方案。在整個決策階段要進行一系列的調查、分析、評價和選擇。

尋找機會是創新的起點。要系統收集、整理和分析各方面信息，抓住機會，特別是抓住市場機會、技術機會、政策機會。有的機會是偶然的，不要輕易放過。

設想的提出來自多方面，要廣泛搜集意見和建議。在企業內部，應發動各方面人員，特別是科技人員、營銷人員、一線技術工人多提創意，包括用各種創新方法，以產生盡可能多的創意。在企業外部要徵詢用戶、科研單位的意見。

創新項目的確定，要經過對構思創意的篩選，篩選的目的是剔除不好的創意和無條件開發的創意。篩選時應遵循一定的程序和方法，進行科學的評價，避免誤舍誤用。通常要根據應用前景、收益狀況、開發能力、競爭能力等進行綜合評價，然後決定取捨。

規劃方案是根據創新的目標，對未來創新成果的基本特性和開發條件進行的概括性描述。對於多個方案，要在認真做好可行性研究的基礎上加以抉擇。如果在技術經濟方面發現有重大問題，開發項目可以考慮終止；如果某些情況不明，可考慮方案推遲開發；如果兩個方案各有利弊，難分優劣，可考慮同時進行試驗，並根據試驗的結果再作取捨。

(二) 研究開發階段

這是以企業擁有的科技成果資源和技術力量為基礎，經過研究、設計、試驗、鑒定，形成新產品樣品、樣機或新工藝規程的階段。

規劃方案後，如有必要，應進行某些專題試驗研究或模擬試驗，以提供必要的技術參數，或證實方案的現實可能性，並為設計提供科學依據。

複雜產品的設計，一般分為初步設計、技術設計和工作圖設計。設計要經過慎重的論證、審查、會簽、批准後方可使用。

試驗分為小試和中試。小試是初樣的研製，取得初樣成果。中試是科技成果轉化為產業化生產的中間環節。通過中間試驗，驗證和完善初樣成果，為產業化生產提供系統的技術配套條件。

小試、中試的成果，都需要進行鑒定，即從技術、經濟以及生產準備等方面對成果進行評價，確定是否轉入下階段試驗以及能否正式投入生產和市場。

(三) 實施階段

實施階段是指按照用戶需要和生產要求，對企業生產要素進行更新和重組，把經過中試所確定的樣品轉化為商業化創新產品的階段。在這一階段中，要有與創新技術的應用或創新產品商業化生產相適應的設備、材料、人員素質和管理水平的保證，要從制度上、組織上鞏固科技成果的應用。例如：在技術管理方面，要根據新工藝、新技術制定新的工藝流程，編製新的工藝操作規程，修訂質量檢驗和檢驗方法等。在物資供應方面，要按照科技成果投產後的技術要求，確定保證產品性能的原材料目錄，制定其消耗標準，開闢其新的供應渠道等。在設備管理方面，要重視機器設備的經常保養和及時維修，按成果投產的技術要求，制定或修改保養修理規程。在勞動組織方面，要根據新的要求及時調整勞動組織，合理安排分工、協作，修訂崗位責任制等。

(四) 實現階段

這是指通過積極的銷售活動，採取有效的銷售手段，使創新產品迅速進入市場，占領市場，鞏固和擴大市場，以實現創新技術的經濟效益。在這一階段，要建立良好的企業形象和產品信譽，制定靈活的新產品銷售策略，擴大新產品的銷售渠道等。

三、企業流程再造的過程

1990年，美國學者哈默在《哈佛工商評論》上撰文，提出「企業流程再造」（Business Process Reengineering，縮寫為BPR）的概念。三年後，他又同錢皮合著《再造公司》

一書①，詳細闡述了「企業流程再造」的意義和做法，引起工商界的廣泛重視，掀起了一股「企業再造」的熱潮。

從系統觀點看，企業本是一個「投入—產出」的轉換系統，它將人力、物力、財力、技術、信息等資源投入，轉換成對社會有價值的產品、服務、信息等產出。在此過程中，各項工作任務通常劃分為階段或步驟，依次進行，這就形成了許多不同的流程。流程是由一系列有內在邏輯聯繫的活動按照一定的程序連接起來的過程，它是在一定的內外部環境條件下逐漸形成並常由規章制度加以規範的。

企業流程可概括為工作流程和管理流程兩大類。從原材料投入到制成產品的生產（工藝）過程就是最基本的工作流程，人們常說的生產線（包括流水生產線）乃是這一流程的形象化。其他的工作流程有物資採購流程、產品銷售流程、產品開發流程、市場開發流程等。管理流程則是指各項管理業務中的流程，如計劃決策流程、計劃編製流程、目標管理流程、生產指揮流程、組織結構設計流程、作業控制流程等。同工作流程和管理流程相伴的還有信息流程，他們共同構築了企業內部縱橫交錯的流程網絡。上述這些流程還可進一步分解細化為許多具體的小流程，以便組織力量去順利實施。

企業流程是在一定的環境條件下形成的，必然會隨著環境的變化而發生變化，但企業流程再造卻是指人們為了在產品和服務的質量、成本、員工效率、顧客滿意度等績效指標上能夠取得顯著的改善，運用先進科學技術，對企業流程進行的帶根本性的徹底的改造，屬於企業的創新活動。某個流程的再造，往往引起相關工作和流程的變革，甚至帶來企業系統整體的進步和發展。

IBM 信貸公司的流程再造就是一個生動事例。作為 IBM 的全資子公司，它有員工 14 人，專門同佈全球的現場銷售員聯繫，為購買 IBM 產品的客戶提供貸款服務。他們原來的工作流程如圖 12-1（A）所示。實踐結果是工作週期長達 6～14 天，且現場銷售員在此期間無法瞭解工作進度，客戶不滿意而流失，導致業務下降。後來，公司實施流程再造，設置了 4 位類似客戶經理的平行交易員崗位，每個交易員全權處理各項工作完成任務，並同現場銷售員直接聯繫。再造後的工作流程如圖 12-1（B）所示。為了幫助交易員，開發了一套精確的專家支持系統軟件，使他們能處理好大多數比較規範的貸款申請，完成交易。另外設一專家小組，指導他們去處理少數特殊的或疑難的業務。結果是新流程僅需 4 小時就完成全部工作，公司的業務量增加了 100 倍。②

同前述組織結構創新的過程相似，企業流程再造的過程也可劃分為調查、決策、實施、評價四個階段。關鍵因素是創造性思維和採用先進科學技術。

---

① MICHAEL HAMMER, JAMES CHAMPY. Reengineering the Corporation —— A Manifesto for Business Revolution [M]. Nicholas Brealey Publishing, 1993.
② 譚力文，等. 管理學 [M]. 2 版. 武漢：武漢大學出版社，2004：264-266.

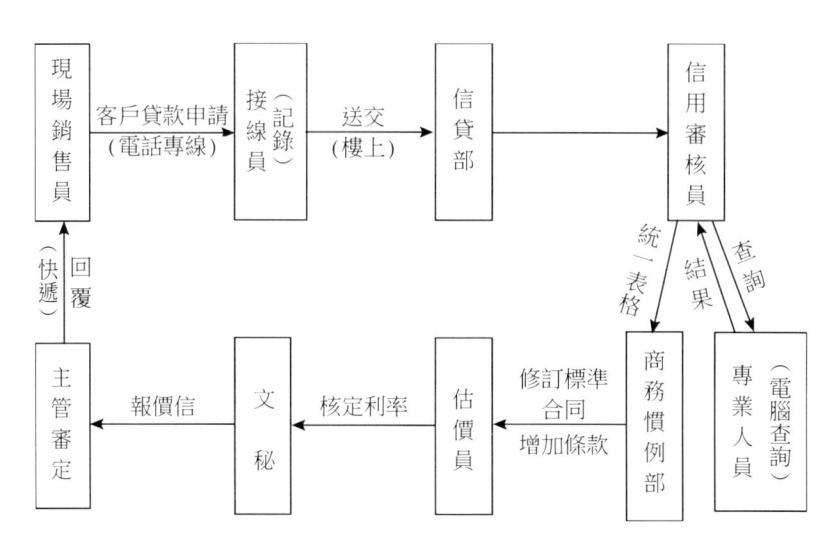

圖 12-1 (A)　　再造前的工作流程圖

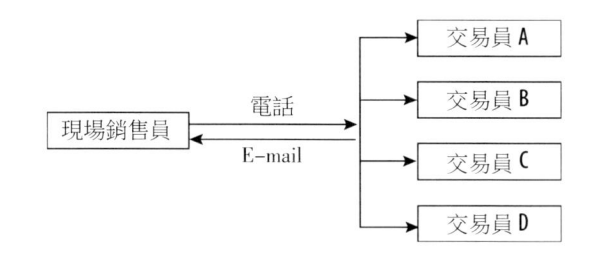

圖 12-1 (B)　　再造後的工作流程圖

復習討論題

1. 現在人們為何越來越強調創新的重要性？你如何理解作為管理職能的創新？
2. 怎樣理解創新的高風險性和高效益性？二者有無聯繫？
3. 組織的創新能力決定於哪些要素？
4. 創新工作應遵循哪些重要的原則？
5. 試簡述組織結構創新的過程。
6. 試簡述企業技術創新的過程。

案例

奇瑞汽車集團的自主創新[1]

1997年3月,由安徽省及蕪湖市多家單位聯合投資的奇瑞汽車有限責任公司在蕪湖建立起來。經過十年的艱苦奮鬥,公司已成為擁有完全自主研發能力的大型轎車企業,也是國內第一家將整車出口國外的企業。目前,奇瑞汽車已獲46個國家的市場准入資格。

奇瑞公司的突出業績在於,該公司創業之初就決心走一條自主創新、樹立自主品牌的成長之路,並長期堅持大膽利用和整合國內外資源,集成創新與原始創新、引進消化吸收再創新相結合,注重全面與世界標準接軌,實施了三大戰略。

1. 人才引進戰略

奇瑞突破跨國公司設置技術壁壘的有效辦法就是引進站在世界技術前沿的優秀人才。奇瑞最初的研發班底十多人是國內某汽車集團研發工程師團體。這些人一方面是因該集團與外商合資打算撤銷技術中心而準備離開,另一方面是受奇瑞開發國產車的雄心壯志所吸引。後來,奇瑞通過邀請、聘用等多種方式,陸續從著名的汽車公司引進30多名高水準的「海歸」人才,並安排在汽車研發的關鍵領域擔當重任。此外,還有近百名來自美、日、德等汽車強國的外籍專家先後來奇瑞工作,進一步促進了奇瑞採用國際先進技術。

2. 市場國際化戰略

奇瑞產品具有自主知識產權,進入國際市場更有自主性。奇瑞在建立全球化採購體系的同時,於2002年率先實現中國轎車的批量出口,以後出口量每年遞增,居全國第一。2003年奇瑞開始向國外出口技術和汽車散件。2004年奇瑞新一代出口車型的設計和生產均達到歐美的法規要求,初步具備了批量進入國際市場的條件。

3. 技術推動的產品戰略

奇瑞堅持瞄準國際先進技術前沿,打造先進的設計平臺技術,確立先進的產品戰略。奇瑞目前已投放市場的是AOO、A、B三大平臺系列整車,同時與世界著名設計公司博通、賓法等正在合作開發的還有AO、C兩大平臺系列車型。除發動機研發外,奇瑞還聯合歐日變速箱設計公司設計開發一系列變速箱。奇瑞已擁有自己的研發系統和高水平的研發團隊,獨立地承擔整車和動力總體的開發任務,保證自主創新持續不斷地適應市場需要。

奇瑞的發展實踐證明,積極利用和整合國內外資源,走自主品牌、自主研發、自主創新的道路,可以獲得更高效率、更快速度的發展。

---

[1] 王偉光,吉國秀.知識經濟時代的技術創新——理論、實務、案例[M].北京:經濟管理出版社,2007.

討論題：

1. 世界汽車製造業已形成美、日、歐三足鼎立之勢，中國汽車製造業能否同它們競爭？有何優勢和劣勢？

2. 你從奇瑞集團的業績及其所採取的戰略上獲得什麼啟示？

結束語
未來管理的展望

人類已經跨入 21 世紀。本書在結束之前，有必要對 21 世紀管理環境的變化和管理自身的發展作一些粗略的探索和預測。事實上，組織的外部環境自第二次世界大戰之後（一說自 20 世紀 70 年代以後）即已逐漸發生巨大變化，有人說這是第三次產業革命[①]，有人說是「第三次浪潮」[②]。到了 20 世紀 90 年代，又有人提出「新經濟」（或稱「知識經濟」）時代已來臨。[③] 在 20 世紀的 80 至 90 年代，適應環境的變化，出現了一些新的管理理論，對原有的某些理論和原則展開了批判。進入 21 世紀，環境的變化將持續下去，新的管理理論為我們展望管理的未來發展趨勢提供了借鑑。因此，下面我們將依次介紹環境的變化、新的管理理論和未來管理的發展。

一、環境的變化

本書第三章集中討論了組織的環境。這裡將主要分析從 20 世紀後半期開始的一般環境諸因素的變化，這些變化通過特定環境諸因素影響各類社會組織。

（一）科技因素

科學技術是第一生產力，而生產力是推動社會進步的決定性力量。20 世紀後半期開始的一般環境的變化首先表現在科技因素方面，它推動著其他因素發生變化。

第二次世界大戰後，科學技術突飛猛進，出現了許多新興技術，包括核能技術、信息技術、航天技術、生物技術、合成新材料技術等。在這些技術中信息技術是主導，而信息技術以微電子技術為基礎，又包括計算機技術、通信技術、軟件技術、傳感技術、自動化技術、光電子技術、光導技術、人工智能技術等。

科學技術應用於生產的週期越來越短，出現了一大批高新科技產業，如電子工業、計算機工業、軟件產業、通信設備產業、核工業、航天工業、合成材料工業、生物工程、基

[①] 第一次產業革命始於 18 世紀中期，以蒸汽機的使用為標誌。第二次產業革命始於 19 世紀末，以電力的應用為標誌。第三次產業革命是在第二次世界大戰後出現的，以核能利用、計算機的誕生和發展、合成材料和生物技術的廣泛運用等為標誌。

[②] 美國未來學家 A. 托夫勒於 1980 年出版了《第三次浪潮》一書，將人類文明分成三個時期：第一次浪潮為農業社會，第二次浪潮為工業社會，第三次浪潮則是指從現在開始的後工業社會。他認為第三次浪潮已來到許多工業化國家。

[③] 美國《商業周刊》在 1996 年 12 月 30 日發表了一組文章，提出了「新經濟」的概念；1997 年 11 月 17 日，該刊又登了一篇文章，重申在美國確實存在「新經濟」。對「新經濟」概念有多種解釋，從經濟形態來看，可稱為「知識經濟」（在它之前為「農業經濟」和「工業經濟」）。

因工程等。這些產業不同於傳統產業的突出特點是，它們以知識為基礎，依靠高素質人才掌握的高新科技知識來謀生存、求發展，知識在其生產力構成中發揮了關鍵作用，在產品成本中占較大比重，所以稱為知識密集型產業。

新產品層出不窮，產品更新換代很快。自1945年第一臺電子計算機誕生之日起，計算機已經歷了電子管、晶體管、集成電路、大規模集成電路、超大規模集成電路等幾代的發展。個人計算機得到了廣泛應用，深入到社會的各個領域和家庭，涉及人類生活的各個方面，對管理的組織形式、方法乃至理念都產生了很大影響。

高新科技成為經濟增長的決定性因素。據統計，西方發達國家中科技對國民生產總值增長速度的貢獻越來越大：20世紀初為5%～20%，到中葉上升為50%，到20世紀80年代已上升為60%～80%。由於勞動生產率的極大提高，才使大批勞動力有可能從第一、第二產業轉移到第三產業。第三產業從業人數占總從業人員數的比例反應了國家的發達程度。到20世紀70年代末，美國三個產業從業人數的比例為3∶32∶65，英國為3∶35∶62，日本為7∶37∶56。[1]

(二) 經濟因素

科技進步大大縮短了地區間的距離，促進了全球經濟一體化。各國都在努力使其國內經濟同世界經濟接軌，爭取在世界經濟中站穩腳跟或盡量擴大自身優勢。跨國公司大量湧現，它們挾資金、技術、管理等方面的優勢，在世界各國橫衝直撞。經濟全球化帶來了國際國內市場競爭的加劇，國際貿易和國際收支方面的競爭對一個國家的經濟實力和發展水平產生了越來越大的影響。經濟競爭成為各國之間競爭的主要內容。

在經濟全球化的同時，又出現了經濟集團化的趨勢，歐洲聯盟、北美自由貿易區、石油輸出國組織等就是典型例子。它們打著經濟一體化、自由貿易等旗幟，保護集團成員的利益，但實際上集團內部和外部都存在激烈的競爭，各類糾紛和摩擦從未間斷。

在各國內部經濟的發展方面，存在三大趨勢：①隨著競爭的加劇，各國的經濟結構都在不斷調整。發達國家大力發展其知識密集型產業，將傳統產業轉移到他國或予以淘汰。發展中國家和欠發達國家則因工業化尚未完成，仍將保留和適度發展傳統產業，盡可能發展一些高新技術產業，並利用信息化來改造其傳統產業。②隨著科技進步、經濟發展，許多國家人民的生活水平有所提高，他們的生活方式、消費傾向等日益多樣化，從而使社會需求複雜化。③在世界人口增長、經濟發展的同時，可供利用的物質資源包括能源和水資源卻日益短缺，生態環境惡化，全球氣候變暖，災害頻繁，保護資源和實現環境的可持續發展已成為人類共同關注的大事。

(三) 政治、法律因素

近幾十年來，各國政府的職權範圍都在擴大，除從事文化教育、社會福利、工程建設

---

[1] 汪克夷. 管理學 [M]. 大連：大連理工大學出版社，1998.

等項業務活動之外，還對其他組織（包括營利性和非營利性組織）的人員就業、安全、環境保護等方面進行了更多的規定和約束。更為重要的一個趨勢是，政府為維護其國家利益，紛紛更深入地介入促進本國工商業發展的經濟活動。國家首腦進行互訪主要是商談經貿問題，他們甚至帶上大批企業家去開拓國外市場，親自過問大企業的經營狀況，並經常動用本國法令法規來保護工商企業的利益。政治為經濟服務的趨勢將持續下去，甚至進一步增強。

（四）社會、文化因素

世界人口在繼續增長，各國人口狀況在發生重大變化。發達國家和一些新興工業化國家迅速跨入老齡化社會，其人口增長率接近於零，勞動力缺乏，婦女就業人數增加，在養老保險制度、生育和撫育孩子等方面出現了一系列社會問題。與此相反，由於國家財力限制，發展中國家和欠發達國家在人口增長的同時，經濟發展和教育投入均不足，勞動力大量多餘但素質較低，難以適應科技進步和經濟競爭的需要。

在發達國家，在高新科技產業中，勞動者的素質普遍提高，藍領工人與白領職員的界線日益模糊，腦力勞動比例日益增大。由於受教育程度和生活水平提高，工作對於高素質勞動者的吸引力已不再是以金錢為主，更多的是工作本身使他們感興趣，能發揮他們的專長和才幹，展示自己的成就。他們有較強的自我控制能力，不喜歡外部的控制和干預。他們期望有較多的休閒時間，喜愛彈性工作制或在家裡工作。信息技術的應用已經使一些職工的工作可以在自己家中進行。

產品迅速更新換代和人民生活水平的提高，促使消費者逐漸改變過去的消費觀念，追求個性和時尚，眼光變得挑剔。為了適應市場變化，企業不得不變過去流水線式的大批量生產為多品種小批量生產，甚至按照顧客要求定做。

綜合上述諸因素的變化，不難看出，組織外部環境的不確定性（包括複雜性和動態性）顯著增加了，一切組織都處在迅速變化的環境中，有人將其比喻為在急流險灘中航行的船舶。組織內部的員工也在發生變化，他們的素質提高了，需求多樣化了，能自我控制了。這些都對組織的管理理念、形式和方法提出了挑戰。正是在這樣的歷史背景下，20世紀八九十年代出現了一些新的管理理論。

二、新的管理理論

（一）第三次浪潮

美國未來學家托夫勒（A. Toffler）於 1980 年出版了《第三次浪潮》（The Third Wave）一書，受到世界關注。該書並非管理學專著，但論述了很多管理問題，對比了第三次浪潮與第二次浪潮在管理方面的差別。

托夫勒將人類文明分成三個時期。公元前 8000 年開始的農業革命使人類進入農業社會，這是第一次浪潮。1750 年，以蒸汽機的發明和使用為標誌的工業革命，導致了第二

次浪潮。這一浪潮在第二次世界大戰後的十年達到了頂峰。自 1955 年開始的十年間，美國的白領職員和服務性行業的勞動者人數第一次超過了藍領工人，電子計算機得到推廣應用；加上其他高效能的新發明，第三次浪潮到來了。三次浪潮在世界範圍內不是截然劃分的。第一次浪潮現在已基本上消退了，但第二次浪潮在許多發展中國家和欠發達國家仍然具有革命性的活力，這些國家目前同時受到第二次和第三次兩個浪潮的衝擊。

托夫勒認為能源結構的轉換（即從過去集中使用煤、石油、天然氣等不可再生能源轉換為同時使用核能、風能、太陽能、地熱等多樣化能源）是第三次浪潮的標誌之一，但他更強調高新科技特別是信息技術對人類文明的巨大影響。「新工業是在量子電子學、信息論、分子生物學、海洋工程學、核子學、生態學和太空科學的綜合科學理論上發展起來的……有四組相互關聯的工業群將成為第三次浪潮時代的工業骨幹：電子工業、宇航工業、海洋工程、遺傳工程。經濟、社會和政治力量的結構將隨之而發生巨大變動。」[1]

大公司是工業時代的典型企業，它生產人們需要的大部分商品和提供服務，似乎主宰著人們的命運。但在第三次浪潮的衝擊下，面對複雜多變的經營環境和激烈的市場競爭，加上各級政府和社會團體的壓力，公司已不再是只管賺錢生產商品的經濟組織，而同時要對極其複雜的生態環境、道德標準、政治影響、種族歧視和社會問題負責，公司的目標多樣化了。多目標的公司要求其管理部門具有作出一次完成多種目標的綜合政策並制定出具體措施的能力。

托夫勒指出，在第二次浪潮的工業社會裡，專業化、標準化、同步化、集中化、好大狂、集權化等六個相互聯繫的原則，統籌安排了千百萬人的行動，推動了社會經濟的發展，影響到人們生活的各個方面。第三次浪潮來臨時，這些原則都受到衝擊，新的社會規範將把人們從機器的束縛中解放出來。

專業分工固然能提高效率，但分工過細、工作單調，會影響勞動者興趣，使他們產生厭倦情緒，反而降低生產率。專業分工長期固定化還會限制工作人員的眼界，影響相互協作。因此，既要適當專業化，又要採用多種協作形式，鼓勵互助協作。

泰羅鼓吹的標準化確實能提高工人的效率，後來它發展到了產品標準化、工作標準化和管理標準化。但隨著高新科技的發展，社會需求的多樣化，出現了非標準化的生產（如顧客定做）和消費，價格也就開始不統一了。在職工中，做同一種工作的人數越來越少，因為職業的多樣化發展了。第三次浪潮只會使生活日益多樣化而非進一步標準化。

在工業社會，高價的機器和與它緊密相依的勞動要求精密的同步化，社會生活的各方面都強調時間觀念。而第三次浪潮卻帶來了完全不同的時間觀念，「九點到五點」的上班制為彈性工作制所補充，非全時制工作發展迅速，值夜班的趨勢增強。這些趨勢表明，更多的人擺脫了固定工作時間，整個社會能 24 小時晝夜活動，超級市場、飯館、銀行都日

---

[1] 托夫勒 A. 第三次浪潮 [M]. 朱志火，潘琪，譯. 北京：生活·讀書·新知三聯書店，1983.

夜開放了。

在工業社會裡，生產和資本越來越集中，大規模生產的經濟性被奉為金科玉律。現在這種做法也開始變化：人類的地理分佈已越來越分散，過去的集中於石化燃料的能源構成逐漸改變為分散的能源構成；人們正在進行實驗，以降低學校、醫院等人口的集中性。

第二次浪潮產生的「好大狂」鼓吹「大就是好」，「大」成了「有效率」的同義語，每家公司夢寐以求的都是「由小變大」。第三次浪潮對大公司的衝擊使它們紛紛縮小了自己的工作範圍和規模，去尋找「適當的規模」。現在各大公司已開始實驗把「大」和「小」的優點結合起來的組織形式，以實現「大中有小才美」。

工業社會的集權化原則在企業中的應用，是從 19 世紀的美國鐵路公司開始的。美國鐵路公司創立了專業化的工種和部門，集中了資金、能源和人力，推行了技術、票價、運行時刻的標準化，制定了整套規章制度並嚴格執行。這種做法被其他公司所效法，還因此出現了中央集權的政府和中央銀行。企業的分權制早在 20 世紀 20 年代就已出現，但其廣泛運用則是在第三次浪潮來臨之後。許多大公司設立相對獨立自主的事業部，成為「利潤中心」；而原來採用職能型組織結構的公司創造性地改用矩陣制結構，將統一指揮原則變為雙重領導。分權化的趨勢在國家政權和宏觀經濟管理上也有表現。

托夫勒指出，當第二次浪潮的上述諸原則在一個組織中起作用時，就形成了典型的官僚機構，它規模龐大、等級森嚴、制度繁瑣、一成不變，在一個相對穩定的外部環境中進行著重複的決策和業務活動。現在，當結合採用第三次浪潮的諸原則時，必然會產生一個全新的組織：它的內部機構相互平等，上層機關的壓力較小，各部門單位都有較大的自主權，而且結構靈活，能根據環境變化適時地作出變革。這些組織的成員必須經過訓練，能隨時應變，在廣泛的結構形式中對自己擔任的角色運用自如、愉快勝任。

托夫勒專門描述了「新型工人」：他們工作的單調重複性減少了，每個人都承擔一件較大的任務，並自定步調；他們敢於負責，懂得如何同他人配合，能擔負更大任務，能迅速適應情況變化；他們很獨特，為自己的與眾不同而自豪；他們除了尋求經濟報酬外，也尋求工作的意義。組織的權威形式也在發生變化。過去是統一指揮，每個雇員只有一個上司，雇員間的爭執到上司那裡去解決。現在是不同級別和不同部門的員工聚集在特別組成的工作組中，他們同時有不止一個上司，分歧的意見不必經過上司就能協商解決；而且他們認為出現意見分歧是健康的，要對探索工作意義、持有獨立見解、勇於發表意見的人給予獎勵。

（二）第五代管理

美國管理學者薩維奇（Charles M. Savage）於 1991 年出版了《第五代管理》（Fifth Generation Management）一書。[①] 該書適應知識經濟時代來臨的實際需要，提出了新一代

---

① 本書的修訂版已有中譯本，於 1998 年由珠海出版社出版。

管理的理念和原則以及管理模式的轉變途徑，較之第三次浪潮的分析推斷又進了一步。

薩維奇首先將人類文明史劃分為幾個時代：①農業時代，財富來源為土地，組織類型為封建制；②工業時代早期，從1770年到19世紀末，財富來源為勞動力，組織類型為資本家所有權制；③工業時代晚期，從20世紀初到20世紀90年代初，財富來源為資本，組織類型為嚴格的等級制；④知識時代早期，從20世紀90年代初開始，財富來源為知識，組織類型為知識聯網。

然後，他將管理劃分為五個發展階段：①第一代管理，這是工業時代早期的管理（因為管理是在工業時代才開始受到人們的重視），特點是資本家所有權和管理權的統一；②第二代管理，從20世紀初到第二次世界大戰結束，特點是嚴格的等級制；③第三代管理，從第二次世界大戰結束到20世紀70年代，特點是矩陣制組織形式的採用；④第四代管理，盛行於20世紀七八十年代，電子計算機廣泛應用於管理是其特點；⑤第五代管理，始於20世紀90年代初，特點是知識網絡化。由上述劃分不難看出，薩維奇所說的前四代管理都是工業時代（包括早期和晚期）的管理，而第五代管理則是知識時代早期的管理。①

工業時代的管理何以要過渡到第五代管理呢？薩維奇的分析是，在第四代管理階段，各類組織大量應用電子計算機，建立起各種網絡，但是仍然不能靈活地適應複雜多變的環境，不能充分滿足用戶（顧客）的需要，在組織內部不能將員工的積極性和創造力充分調動起來。關鍵在於工業時代管理的理念和原則已不適應知識時代的環境需要，嚴格的等級制束縛了人們的手腳，各級、各部門各自為政，互相封鎖，維護自己的「地盤」和特權（儘管採用了減少層次的「扁平化」措施，情況並未根本好轉）。這就有必要衝破工業時代管理理念的「瓶頸」，過渡到第五代管理。

薩維奇列舉的工業時代管理的主要理論和原則有：①亞當‧斯密的勞動分工和利己主義，後者即「經濟人」的假設；②巴貝奇的按精細劃分的任務付酬；③管理的分工和再分工，這是斯密的勞動分工原理在管理上的運用；④所有權和管理權的分離，出現了專職的管理人員和等級制度；⑤思考和行動的分離，即泰羅制的計劃工作與執行工作的劃分，大腦與手的劃分，白領與藍領的劃分；⑥一個人只有一個老板，即法約爾提出的統一指揮原則；⑦自動化取代了手工勞動，把勞動者「解放」出來，也減少了他們犯錯誤的機會。

第五代管理有著嶄新的管理理念和原則：

（1）管理理念：人是組織最寶貴的資源，他們具有豐富的知識、能力和經驗。組織要善於把他們的才能發揮出來，充分調動他們的積極性和創造力。第五代管理的根本理念就是：管理是一個領導方式問題，「它預先假定了一種集成的環境，這一環境使人和公司

---

① 薩維奇所說的第二、第三、第四代管理都屬於工業時代晚期的管理，其時間劃分並不完全準確，其特點也有交叉，例如嚴格的等級制就貫穿於這幾代管理之中。

的最優秀的才能同他人最優秀的才能互相結合」。①

（2）原則一：虛擬企業和動態協作。在組織形式扁平化的基礎上，按照工作任務的需要將不同層次、部門單位的員工組成跨職能的任務團隊（可稱項目組、工程組、能力小組、網絡小組、任務小組等），把他們的知識、技能和經驗結合起來完成工作任務，然後又重新組合。② 這些團隊還可以包括用戶、用戶的用戶和供應商的成員，把他們的知識、技能和經驗也結合進來。這就建立了虛擬企業，即聯合多個企業的才能，共同創造產品和服務。

動態協作是指在企業內部或企業之間進行資源組合或重組來把握具體的市場機遇。通過上述任務團隊的組合，破除嚴格等級制的束縛，就能實現人員的動態協作。

（3）原則二：對等知識聯網。這是在將人員組成跨職能的任務團隊之後的要求，它包括三方面的含義：①在技術上，要保證每個人都能直接與其他任何人交流，無須通過等級制度的安排；②在信息上，不論信息位於何處，都能容易獲得；③在人員上，不論他人的知識在企業中位於何處，每個人都能獲得它。這些是保障團隊成員交流協作的必要條件，又是破除嚴格等級制下各自為政、互相封鎖的利器。

（4）原則三：集成的過程。在一個複雜多變的環境中，當任務團隊組成後，每個人都應當不斷接觸和聯繫別人的思想，以便對重要的模式進行識別和採取行動。集成的過程就是要求人員在企業內部和外部與關鍵的模式保持聯繫，包括感覺、判斷和行動的意願。這一過程並不固定，需要對人員、過程和資源進行動態的重新配置。過程中最重要的元素是人們長年累積的知識，知識使人員對重要模式的發現、解釋和行動成為可能。

（5）原則四：對話式工作。工作是什麼？在工業時代有三種解釋：①它是努力或艱苦的努力；②它是像機器一樣運轉的狀態；③它是我們的報酬的來源。這些解釋恰好與勞動分工完全吻合，自然會要求每個人成為機械式工作的能手，讓企業像一臺機器那樣去運轉。第五代管理卻認為工作是一種富有意義和創造性的人際對話。

當人們工作時，他參與了一個按時做某件事的過程，過程的結果是一種產品。工作時，他要運用過去累積的知識、能力和經驗，要有對未來產品的想像——想像也是一種知識。工作不僅僅是個人活動，它必然涉及他人；而他人也看到了過程和產品，激發了自己的想像，增加了自己的知識和技能。因此，工作就是一種人們相互間的對話，通過共同學習，增加了人們的知識。工業時代的勞動分工將工作分得很細，人們就看不見過程和產品，工作就成了單調乏味的事。

（6）原則五：人類時間和計時。工業時代重視時間因素，但它重視的是時鐘時間，過去、現在和未來是相互分離的。過去既已流逝，未來尚未到來，我們真正重視的就僅有

---

① 薩維奇 C. 第五代管理 [M]. 謝強華，等，譯. 珠海：珠海出版社，1998.
② 這個觀點和做法在托夫勒的《第三次浪潮》中已經提出過。

現在了。第五代管理的時間觀念是人類時間，假定過去、現在和未來是一體的，時間是一個整體。

以聽音樂為例。當聽到第四個音符時，前三個音符並未消逝，而是沉澱在我們的意識中，使我們能掌握格調和意義；與此同時，又引起了我們對未來的預期，預期未來的音符會與剛才聽到的音符有某種聯繫。對過去的記憶和對未來的預期，同時出現在眼前，這就是人類時間的含義。

我們掌握音樂的能力，一是取決於已獲得的知識和技能（例如關於鋼琴、作曲、樂隊的知識），二是取決於想成為一名音樂家或享受音樂樂趣的預期或渴望。對未來的預期或想像是很重要的，企業就需要有預見趨勢的能力，以及按照其經營設想來利用其集體知識的能力，以更靈活地適應市場變化，抓住面臨機遇。

上述五原則是明顯地相互關聯的，但只有在強有力的領導下才能共同起作用。強有力的領導能夠適應從工業時代到知識時代的轉變，將第四代管理轉變為第五代管理，將嚴格的等級制轉變為以人為中心的知識網絡化的管理。這個轉變主要包括下列內容：

（1）從法約爾的指揮鏈和等級制度轉變為網絡化，在企業內部和外部廣泛聯網，不斷與他人保持接觸，交流知識，使工作能順利完成。

（2）從命令和控制轉變為集中（確保企業全體人員都將注意力集中在關鍵問題上）和協調。

（3）從職位權威轉變為知識權威，尊重知識，尊重人才，交流知識，共同學習進步。

（4）從序列活動（導致各職能部門的隔離）轉變為平行活動（各職能部門同時運轉，緊密協作）。

（5）從縱向交流轉變為橫向交流、多向交流。

（6）從不信任和服從轉變為信任和誠實。嚴格的等級制導致了人們相互間的不信任，下級必須無條件地服從上級。在知識時代，信任與誠實對團隊成員的緊密協作是至關重要的。

薩維奇認為，現在已有一些公司在向第五代管理轉變，如美國的道化學公司、瑞典的斯堪蒂亞公司、加拿大的帝國商業銀行、日本的夏普公司、德國的梅特勒—托富多公司等。他呼籲：「我們有責任聯合起來……如果真的能夠通過建立虛擬企業、動態協作團隊和知識聯網來實現共同創造財富，那我們就可以開始為未來的經濟打基礎」。①

（三）第五項修煉（學習型組織）

1990年，美國管理學者彼得·聖吉（Peter Senge）出版了《第五項修煉——學習型組織的藝術與實務》② 一書，提出了「學習型組織」（learning organization）的概念，認為

---

① 薩維奇 C. 第五代管理［M］. 謝強華，等，譯. 珠海：珠海出版社，1998.
② 本書已有中譯本，上海三聯書店於1998年出版。

未來真正出色的組織將是能夠設法使各階層人員全心投入並有能力不斷學習的組織。為了成為學習型組織，需要五種技能。這五種技能的獲得可稱為五項修煉，其中第五項修煉為系統思考，它是五項修煉的基石，所以首先介紹，並以「第五項修煉」（The Fifth Discipline）作為書名。

系統思考是運用系統觀點的「看見整體」的一項修煉。按照系統觀點，一個組織乃至整個社會都是一個系統，各組成部分和它們的活動都是相互聯繫、相互影響的，這些影響和活動結果都要經過若干時間才能顯現出來。因此，思考問題一定要從全局出發，樹立整體觀念，反對只顧局部不顧全局，只見樹木不見森林，只重眼前不顧長遠，只治標不治本。這些道理並不新鮮，聖吉的貢獻在於概括出了系統思考的 11 條法則，並首創出系統思考的工具（模式）。

聖吉概括的法則包括今日的問題來自昨日的解決方案、愈用力則反彈力愈大、漸糟之前先漸好、顯而易見的解往往無效、對策可能比問題更糟、欲速則不達、不可分割的整體性、沒有絕對的內外等。[1] 這些法則符合辯證觀，頗有指導價值。聖吉創造的工具首先是三個基本元件：增強的反饋（雪球效應），調節的反饋（穩定與抗拒的來源），時間滯延（行動與其後果之間的時差），分別用環路圖形顯示。借助這些元件，聖吉創造出了 9 個「系統基模」，包括成長上限、舍本逐末、目標侵蝕、富者愈富等。[2] 運用這些模式，有助於從系統思考中發現問題的最優解。

聖吉提出的第一項修煉為自我超越。只有通過個人學習，組織才能成長。因此，必須鼓勵組織成員通過學習不斷認清並加深認識個人的真正願望，集中精力，培養耐心，客觀地觀察和面對現實，努力去實現自己的願望。自我超越是學習型組織的精神基礎。自我超越的修煉包括下列原理：建立個人「願景」；通過瞭解現狀，發現同願景的差距，保持創造性張力；看清願景與消極想法之間的結構性衝突；誠實地面對真相；運用「潛意識」（經驗豐富的人能習慣成自然地憑直覺處理問題）。

第二項修煉為改善心智模式。心智模式是根深蒂固於人們心中、影響他們如何瞭解世界及採取行動的許多假設、成見，以及圖像、印象。在管理的許多決策模式中，決定可做什麼或不做什麼，也常是心智模式的影響。心智模式是可變化、可改善的，殼牌石油公司的「情境企劃」就是改善心智模式、幫助組織學習而取得成功的範例。20 世紀 70 年代初，公司企劃部門將未來可能發生的多種情況交給管理者去思考，從而使公司在 1973 年石油危機爆發時能從容應付，勝利渡過危機。該公司在 1970 年時還是世界七大石油公司中最弱的，到 1979 年已同埃克森石油公司並列首位。

第三項修煉為建立共同願景。共同願景是指組織成員共有並願為之奮鬥的目標、使命

---

[1] 聖吉 P. 第五項修煉 [M]. 郭進隆，譯. 上海：上海三聯書店，1998.
[2] 聖吉 P. 第五項修煉 [M]. 郭進隆，譯. 上海：上海三聯書店，1998.

和價值。它能凝聚和鼓舞人心，改善成員與組織間的關係，為組織的學習提供焦點和能量。可以說，沒有共同願景，就沒有學習型組織。共同願景是由個人願景匯集而成的，必須為此做長期持續的工作，應讓組織成員互相交換看法、相互啓發，將個人願景逐步融合成共同的願景。這樣的願景才是人人共有的，才能激發成員努力去實現。

第四項修煉為團體學習。在學習型組織中，學習由組織起來的團體來進行。在團體學習中組織成員之間相互啓發取得的效果更好、進度更快，形成的集體智慧高於個人智慧。團體學習是一項集體修煉，一般採用「深度會談」和「討論」兩種方式。深度會談是各人敞開思想，多方位、多角度地探討複雜的問題，深入地交換意見，增進集體智慧。討論則是對提出的不同看法加以質疑和辯論，評價各種看法，尋找出較好的看法。

上述五種修煉相互聯繫、相互制約，以系統思考為基礎。通過系統思考將其他四項修煉結成一體，互相促進。而系統思考也要通過其他四項修煉來發揮作用。

聖吉在詳細論述了五項修煉之後進一步指出：五項修煉要真正創造出學習型組織，必須互相搭配，必須解決好下列幾個問題。

（1）超越組織內的政治文化。政治文化是指由職位、權力、既得利益等形成的關係。在組織中，「是誰」往往比「是什麼」更重要，例如一項倡議如由老板提出，則極受重視且易於通過，如由「小人物」提出，則可能無人理睬或束之高閣。超越政治文化，需從建立共同願景開始，創造一個重視實際貢獻的環境，公開和真誠地討論重要課題。

（2）組織扁平化，高度分權。將決策權盡可能往組織的下層分散，給人們行動的自由去實現他們自己的構想並對產生的後果負責。當人們對自己的行動有真正的責任感時，就會努力學習和應變。傳統組織中，高層管理者在思考，基層人員在行動；在學習型組織中，應該是每個人都在思考和行動。高度分權也可能導致爭奪共同資源的危機，所以需要注意加強共同資源的管理。

（3）組織成員特別是管理者要善於安排時間。學習需要時間。晝夜忙東忙西就不可能學習。但是時間是擠出來的，要妥善安排。只要高層管理者善於授權和實行「例外管理」，就能擠出時間。

（4）組織成員特別是管理者要善於處理工作與家庭之間的矛盾，獲得工作與家庭生活的平衡。

（5）利用「微世界」，在實驗中學習。人們透過經驗直接學習的效果最好，但一個複雜系統的行動與其後果在時間和空間上常相隔甚遠，這就使從經驗中學習遇到困難。現在利用個人電腦建立「微世界」，就可以克服這個困難而從實驗中學習。這些「微世界」可用以塑造願景與實驗各種實現願景的戰略和政策；可以讓小組反思、揭露、檢驗與改善他們賴以處理困難問題的心智模式；可以讓他們看清可能發生的情形，卻不會有失敗的成本，也不會有或明或暗的抑制嘗試的行為。「微世界」可成為學習型組織常採用的一種技術。

（6）領導者應當是設計師、僕人和教師。在學習型組織中，領導者要對組織的學習負責。領導者首先應該是組織的設計師，負責確認各組成部分能互相搭配，發揮整體的功能；其次，領導者應該是他的願景的僕人，永遠忠於自己的願景，讓組織成為一個學習的有機體，讓組織所有的成員都釋放出潛在的智能；最後，領導者應是組織成員的教師，帶領他們去實現願景，並一起克服徵途上的一切困難。

聖吉最後說，建立學習型組織的五項修煉正匯聚成一個包括許多重要技能的整體，使得建立學習型組織成為一項系統性的工作。是否會有第六項修煉呢？完全可能，也許將來會有新的發展，出現一種全新的修煉。

三、未來管理的發展

分析了第二次世界大戰後管理環境的變化，學習了新的管理理論，我們就可以展望21世紀管理的發展趨勢了。上面介紹的三種管理理論雖然內容各異，但都是為適應環境變化而對管理的發展進行的預測和規劃，其中有一些共通之處，而且它們的理論已經在一些組織中推行。我們將以這些理論為借鑑來展望未來管理的發展。

（一）未來的管理將是真正以人為中心的人本管理

早在20世紀30年代，早期的行為科學理論即人際關係理論就已提出管理要以人為中心。這已為許多成功的組織所認同並付諸實踐。不過仍然有不少的組織的管理是以物為中心的（以生產為中心、以技術為中心、以財務為中心等），並未能真正轉移到以人為中心的軌道上來。

進入21世紀，科學技術日新月異，市場競爭非常激烈，知識經濟已經來臨，員工素質普遍提高，腦力勞動比例增大。在此形勢下，組織成功的關鍵在人，在人才，在於擁有和充分利用員工的知識、技能和經驗，在於充分調動員工的積極性和創造性。因此，組織的管理必須真正做到以人為中心、以人為本；尊重人，關心人，激勵人，培養人，開發人的潛能；充分發揚民主，傾聽員工意見，發動員工參加管理，將員工的才能和積極性盡量調動起來，並與員工共享管理成果。

以人為中心的「人」，還包括組織外部的用戶（顧客）、用戶的用戶、供應商、協作單位等。組織同樣要尊重他們，關心他們的權益，吸收他們參與組織的業務活動，把他們的知識、技能和經驗利用起來。

（二）未來的管理將更加群體化

群體（group）是指由兩個以上相互作用、相互依存的個人，為了實現某一特定目標而組成的集合體。群體有正式和非正式的。正式群體是由組織建立的工作群體，它有明確的工作任務和目標（根據組織的使命和目標來確定）。非正式群體即第七章所介紹的非正式組織，它往往沒有自覺的目標。

管理的群體化，是指管理工作要更多地依靠群體（當然僅限於正式群體）而非個人

去完成，例如群體決策，群體領導，組織工作組、任務小組、自我管理小組來開展工作等等。美國行為科學家利克特（Rensis Likert）竭力宣傳群體決策的作用，要求組織內部各層次都實行群體決策。[1] 日本企業的一個公認的特點就是群體決策，他們認為這種決策較之個人決策更能作出創造性的決定，並能得到更好的貫徹。[2] 前面第九章已提到，現代組織通常都是由一個領導群體即領導班子來進行集體領導的，所以需重視領導班子結構的優化問題。第七章還介紹了把為完成某項工作而相互協作的有關職工組織起來的工作組。

進入 21 世紀，外部環境的不確定性顯著增加，組織面臨嚴峻的挑戰，任何個人無論其素質多高，經驗多豐富，也很難單獨地正確應對；而依靠群體，集思廣益，則可能減少失誤，應付自如。因此，群體決策和群體領導將會日益受到重視，被更廣泛地採用。《第三次浪潮》提到「新型工人」將被結合到由不同級別和不同技術水平的員工特別組成的工作組中；《第五代管理》提出，為了破除嚴格的等級制度，需按照工作任務將不同層次、單位的員工組成跨職能的任務團隊，還可包括來自用戶和供應商的成員，實現動態協作；《第五項修煉》提到了學習型組織中的學習團體等。這些極大地擴充了第七章的工作組範圍，說明管理工作將更加群體化。

(三) 未來的管理將更加突出組織文化的作用

本書第二章介紹了西方組織文化學派的管理理論，第四章集中論述了組織文化及其重要作用。進入 21 世紀，組織文化的作用必將更加突出，這是因為：

(1) 組織的外部環境的不確定性顯著增加。以泰羅為代表的「理性主義」的管理已越來越難適應。管理既是一門科學，又是一門藝術；既要靠邏輯推理，又要靠直覺與熱情的要求。這些「非理性傾向」將更加為人們所認識，人們將更加重視組織文化。

(2) 員工的素質提高了，生活水平提高了。他們不喜歡過多的外來控制，他們工作的動力不再以金錢為主，而更多的是工作興趣和工作成就。這就要求突出組織文化，發揮其導向作用、激勵作用和自我約束作用。

(3) 廣大員工被組合在跨職能的任務團隊或工作組中，要求知識聯網和動態協作。這就必須突出組織文化，強化互助協作意識。

(4) 推行第五代管理，實現對等知識聯網、集成過程和對話式工作。建立學習型組織，需要樹立共同願景，採用「深度會談」和「討論」的方式來學習。這些都要求組織高度發揚民主，高度公開，這也需要更加強調組織文化。

(四) 未來的管理更加重視系統觀和權變觀

系統觀和權變觀是已經得到公認的符合唯物辯證法的現代管理觀點，在 21 世紀中必將更加受到重視和得到廣泛運用。學習型組織的第五項修煉即系統思考，便是運用系統觀

---

[1] 劉詩白. 經營管理大系 [M]. 管理組織卷. 上海：上海人民出版社，1990.
[2] 大內 W G. Z 理論 [M]. 孫耀君，等，譯. 北京：中國社會科學出版社，1984.

點的實例。

　　進入21世紀，各國的國情依然有很大的差異，它們的產業結構不同，企業的性質（勞動密集型、資本密集型或知識密集型）不同，組織的外部環境更是複雜多變。因此，組織的管理必須更重視權變觀點，從實際出發，具體情況具體分析，選用適合外部環境和自身情況的管理模式和方法，且隨著情況的變化而變化。

（五）未來的管理將是柔性的管理

　　柔性即彈性、靈活性，柔性管理是更加多變的外部環境及社會需求多樣化的必然要求。以企業為例，在技術上，需要不斷開發新產品，改進老產品，保持充足的技術儲備；還需要不斷開發和採用新技術、新設備、新工藝、新材料，保持生產技術的現代化水平。

　　在經營上，需要適度的多樣化，以適應多樣化的社會需求並分散風險。首先是產品多樣化，其次是跨行業經營，最後是跨國經營。多樣化也有巨大風險，故應適度，量力而行。

　　在組織結構上，需更多地採用有機型組織而少用機械型組織。矩陣組織和網絡組織將會被更普遍地採用。組織層次將減少，分權程度將加大。跨層次、跨職能的任務團隊將增多，它們基本上實行自主管理，因而外來的控制減弱而協調的工作量增大。

　　在各專業管理上，都要適應市場變化而增強柔性。如生產管理，就要以市場為導向，善於組織多品種小批量的生產，不怕零星或緊急的訂貨打破原來的穩定和均衡，但仍要保證產品質量和交貨期。

（六）未來的管理將更重視戰略的制定和實施

　　大約從20世紀60年代開始，由於科學技術高速發展，市場競爭空前激烈，外部環境更加多變，經營難度急遽加大，西方尤其是美國的一些企業加深了對「商場如戰場」的認識，將軍事戰略思想引進管理，開始制定和實施戰略。到80年代初，戰略管理形成了一門新興的管理學科。

　　複雜多變的環境要求企業的管理者具有超前意識，站得高，看得遠，能先人一著地發現環境變化帶來的機會和威脅，評價自身的優勢和劣勢，並研究如何發揮優勢、抓住機會、克服劣勢、避開威脅的經營戰略，然後組織實施。實踐已證明，推行戰略管理的企業多數都取得了明顯的成效。

　　進入21世紀，外部環境的不確定性更加顯著，戰略管理的重要性和必要性更加突出。可以預料，未來的管理將更重視戰略管理。

（七）未來的管理將出現跨國化趨勢

　　隨著經濟全球化，各個國家都在努力使其國內經濟同世界經濟接軌，跨國經營逐漸增多，跨國公司大量湧現。當前，發達國家的跨國公司倚仗其優勢在全球各地馳騁，新興工業國家和發展中國家的一批具有戰略眼光的企業也紛紛將觸角伸向國外，部分大型企業已初具跨國公司規模。因此，企業管理出現跨國化趨勢。管理者將更多地考慮如何利用國內

國際兩種資源、進入國內國際兩個市場、參與國內國際兩類競爭、處理跨國文化差異等問題，這些對企業管理者提出了更高的要求，也更說明了人才對未來企業的極端重要性。

（八）未來的管理將促使組織不斷地創新和學習

在新的世紀，外部環境的不確定性增加，科技進步加快，社會需求多樣化，市場競爭日趨激烈，一切組織都處在迅速變化的環境中，就如在急流險灘中航行的船舶一樣。這對組織的管理者提出了很高的要求，特別要求他發揮好管理的創新職能，在觀念、產品、技術、組織結構、業務流程、管理制度和方法等方面不斷地創新。「不創新則滅亡」日益成為現代管理者的一條準則。[1]

為了能不斷創新，組織必須不斷地學習，成為聖吉所宣揚的學習型組織。組織的全體成員，首先是高層管理者，要努力學習新知識，掌握極為豐富的信息，開闊思路，勇於探索，敢於試驗，看準了就大膽地試、大膽地闖；還要鼓勵和支持組織內部的革新者都這樣做，永不滿足於已有的成就。這樣才會有不斷地創新。創新可能失敗，但不用害怕，應當學會接受失敗並從失敗中學習。

對於 21 世紀的管理，我們預期將主要有上述八個方面的發展變化。目前已出現一個新課題，即知識管理。知識經濟已來臨，知識密集型企業逐漸增多。在各類組織中如何管理知識，以更好地發揮知識的作用，是亟待研究的課題。有人認為，知識管理類似於信息管理，因為知識也可看成一種信息；但知識管理又不同於信息管理，因為大量的知識存在於人腦中，其運用、交流和匯集成群體智慧以創造財富或解決問題，是有特殊性的。我們期望這個課題能受到各類組織的管理者和管理學者的重視，共同研究，群策群力，較快地取得成果。

進入 21 世紀，我們還期望中國管理的理論工作者和實際工作者繼續努力，考慮到客觀形勢的發展變化，在不久的將來建立起科學的、適合我們中國實際的管理學，以促進中國各類組織管理水平的提高，推進中國的社會主義現代化建設。

---

[1] 羅賓斯 S P. 管理學 [M]. 7 版. 北京：中國人民大學出版社，1997.

國家圖書館出版品預行編目(CIP)資料

管理學 / 王德中 主編. -- 第六版.
-- 臺北市：崧博出版：財經錢線文化發行, 2018.11

　面；　公分

ISBN 978-957-735-624-6(平裝)

1.管理科學

494　　107017402

書　名：管理學
作　者：王德中 主編
發行人：黃振庭
出版者：崧博出版事業有限公司
發行者：財經錢線文化事業有限公司
E-mail：sonbookservice@gmail.com
粉絲頁　　　　　　　網　址：
地　址：台北市中正區延平南路六十一號五樓一室
8F.-815, No.61, Sec. 1, Chongqing S. Rd., Zhongzheng Dist., Taipei City 100, Taiwan (R.O.C.)
電　話：(02)2370-3310　傳　真：(02) 2370-3210
總經銷：紅螞蟻圖書有限公司
地　址：台北市內湖區舊宗路二段 121 巷 19 號
電　話：02-2795-3656　傳真：02-2795-4100　網址：
印　刷：京峯彩色印刷有限公司（京峰數位）

　　本書版權為西南財經大學出版社所有授權崧博出版事業有限公司獨家發行電子書及繁體書繁體版。若有其他相關權利及授權需求請與本公司聯繫。

定價：450元

發行日期：2018 年 11 月第六版

◎ 本書以POD印製發行